U0182589

高职高专 "十四五" 系列教材

高等职业教育示范专业系列教材

电工电子技术

第 2 版

主　编　孙　彤　　明立军　　刘雅琴

副主编　李虹飞　　王翠兰

参　编　朱丽娟　　吴　全　　王丽卿　　郭亚红

主　审　程桂芬

机 械 工 业 出 版 社

本书是高等职业教育示范专业系列教材，高职高专"十四五"系列教材，是重点课程"电工与电子技术"课程改革的研究成果。全书围绕专业人才培养目标和学生就业岗位群的职业要求，遵循"必需""够用"的原则，力求保证基础、加强应用、体现先进、突出能力本位的职教特色，同时还参考了相关行业的职业技能鉴定规范和中、高级技术工人等级考核标准。

本书主要内容有：直流电路、正弦交流电路、磁路与变压器、三相异步电动机、电气控制基础、工厂供电与安全用电、半导体二极管、半导体三极管及基本放大电路、集成运算放大电路、直流稳压电源、门电路和组合逻辑电路、触发器和时序逻辑电路等。本书版面新颖实用，图文并茂，入门简单，通俗易懂。"学习目标"进行本章知识导航，"能力目标"确立学生技能水平，"例题"让学生学会举一反三，"实验"项目着重实际动手能力培养，"本章小结"梳理重要知识点，各章"习题"评价学生学习效果。

本书可作为高职院校、成人高校、民办院校等机电专业及其相近专业的教学用书，也可作为相关社会从业人员的业务参考书及培训用书。

为方便教学，本书配有电子课件、习题详解、模拟试卷及答案，供教师参考。凡选用本书作为授课教材的学校，均可来电（010-88379375）索取，或登录机械工业出版社教育服务网（www.cmpedu.com）网站，注册、免费下载。

图书在版编目（CIP）数据

电工电子技术/孙彤，明立军，刘雅琴主编.—2版.—北京：机械工业出版社，2018.6（2023.6重印）
高职高专"十四五"系列教材 高等职业教育示范专业系列教材
ISBN 978-7-111-59761-2

Ⅰ.①电… Ⅱ.①孙… ②明… ③刘… Ⅲ.①电工技术-高等职业教育-教材 ②电子技术-高等职业教育-教材 Ⅳ.①TM②TN

中国版本图书馆 CIP 数据核字（2018）第 082799 号

机械工业出版社（北京市百万庄大街 22 号 邮政编码 100037）
策划编辑：于 宁 责任编辑：于 宁 冯睿娟
责任校对：王 延 封面设计：马精明
责任印制：郜 敏
北京富资园科技发展有限公司印刷
2023 年 6 月第 2 版第 6 次印刷
184mm×260mm · 16.5 印张 · 399 千字
标准书号：ISBN 978-7-111-59761-2
定价：49.80 元

电话服务   网络服务
客服电话：010-88361066   机 工 官 网：www.cmpbook.com
           010-88379833   机 工 官 博：weibo.com/cmp1952
           010-68326294   金 书 网：www.golden-book.com
封底无防伪标均为盗版   机工教育服务网：www.cmpedu.com

前　言

当前职业教育课程改革已经呈现出培养模式从"课堂教学"向"工学结合"教学模式的转换，教学内容从"知识本位"向"能力本位"的转换，专业技能从"理论实践分离"向"一体化教学"的转换。本书第 2 版力求打破原来的学科知识体系，将理论知识和实践技能有机融为一体，在教学方法上力求调动学生的主观能动性，培养学生解决实际问题的能力，为继续学习后续专业课程夯实基础。

本书根据专业应用知识体系进行课程整体设计，既强调基础知识，又力求体现新材料、新知识、新技术、新工艺，使教学内容与职业岗位相结合。简洁的文字表述，直观的实物图片，贴切的应用例题，适用的实验设计，均提高了本书的实效性。在教学内容上由浅入深，语言通俗易懂，减少了繁琐深奥的理论推导。在课程设计上丰富了功能模块，版面设计新颖实用，图文并茂，有助于提高学生的学习兴趣。本书章节前设置有"学习目标"和"能力目标"，可以使学生直观认识教材内容与岗位职责的关系，进行职业导航；教材中结合需要，设置有大量的"例题"，使学生更好地理论联系实际；为了帮助学生归纳总结所学知识，章节后设置有"本章小结"和"习题"；书后附有"部分习题答案"，以检验学生对本章知识的掌握。

本书的参考学时数为 100～120 学时，具体课时分配见以下课时分配表。

章　节	教 学 内 容	课 时 分 配
第 1 章	直流电路	10～12
第 2 章	正弦交流电路	14～16
第 3 章	磁路与变压器	8～10
第 4 章	三相异步电动机	6～8
第 5 章	电气控制基础	10～12
第 6 章	工厂供电与安全用电	2
第 7 章	半导体二极管	6～8
第 8 章	半导体三极管及基本放大电路	14～16
第 9 章	集成运算放大电路	10
第 10 章	直流稳压电源	2～4
第 11 章	门电路和组合逻辑电路	8～10
第 12 章	触发器和时序逻辑电路	10～12
课时合计		100～120

本书第 2 版由孙彤、明立军、刘雅琴担任主编，李虹飞、王翠兰担任副主编。具体分工如下：第 1 章和第 2 章由沈阳职业技术学院汽车分院孙彤、朱丽娟编写；第 3 章、第 4 章和

第 5 章由沈阳职业技术学院汽车分院刘雅琴、吴全编写；第 6 章和各章习题由沈阳职业技术学院汽车分院孙彤编写；第 7 章和第 10 章由沈阳职业技术学院汽车分院明立军和潍坊职业学院王丽卿编写；第 8 章由河南济源职业技术学院李虹飞编写；第 9 章由漯河职业技术学院郭亚红编写；第 11 章和第 12 章由漯河职业技术学院王翠兰编写。沈阳工业大学的程桂芬教授在百忙中仔细认真地审阅了全书，在此表示诚挚的谢意！

限于编者的学术水平和实践经验，书中难免出现不足与纰漏，恳请有关专家和广大读者批评指正。

编 者

目 录

第1章 直流电路

1）掌握电路的组成和作用。
2）掌握电阻的连接、欧姆定律的内容及应用。
3）了解额定值的概念和电路的三种工作状态。
4）掌握电压源、电流源的特点及两种电源之间的等效变换。
5）掌握基尔霍夫定律的内容及应用。
6）了解电位的定义及计算。
7）掌握支路电流法、叠加原理和戴维南定理解题的方法。

1）掌握用万用表测量基本物理量的方法。
2）掌握叠加原理和戴维南定理的验证方法。

1.1 电路的组成及基本物理量

直流电路中的电流和电压的大小和方向（或电压的极性）是不随时间而变化的。本章就以直流电路为分析对象，着重讨论电路的基本概念、基本定律以及电路的分析计算方法。这些内容稍加扩展即可适用于交流电路及其他线性电路。

1.1.1 电路的组成和作用

1. 电路的组成

电路就是电流通过的闭合路径，它是由各种电气元器件按一定方式用导线连接组成的总体。电路的结构形式和所能完成的任务是多种多样的，从日常生活中使用的用电设备到工、农业生产中用到的各种生产设备的控制部分及计算机、各种测试仪表等，从广义说，都是电路。最简单的电路如图 1-1 所示的手电筒电路。

从图 1-1 所示的手电筒电路可知，电路主要由电源、负载和中间环节三部分组成。

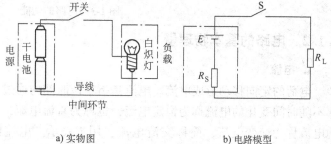

a) 实物图   b) 电路模型

图 1-1 手电筒电路

（1）电源 是供应电能的设备。在发电厂内将化学能或机械能等非电能转换为电能，如电池、发电机等。

1

（2）负载　是使用电能的设备。它将电能转换成其他形式的能量，如电灯、电炉等。

（3）中间环节　用于连接电源和负载。起传输、分配和转换电能或对电信号进行传递和处理的作用，如变压器、输电线等。

2. 电路模型

实际电路元件种类繁多，且电磁性质较为复杂。为便于对实际电路进行分析，需用能够代表其主要电磁特性的理想电路元件或它们的组合来表示。理想电路元件就是指只反映某一个物理过程的电路元件，包括电阻、电感、电容和电源等。图1-2所示为电工技术中经常用到的三种理想电路元件的符号。用理想电路元件所组成的电路即为电路模型，手电筒电路的电路模型如图1-1b所示。

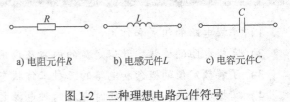

a) 电阻元件R　　　b) 电感元件L　　　c) 电容元件C

图1-2　三种理想电路元件符号

3. 电路的作用

实际电路就其功能来说，电路的作用可概括为如下两个方面。

1）实现电能的传输、分配和转换。一个典型电路是电力系统，如图1-3a所示。

2）实现信号的传递和处理。一个典型电路是扩音机，如图1-3b所示。

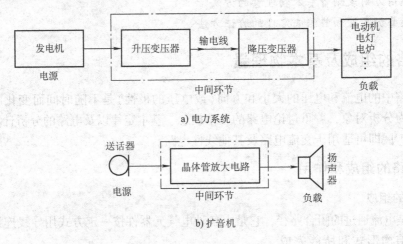

a) 电力系统

b) 扩音机

图1-3　电路的功能

1.1.2　电路的基本物理量

1. 电流

电荷的定向移动形成电流。电流是指单位时间内通过导体横截面的电荷量。大小和方向都不随时间变化的电流称为恒定电流，也称为直流电流，用I表示。大小和方向随时间变化的电流称为交变电流，简称交流电流，用i表示。电流的单位为安［培］（A），还有千安（kA）、毫安（mA）、微安（μA）等。直流电流和交流电流的大小分别用下面的公式计算：

$$I = \frac{Q}{t}$$

$$i = \frac{\mathrm{d}q}{\mathrm{d}t} \tag{1-1}$$

习惯上规定正电荷移动的方向或负电荷移动的反方向为电流的实际方向。在分析电路时，常常要知道电流的方向，但有时电路中电流的实际方向难于判断，此时常可任意选定某一方向作为电流的"参考方向(也称正方向)"。所选的参考方向不一定与实际方向一致。这时，将电流用一个代数量来表示，若电流为正值，则表示电流的实际方向与其参考方向一致；反之，若电流为负值，则表示电流的实际方向与其参考方向相反。如图1-4所示。

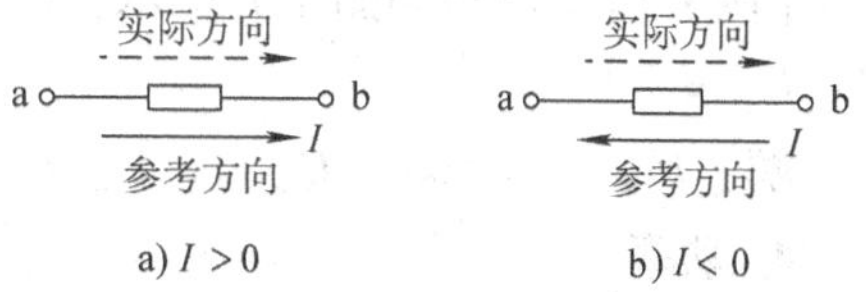

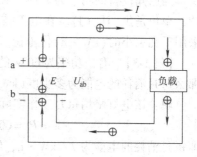

图1-4 电流的参考方向

电流的测量可以利用安培表(电流表)进行。安培表应串联在待测电路中。**接线时须注意**：直流电只能从电流表的正端流入而从负端流出，决不可接反。

2. 电压

由电场知识可知，电场力能够移动电荷做功。在图1-5中，极板a带正电，极板b带负电，a、b间存在电场。正极板a上的正电荷在电场力的作用下从a经过负载移到负极板b，从而形成了电流。这说明电场力做功产生了电流。规定：电场力把单位正电荷从a点移动到b点所做的功称为a、b两点之间的电压，用U_{ab}表示。电压的单位为伏[特](V)，还有千伏(kV)、毫伏(mV)、微伏(μV)等。

电压不仅有大小，而且有方向，电压的实际方向由高电位指向低电位。在分析电路时往往难以确定电压的实际方向，此时也可和电流一样，先任意假设电压的参考方向，再根据计算所得值的正、负来确定电压的实际方向。对于电阻性负载来说，没有电流就没有电压，有电压就一定有电流。电阻两端的电压常叫作电压降(压降)。而对于电源来说，其端电压的实际方向是正极指向负极。

图1-5 电压与电动势

电压的测量可以利用伏特表(电压表)进行。伏特表应并联在待测电路中。接线时仍然要注意直流伏特表的正负端子的接法，即高电位接正端而低电位接负端，决不可接反。

【例1-1】 电路如图1-6所示，已知$U_1 = -6V$，$U_2 = 4V$，求：$U_{ab} = ?$

解：$U_{ab} = U_1 + (-U_2) = -6V + (-4V) = -10V$

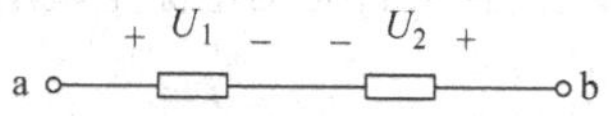

图1-6 例1-1图

3. 电动势

在图1-5中，为维持电路中的电流流通，则必须保持电路a、b两端间的电压U_{ab}恒定不变，这就需要电源力(非电场力)源源不断地把正电荷从负极板b移回正极板a上。维持U_{ab}不变的装置称为电源。电源力克服电场力把正电荷从负极移动到正极所做的功，用物理量电动势来衡量。电动势在数值上等于电源力把单位正电荷从b点经电源内部移回到a点所做的功，用E表示。电动势的实际方向规定为在电源内部由负极指向正极，即电位升，其单位与电压单位相同，也是伏[特](V)。

对于一个电源来说，既有电动势，又有端电压。电动势只存在于电源内部，方向由负极指向正极；而端电压只存在于电源外部，其方向由正极指向负极。一般情况下，电源的端电压总是低于电源内部的电动势，只有当电源开路或者电源的内阻忽略不计时，电源的端电压才与其电动势相等。**需要注意的是**，虽然电压与电动势两者单位一样，但它们却是完全不同的两个物理量，物理意义不同，方向也不相同。它们都表示极板a是高电位点（正极），极板b是低电位点（负极）。

【例1-2】 电路如图1-7所示，已知电源电动势 $E = 10\text{V}$，求出：$U_{ab} = ?$ $U_{ba} = ?$

解： $U_{ab} = E = 10\text{V}$，$U_{ba} = -U_{ab} = -10\text{V}$。

4. 功率

在直流电路中，根据电压的定义可知，电场力所做的功是 $W = QU$。把单位时间内电场力所做的功称为电功率或功率，则有

$$P = \frac{W}{t} = \frac{QU}{t} = UI \qquad (1-2)$$

功率的单位是瓦[特]（W）。对于大功率，采用千瓦（kW）或兆瓦（MW）作单位，对于小功率则采用毫瓦（mW）或微瓦（μW）作单位。

当已知设备的功率为 P 时，在时间 t 内消耗的电能为 $W = Pt$，电能就等于电场力所做的功，单位是焦[耳]（J）。在电工技术中，往往直接用瓦特·秒（W·s）作单位，实践中则常采用千瓦·小时（kW·h）作单位，俗称度（$1\text{kW·h} = 3.6 \times 10^6\text{J}$）。

【例1-3】 有一功率为60W的电灯，每天使用它照明时间为4h，如果按每月30d计算，那么每月消耗的电能为多少度（kW·h）？合多少焦耳？

解： 该电灯平均每月工作实际时间 $t = 4\text{h} \times 30\text{d} = 120\text{h}$，则

$$W = Pt = 60\text{W} \times 120\text{h} = 7200\text{W·h} = 7.2\text{kW·h}$$

即每月消耗的电能为7.2kW·h，约合 $3.6 \times 10^6 \times 7.2\text{J} \approx 2.6 \times 10^7\text{J}$。

1.2 电阻元件和欧姆定律

1.2.1 电阻元件

电阻元件是对电流呈现阻碍作用的耗能元件，例如灯泡、电热炉等电器。电阻定律可表示为

$$R = \rho \frac{l}{S} \qquad (1-3)$$

式中，ρ 是制成电阻的材料的电阻率，单位为欧·米（Ω·m）；l 是绕制成电阻的导线长度，单位为米（m）；S 是绕制成电阻的导线横截面积，单位为平方米（m^2）；R 是电阻值，单位为欧（Ω）。常用的电阻单位还有 kΩ、MΩ。

1.2.2 欧姆定律

1. 部分电路欧姆定律

图1-8所示电路是只含电阻的部分电路，流过电阻的电流 I 与电阻两端的电压 U 成正比，与电阻值 R 成反比，称为部分电路欧姆定律。用公式表示为

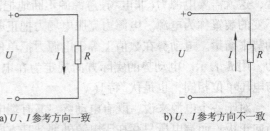

a）U、I参考方向一致　　　b）U、I参考方向不一致

图1-8　部分电路欧姆定律

$$I = \frac{U}{R}(U、I \text{ 参考方向一致})$$

$$I = -\frac{U}{R}(U、I \text{ 参考方向不一致}) \tag{1-4}$$

2. 全电路欧姆定律

图 1-9 所示是简单的闭合电路，R_S 为电源内阻，R_L 为外负载电阻，在一个闭合回路中，电流 I 与电源的电动势 E 成正比，与电路中的内电阻和外负载电阻之和（$R_S + R_L$）成反比，称为全电路欧姆定律。其表达式为

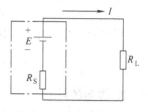

图 1-9　全电路欧姆定律

$$I = \frac{E}{R_S + R_L}$$

3. 电源和负载的判断

分析电路，还要判别哪个电路元件是电源（或起电源的作用），哪个电路元件是负载（或起负载的作用）。方法如下：

（1）用电压、电流的实际方向判断　当 U、I 实际方向一致时，说明该元件是负载，则要吸收或者消耗一定功率；当 U、I 实际方向不一致时，说明该元件是电源，则要产生或者发出一定功率。

（2）用电压、电流的参考方向判断　当 U、I 参考方向一致时，功率的公式为 $P = UI$；当 U、I 参考方向不一致时，功率的公式为 $P = -UI$。不管用哪个公式计算功率，若求得 $P > 0$，值为正，则判定该元件为负载，要吸收或者消耗功率；反之，若求得 $P < 0$，值为负，则判定该元件为电源，要产生或者发出功率。

【例 1-4】 图 1-10 所示电路，当 1）$U = 10V$，$I = -2A$；2）$U = -10V$，$I = -2A$ 时，试分别分析这两种情况下方框中的元件是电源还是负载，是吸收功率还是发出功率。

解： 用参考方向判断，由于 U、I 参考方向一致，所以 $P = UI$。

1）$P = UI = 10V \times (-2)A = -20W$，功率 $P < 0$，说明此元件是电源，要产生或发出 20W 的功率。

图 1-10　例 1-4 图

2）$P = UI = (-10)V \times (-2)A = 20W$，功率 $P > 0$，说明此元件是负载，要吸收或消耗 20W 的功率。

1.2.3　电阻的连接

在电工技术应用中，常将许多电阻按不同的方式连接起来，组成一个电路网络。连接的方式主要有串联、并联和混联。

1. 电阻的串联

几个电阻依次相串，中间无分支的连接方式，称为电阻的串联，如图 1-11 所示。

串联电路的特点如下：

1）等效电阻为

$$R = R_1 + R_2 + R_3 + \cdots + R_n$$

2）流经各电阻的电流相等。

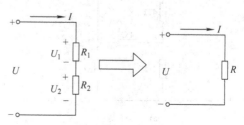

图 1-11　电阻的串联

3）串联总电压等于各电阻上电压之和，即

$$U = U_1 + U_2 + U_3 + \cdots + U_n$$

4）分压关系为

$$\frac{U_1}{R_1} = \frac{U_2}{R_2} = \cdots = \frac{U_n}{R_n} = \frac{U}{R} = I$$

当两只电阻 R_1、R_2 串联时，总电阻 $R = R_1 + R_2$，则有分压公式

$$U_1 = \frac{R_1}{R_1 + R_2}U, \quad U_2 = \frac{R_2}{R_1 + R_2}U \tag{1-5}$$

2. 电阻的并联

将几个电阻元件都接在两个公共端点之间的连接方式，称为电阻的并联，如图1-12所示。

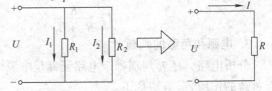

图 1-12　电阻的并联

并联电路的特点如下：

1）等效电阻为

$$\frac{1}{R} = \frac{1}{R_1} + \frac{1}{R_2} + \cdots + \frac{1}{R_n}$$

2）各电阻电压相等。

3）并联总电流等于各电阻上电流之和，即

$$I = I_1 + I_2 + I_3 + \cdots + I_n$$

4）分流关系为

$$I_1 R_1 = I_2 R_2 = \cdots = I_n R_n = IR = U$$

当两只电阻 R_1、R_2 并联时，总电阻

$$R = R_1 /\!/ R_2 = \frac{R_1 R_2}{R_1 + R_2}$$

则有分流公式

$$I_1 = \frac{R_2}{R_1 + R_2}I, \quad I_2 = \frac{R_1}{R_1 + R_2}I \tag{1-6}$$

3. 电阻的混联

既有串联又有并联的电路称为混联。混联电路形式多种多样，但可以利用电阻串、并联关系进行逐步化简。

【例1-5】　如图1-13a所示电路，求电路的等效电阻。

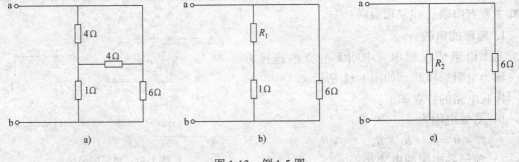

图 1-13　例 1-5 图

解：由图 1-13a 可知，两个 4Ω 电阻先并联，其等效电阻 R_1 为

$$R_1 = 4\Omega /\!/ 4\Omega = \frac{4\Omega \times 4\Omega}{4\Omega + 4\Omega} = 2\Omega$$

由图 1-13b 可知，R_1 与 1Ω 电阻再串联，其等效电阻 R_2 为

$$R_2 = R_1 + 1\Omega = 3\Omega$$

由图 1-13c 可知，最后 R_2 与 6Ω 电阻并联，其等效电阻 R 为

$$R = R_2 /\!/ 6\Omega = 3\Omega /\!/ 6\Omega = \frac{3\Omega \times 6\Omega}{3\Omega + 6\Omega} = 2\Omega$$

1.3 电路的三种状态

1.3.1 额定值

为了保证电气设备和电路元件能够长期安全地正常工作，规定了额定电压、额定电流和额定功率等铭牌数据。

1）额定电压：电气设备或元器件长期正常运行的电压允许值称为额定电压。如果电压过大，会使绝缘击穿，所以必须加以限制。

2）额定电流：电气设备或元器件长期正常运行的电流允许值称为额定电流。如果通过实际元器件的电流过大，会由于温度升高使元器件的绝缘材料损坏，甚至使导体熔化。

3）额定功率：额定电压与额定电流的乘积为额定功率。

4）通常电气设备或元器件的额定值标在产品的铭牌上。如一白炽灯标有"220V/40W"，表示它的额定电压为 220V，额定功率为 40W。

5）额定工作状态：电气设备或元器件在额定值下工作的状态，也称为满载状态。电气设备满载工作时经济合理、安全可靠。

6）轻载状态：电气设备或元器件低于额定值运行的工作状态，也称为欠载状态。电气设备轻载工作时不经济。

7）过载状态：电气设备或元器件高于额定值运行的工作状态，也称为超载状态。电气设备超载工作时容易损坏或造成严重事故。

1.3.2 电源的三种状态

1. 电源的有载工作

将图 1-14a 所示电路中的开关 S 闭合，电源与负载接通，构成回路，电源处于有载工作状态，也叫通路状态。

（1）电压与电流的关系　电路电流为

$$I = \frac{E}{R_S + R_L} \tag{1-7}$$

负载电压为

$$U_L = R_L I \tag{1-8}$$

由式(1-8)和式(1-7)得

$$U_L = E - R_S I$$

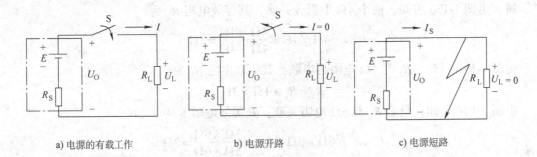

a) 电源的有载工作   b) 电源开路   c) 电源短路

图 1-14　电源的有载工作、开路及短路

图 1-14a 中 $U_O = U_L$，故
$$U_O = E - R_S I \qquad (1-9)$$
$U_O < E$，当 $R_S = 0$ 时，$U_O = E$。

（2）功率和功率平衡　将式（1-9）各项乘以电流 I，则得功率平衡式
$$U_O I = EI - R_S I^2$$
$$P = P_E - \Delta P$$

所以有
$$P_E = P + \Delta P$$

式中，$P_E = EI$，是电源产生的功率；$\Delta P = R_S I^2$，是电源内阻上损耗的功率；$P = U_O I$，是电源输出的功率。即功率平衡关系为电源产生的功率等于电源输出的功率与内阻上损耗的功率之和。

功率平衡关系可写为

电源产生的功率 = 负载取用的功率 + 内阻及线路损耗的功率

2. 电源的开路

将图 1-14b 所示电路中的开关 S 断开，电源处于开路状态，也称为电源的空载运行。其特点为
$$I = 0, \quad U_L = 0, \quad U_O = E$$
此时负载上的电流、电压和功率均为 0。

3. 电源的短路

如图 1-14c 所示，电源两端由于某种原因直接接触时，电源就被短路，电路处于短路运行状态。其特点是：被短路元件两端电压为 0。电路中电流称为短路电流 I_S，且有
$$I_S = \frac{E}{R_S}$$

短路电流 I_S 很大，如果没有短路保护，会发生火灾。短路是电路最严重、最危险的事故，是禁止的状态。产生短路的原因主要是接线不当，线路绝缘老化损坏等。应在电路中接入过载和短路保护。

1.4　电压源和电流源及其等效变换

实际电源有电池、发电机和信号源等。电压源和电流源是从实际电源抽象得到的电路模型。

1.4.1 电压源

对外提供电压的电源称为电压源。当处于开路状态时，两端有电压，电流为0；当接成闭合回路后，电压源上有电流流过。电压源按其内阻是否考虑可分为两类，一类是忽略内阻或内阻为0的电压源，称为理想电压源；另一类是考虑内阻或内阻不为0的电压源，称为实际电压源。当电压源的电压大小、方向都不变时，称为直流电压源（恒压源），常用大写字母 E 或 U_S 表示。

1. 理想电压源

电源输出恒定的电压，电压的大小与电流无关，电流大小由负载决定。图 1-15a 所示为理想电压源 E 与负载 R_L 连接的电路，$U_O = E$，输出电流 $I = \dfrac{E}{R_L}$。

2. 实际电压源

理想电压源实际上是不存在的。一个实际电源总是有内阻的，当电源通过电流时，存在着能量损耗。图 1-15b 为一个实际电压源与负载连接的电路。由图可知，一个实际电压源可等效成一个理想电压源 E 与内阻 R_S 串联的模型。电路中，负载 R_L 上的电压和电流的关系为

$$U_L = U_O = E - R_S I \tag{1-10}$$

式(1-10)说明实际电压源的端电压是低于理想电压源的电压 E 的，所低之值就是其内阻的压降 $R_S I$。其伏安特性如图 1-15c 所示。可见，实际电压源的内阻越小，其特性越接近理想电压源。

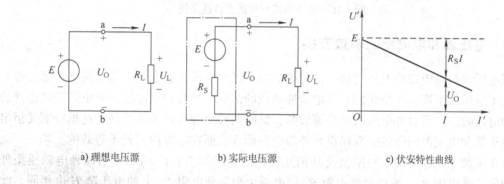

a) 理想电压源   b) 实际电压源   c) 伏安特性曲线

图 1-15　电压源模型和伏安特性曲线

1.4.2 电流源

对外提供电流的电源称为电流源。当接成闭合回路后，电流源两端有电压存在。电流源一般不能开路运行。电流源按其内阻是否考虑可分为两类，一类是不考虑内阻或内阻为无穷大的电流源，称为理想电流源；另一类是考虑内阻，内阻不为无穷大的电流源，称为实际电流源。当电流源的电流大小和方向都不变时，称为直流电流源（恒流源），常用大写字母 I_S 表示。

1. 理想电流源

电源输出电流的大小与端电压无关，端电压大小由负载决定。图 1-16a 所示为理想电流源 I_S 与负载 R_L 连接的电路，电路中电流 $I = I_S$，其端电压 $U_O = R_L I_S$。

2. 实际电流源

理想电流源实际上也是不存在的。如光电池，被光激发产生的电流，总是有一部分被电池内阻所分流而没有输送出去。图1-16b 为一个实际电流源与负载 R_L 连接的电路。由图可知，一个实际电流源可等效成一个理想电流源 I_S 与内阻 R_S 并联的模型。很显然，该实际电流源输出到外电路中的电流 I 小于电流源电流 I_S，所小之值即为内电阻 R_S 上的分流 $\dfrac{U_O}{R_S}$，写成表达式为

$$I = I_S - \frac{U_O}{R_S} \qquad (1-11)$$

其伏安特性如图1-16c 所示。可见，内阻 R_S 越大，内部分流越小，则斜线越陡，其特性越接近理想电压源。

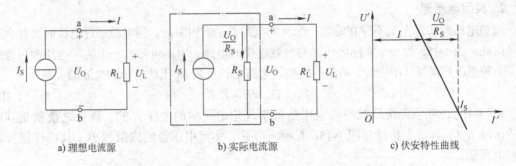

a) 理想电流源   b) 实际电流源   c) 伏安特性曲线

图1-16 电流源模型和伏安特性曲线

1.4.3 电压源和电流源的等效变换

当电压源与电流源接上外负载时，两种电源上既有电压又有电流，或者说二者都为外电路提供了电压和电流，如果我们只考虑接通负载的情况，当两种电源能为外电路提供相同的电压和电流时，二者对外电路来说是等效的，此时两种电源可以等效变换。这里特别要指出的是电压源和电流源的等效关系仅仅对外部电路而言，而在电源内部是不等效的。

电压源和电流源两种电源模型及其相互转换的电路如图1-17 所示。当两种电源模型外接相同的负载电阻 R_L，流过负载电阻 R_L 的电流 I 和负载电阻 R_L 上的电压降 U 也相同。此时，电压源和电流源这两种电源对外电路而言是等效的。

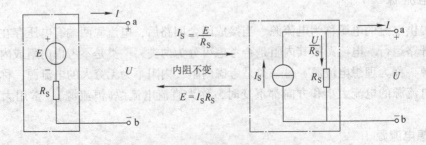

图1-17 电压源和电流源的等效变换

两种电源等效变换中应注意如下几个重要问题：

1）多个理想电压源串联可以用一个理想电压源来等效，即

$$E = E_1 + E_2 + \cdots + E_n$$

注意：参考方向与 E 相同者为正，相反者为负。

2）多个理想电流源并联可以用一个理想电流源来等效，即

$$I_S = I_{S1} + I_{S2} + \cdots + I_{Sn}$$

注意：参考方向与 I_S 相同者为正，相反者为负。

3）理想电压源（ $R_S = 0$ ）与理想电流源（ $R_S = \infty$ ）之间不可以等效变换，必须是实际电源的两种模型，即必须有与之串联或并联的电阻。

4）与理想电压源并联的元件对外电路不起作用，等效变换时可将其去掉（开路），如图 1-18a 所示。

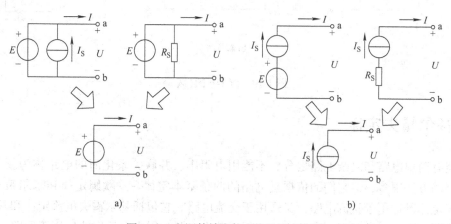

图 1-18　电源等效变换中应注意的问题

5）与理想电流源串联的元件对外电路不起作用，等效变换时可将其短路，如图1-18b所示。

【例 1-6】　如图 1-19a 所示电路，用电源等效变换的方法求 1Ω 电阻中的电流 I。

解：解题过程如图 1-19b 所示，所以

$$I = \frac{6V}{2\Omega + 1\Omega} = 2A$$

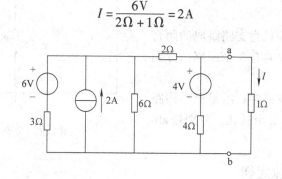

a）电路图

图 1-19　例 1-6 图

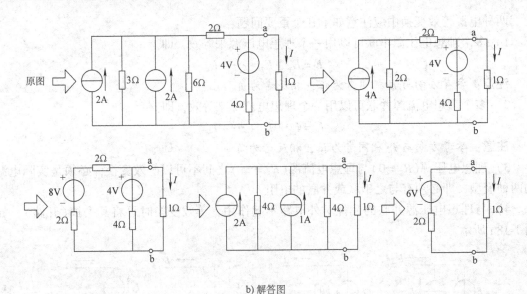

b) 解答图

图1-19 例1-6图(续)

1.5 基尔霍夫定律

电路有简单电路和复杂电路之分,不能用电阻串、并联关系化简的电路称为复杂电路。分析电路的方法很多,但它们的依据是电路的两条基本定律——欧姆定律和基尔霍夫定律。基尔霍夫定律既适用于直流电路,又适用于交流电路。它包括基尔霍夫电流定律和基尔霍夫电压定律两个定律。基尔霍夫电流定律应用于节点,基尔霍夫电压定律应用于回路。

为了阐明该定律,先介绍电路的几个基本术语。

1) 支路:由一个或几个元件串联成无分支的一段电路称为支路。在同一支路内,流过所有元件的电流相等。图1-20所示电路中有3条支路,分别是ab、acb、adb。

2) 节点:三条或三条以上支路的连接点叫节点。图1-20中共有2个节点,分别是节点a和节点b。

3) 回路:电路中由任意支路组成的闭合路径叫回路。图1-20中共有3个回路,分别是abca、abda、adbca。

4) 网孔:中间无支路穿过的最简单回路叫网孔。图1-20中共有2个网孔,分别是abca、abda。

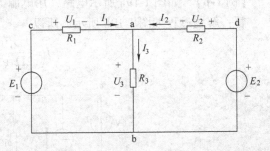

图1-20 复杂直流电路

1.5.1 基尔霍夫电流定律

基尔霍夫电流定律(简称KCL)又称节点电流定律。其内容是:对于电路的任意一个节点,任意时刻流入节点的电流之和等于流出节点的电流之和。表达式为

$$\sum I_\text{入} = \sum I_\text{出} \qquad (1\text{-}12)$$

图 1-20 中对于节点 a 有

$$I_3 = I_1 + I_2$$

可将上式改写成

$$I_3 - I_1 - I_2 = 0$$

因此得到

$$\sum I = 0 \qquad (1\text{-}13)$$

即对于电路的任意一个节点，任何时刻流经节点的电流代数和恒等于 0。符号的规定：流入节点的电流取"＋"号；流出节点的电流取"－"号。

【例 1-7】 图 1-21 所示电路，已知：$I_1 = 2\text{A}$，$I_2 = 3\text{A}$，$I_3 = -0.5\text{A}$，$I_4 = 1\text{A}$，求：1)AB 支路的电流 $I_R = ?$ 2)交于 B 点的另一支路电流 $I_5 = ?$

解： 1）对于节点 A，有

$$I_R = I_1 + I_2 = 2\text{A} + 3\text{A} = 5\text{A}$$

2）对于节点 B，有

$$I_4 = I_R + I_3 + I_5$$

$$I_5 = I_4 - I_R - I_3 = 1\text{A} - 5\text{A} - (-0.5\text{A}) = -3.5\text{A}$$

基尔霍夫电流定律通常应用于电路节点上，但也可以推广应用于任一假想的闭合面，如图 1-22 所示的闭合面电路。

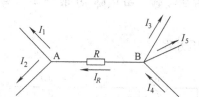

图 1-21　例 1-7 图

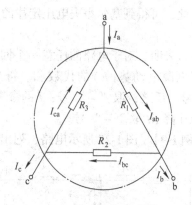

图 1-22　闭合面电路

若把虚线所围的闭合面看成是一个节点，应有

$$I_\text{a} = I_\text{b} + I_\text{c}$$

显然，在例 1-7 中，求 I_5 也可以用这种方法求。

【例 1-8】 图 1-23 所示电路，已知：$I_1 = 1\text{A}$，$I_2 = 3\text{A}$，$I_5 = 9\text{A}$，求：I_3、I_4 和 I_6。

解： 电路中有 3 个节点，根据基尔霍夫电流定律有

$$I_3 = I_1 + I_2 = 1\text{A} + 3\text{A} = 4\text{A}$$

$$I_4 = I_5 - I_3 = 9\text{A} - 4\text{A} = 5\text{A}$$

$$I_6 = I_4 + I_2 = 5\text{A} + 3\text{A} = 8\text{A}$$

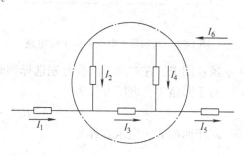

图 1-23　例 1-8 图

或用基尔霍夫电流定律的推广形式，将中间三条支路看成一个广义节点，则有

$$I_1 + I_6 = I_5$$
$$I_6 = I_5 - I_1 = 9A - 1A = 8A$$

两种方法计算结果完全相同。

1.5.2　基尔霍夫电压定律

基尔霍夫电压定律（KVL）又称回路电压定律。其内容是：对于电路中的任意一个回路，任何时刻，沿回路循环方向各部分电压的代数和等于0。其数学表达式为

$$\sum U = 0 \tag{1-14}$$

符号的规定：U（电位降）的方向与循环方向一致，取"+"号；U（电位降）的方向与循环方向不一致，取"-"号。

在图1-24中，对于回路abca，按顺时针循环一周，根据电压和电流的参考方向可列出

$$U_{ab} + U_{bc} + U_{ca} = 0$$
$$U_3 + (-E_1) + U_1 = 0$$

即

$$R_1 I_1 + R_3 I_3 - E_1 = 0$$

或

$$E_1 = R_1 I_1 + R_3 I_3$$

由此，可得到基尔霍夫电压定律的另一种表示形式为

$$\sum RI = \sum E \tag{1-15}$$

式（1-15）表明，对于电路的任意一个回路，沿回路循环方向，电阻上电压降（RI）的代数和恒等于电源电动势（E）的代数和。符号的规定：E（电位升）的方向与循环方向一致，取"+"号，反之，取"-"号；I的参考方向与循环方向一致，电压降RI取"+"号，反之，电压降RI取"-"号。

【例1-9】 图1-25所示电路，列出相应的回路电压方程。

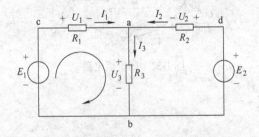

图1-24　基尔霍夫电压定律求解电路

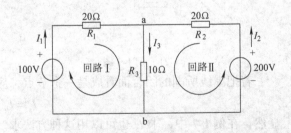

图1-25　例1-9图

解：图中，左右两个网孔分别选择顺时针和逆时针循环方向。

对于回路 I，电压方程为

$$R_1 I_1 + R_3 I_3 = 100V$$

对于回路 II，电压方程为

$$R_2 I_2 + R_3 I_3 = 200V$$

　　基尔霍夫电压定律不仅适用于电阻、电源等实际元器件构成的回路，也适用于假想的回路，如图1-26所示。

　　电路中a、b两点间开路无电流，设其间电压为U_{ab}，对假想回路abdca，其循环方向为顺时针方向，列出电压方程

$$U_{ab} + R_4 I_2 - R_3 I_1 = 0$$

因此可求出

$$U_{ab} = R_3 I_1 - R_4 I_2$$

【例1-10】　图1-27所示电路，已知电压$U_1 = 14\text{V}$，求U_S。

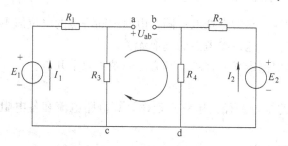

图1-26　假想回路

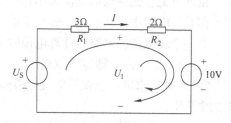

图1-27　例1-10图

　　解： 图示电路右侧可以假想为闭合回路，按顺时针循环方向可得方程

$$R_2 I + 10\text{V} - U_1 = 0$$
$$R_2 I = U_1 - 10\text{V} = 14\text{V} - 10\text{V} = 4\text{V}$$
$$I = \frac{4\text{V}}{R_2} = \frac{4\text{V}}{2\Omega} = 2\text{A}$$

对于整个回路，按顺时针循环方向列电压方程

$$R_1 I + R_2 I + 10\text{V} - U_S = 0$$
$$U_S = 3\Omega \times 2\text{A} + 2\Omega \times 2\text{A} + 10\text{V} = 20\text{V}$$

1.6　电路中电位的计算

　　电位是分析电路时常用的物理量，用"V"表示。电压和电位是怎样的关系？从物理学可知，电压就是电位的差值，即

$$U_{ab} = V_a - V_b \tag{1-16}$$

　　在进行电路研究时，常常要分析电路中各点电位的高低。如：电子电路中的二极管，判断它是导通还是截止，就需要弄清二极管的正极电位比负极电位是高还是低。为了确定电路中各点的电位值，必须选择电位的零点，即参考点，在电路图中用符号"⊥"来表示。若电路中o点为参考点，则$V_o = 0\text{V}$。其他各点的电位都与它相比较，比它高的电位为正，比它低的电位为负。电路中某一点的电位等于该点到参考点之间的电压。

　　根据定义，电路中a点的电位为

$$V_a = U_{ao} \tag{1-17}$$

【例1-11】　图1-28所示电路，已知$U_1 = -6\text{V}$，$U_2 = 4\text{V}$，若c为参考点，求V_a、V_b、V_c和U_{ab}的值。若b为参考点，再求V_a、V_b、V_c和U_{ab}的值。

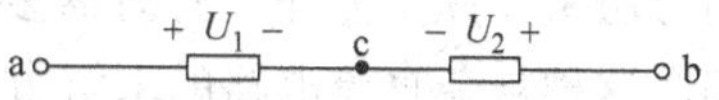

图1-28　例1-11图

解： 若 c 为参考点，即 $V_c = 0V$，则

$$V_a = U_{ac} = U_1 = -6V$$

$$V_b = U_{bc} = U_2 = 4V$$

$$U_{ab} = V_a - V_b = -6V - 4V = -10V$$

若 b 为参考点，即 $V_b = 0V$，则

$$V_a = U_{ab} = -10V$$

$$V_c = U_{cb} = -U_2 = -4V$$

$$U_{ab} = V_a - V_b = -10V - 0V = -10V$$

由此可见，某一点的电位大小具有相对性。参考点选取不同，电路中同一点的电位值不同。但是，电路中任两点之间的电压值恒定，与电位参考点的选取无关。

在一个较复杂的电路中计算电位时可以根据定义来计算，其方法归纳为以下几点：

1）选好参考点，即零电位点。

2）选择待求电位点到零电位点最简捷的绕行路径，用欧姆定律计算电路电流和各电阻上的电压降。

3）列出选定路径上各元件电压代数和的方程，即可求出该点的电位。

【例1-12】 图1-29所示电路，试求电路中 a、b、c 各点的电位。

解： 在计算时，要注意电阻元件上是否有电流流过。由于 E_2、R_2 以及 E_1 没有构成回路，所以它们中均没有电流通过。在唯一的闭合回路中，假设电流的参考方向如图所示，且假设回路的绕行方向与电流的参考方向一致，则

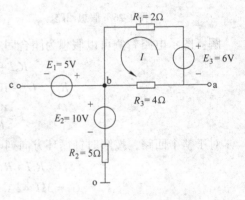

图1-29 例1-12图

$$I = \frac{E_3}{R_1 + R_3} = \frac{6V}{2\Omega + 4\Omega} = 1A$$

各点电位分别为

$$V_b = U_{bo} = E_2 = 10V$$

$$V_c = U_{co} = U_{cb} + U_{bo} = -E_1 + V_b = -5V + 10V = 5V$$

$$V_a = U_{ao} = U_{ab} + U_{bo} = -IR_3 + V_b = -1A \times 4\Omega + 10V = 6V$$

1.7 支路电流法

复杂直流电路的求解方法很多，如可以使用电阻的串联和并联关系以及电源等效变换的方法将电路有效化简后再计算求解。但是，有些电路即使用等效变换化简后，还不能用简单的方法来计算。另外，有时需要求解所有元件的电流、电压时，不能用等效化简的方法求解。这种复杂直流电路的求解方法，通常有支路电流法、回路电流法和节点电压法等，其中支路电流法最为常用。

以各支路电流为未知量，应用基尔霍夫定律列出节点电流方程和回路电压方程，解出各支路电流，从而可确定各支路(或元件)的电压及功率，这种解决电路问题的方法称为支路电流法。对于具有 b 条支路、n 个节点的电路，可列出 $(n-1)$ 个独立的电流方程和 $(b-n+1)$ 个独立的电压方程。支路电流法解题步骤如下：

1）审题，确定电路中节点个数 n 和支路条数 b 各为多少。

2）以支路电流为变量，选取电流参考方向，应用 KCL 列 $(n-1)$ 个独立的节点电流方程。

3）选回路绕行方向，应用 KVL 列 $(b-n+1)$ 个独立的回路电压方程。**注意**：对网孔列方程即可。当含有电流源时，适当选取回路，可以少列一个回路方程。

4）代入数据，解联立方程，求解各支路电流。

5）根据题意要求，再求电压和功率。

【**例 1-13**】 图 1-30 所示电路，已知：$E_1 = 70\text{V}$，$E_2 = 45\text{V}$，$R_1 = 20\Omega$，$R_2 = 5\Omega$，$R_3 = 6\Omega$，用支流电流法求各支路电流。

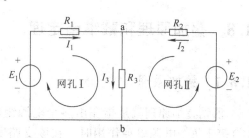

解：节点个数 $n = 2$，支路条数 $b = 3$，对节点a有

$$I_3 = I_1 + I_2，\text{即 } I_1 + I_2 - I_3 = 0$$

对于网孔Ⅰ，按顺时针循环一周，根据电压和电流的参考方向可列出

图 1-30 例 1-13 图

$$R_1 I_1 + R_3 I_3 - E_1 = 0$$
$$20\Omega \cdot I_1 + 6\Omega \cdot I_3 = 70\text{V}$$

对于网孔Ⅱ，按逆时针循环一周，根据电压和电流的参考方向可列出

$$R_2 I_2 + R_3 I_3 - E_2 = 0$$
$$5\Omega \cdot I_2 + 6\Omega \cdot I_3 = 45\text{V}$$

3 个方程联立求解

$$\begin{cases} I_1 + I_2 - I_3 = 0 \\ 20\Omega \cdot I_1 + 6\Omega \cdot I_3 = 70\text{V} \\ 5\Omega \cdot I_2 + 6\Omega \cdot I_3 = 45\text{V} \end{cases}$$

解得

$$\begin{cases} I_1 = 2\text{A} \\ I_2 = 3\text{A} \\ I_3 = 5\text{A} \end{cases}$$

【**例 1-14**】 如图 1-31 所示电路，用支流电流法求各支路电流。

解：节点个数 $n = 2$，支路条数 $b = 3$，且含有 5A 恒流源，则 5A 恒流源所在网孔的 KVL 方程不必列出。左侧网孔按顺时针循环一周，所列的方程组为

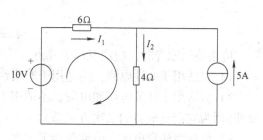

图 1-31 例 1-14 图

$$\begin{cases} I_1 + 5\text{A} - I_2 = 0 \\ 6\Omega \cdot I_1 + 4\Omega \cdot I_2 - 10\text{V} = 0 \end{cases}$$

解得

$$\begin{cases} I_1 = -1\text{A} \\ I_2 = 4\text{A} \end{cases}$$

若图 1-31 中的 4Ω 电阻和 5A 恒流源交换次序，如何列写支路电流方程，请读者自己思考。

支路电流法理论上可以求解任何复杂电路，但当支路数较多时，需求解的方程数也较多，计算工作量大。

1.8 叠加原理和戴维南定理

1.8.1 叠加原理

所谓叠加原理就是指在由多个电源组成的线性电路中，任何一条支路中的电流（或电压）等于每个电源单独作用时，在该支路所产生电流（或电压）的代数和，如图 1-32 所示。在各个独立电源分别单独作用时，对那些暂时不起作用的电源应作零值处理，即电压源用短路代替，电流源用开路代替。

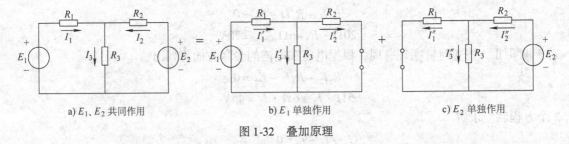

a) E_1、E_2 共同作用   b) E_1 单独作用   c) E_2 单独作用

图 1-32 叠加原理

从图 1-32 可以看出，E_1、E_2 两电源共同作用时，电路中产生的各支路电流分别为 I_1、I_2、I_3；E_1 单独作用时，电路中产生的各支路电流分别为 I_1'、I_2'、I_3'；当 E_2 单独作用时，电路中产生的各支路电流分别为 I_1''、I_2''、I_3''。而 I_1、I_2、I_3 应为相对应的 I_1'、I_2'、I_3' 和 I_1''、I_2''、I_3'' 的代数和。即

$$I_1 = I_1' - I_1''$$
$$I_2 = -I_2' + I_2''$$
$$I_3 = I_3' + I_3''$$

应用叠加原理时，应注意以下几点：

1）只适用于线性电路，不适用于非线性电路。

2）只适用于计算电压和电流，不适用于计算功率。即，功率和能量的计算不能用叠加原理（因为它们是电流的二次方关系）。

3）叠加时注意电压、电流的参考方向。若电压、电流分量的参考方向与原电压、电流参考方向一致时取"＋"号，相反时取"－"号。

4）根据具体情况，电源有时也可以分组作用。

5）叠加时，电路的连接结构不变。某个电源单独作用时，其余电源全为零值，电压源用"短路"替代，电流源用"断路"替代。

【例 1-15】 图 1-32a 所示电路，已知：$E_1 = 70\text{V}$，$E_2 = 45\text{V}$，$R_1 = 20\Omega$，$R_2 = 5\Omega$，$R_3 = 6\Omega$，用叠加原理求各支路电流。

解：图 1-32a 所示电路的各支路电流可以看成是由图 1-32b 和图 1-32c 所示两个电路的各支路电流分量叠加起来的电流。

在图 1-32b 中

$$I_1' = \frac{E_1}{R_1 + \dfrac{R_2 R_3}{R_2 + R_3}} = \frac{70\text{V}}{20\Omega + \dfrac{5\Omega \times 6\Omega}{5\Omega + 6\Omega}} = 3.08\text{A}$$

$$I_2' = \frac{R_3}{R_2 + R_3} I_1' = \frac{6\Omega}{5\Omega + 6\Omega} \times 3.08\text{A} = 1.68\text{A}$$

$$I_3' = I_1' - I_2' = 3.08\text{A} - 1.68\text{A} = 1.4\text{A}$$

在图 1-32c 中

$$I_2'' = \frac{E_2}{R_2 + \dfrac{R_1 R_3}{R_1 + R_3}} = \frac{45\text{V}}{5\Omega + \dfrac{20\Omega \times 6\Omega}{20\Omega + 6\Omega}} = 4.68\text{A}$$

$$I_1'' = \frac{R_3}{R_1 + R_3} I_2'' = \frac{6\Omega}{20\Omega + 6\Omega} \times 4.68\text{A} = 1.08\text{A}$$

$$I_3'' = I_2'' - I_1'' = 4.68\text{A} - 1.08\text{A} = 3.6\text{A}$$

所以

$$I_1 = I_1' - I_1'' = 3.08\text{A} - 0.98\text{A} = 2\text{A}$$

$$I_2 = -I_2' + I_2'' = -1.68\text{A} + 4.68\text{A} = 3\text{A}$$

$$I_3 = I_3' + I_3'' = 1.4\text{A} + 3.6\text{A} = 5\text{A}$$

1.8.2　戴维南定理

在分析计算复杂电路时，一般并非要把所有的电流、电压都求出来，而是只需计算电路中某一特定支路的电流、电压。为计算方便，可采用戴维南定理进行求解。先介绍一下二端网络的概念。

1. 二端网络

在分析电路时，凡是具有两个引出端的部分电路，无论其内部结构如何，都可称为二端网络。图 1-33a 所示的内部电路不含电源，称为无源二端网络；图 1-33b 所示的内部电路含有电源，称为有源二端网络。

2. 戴维南定理

任意一个复杂的有源二端网络，

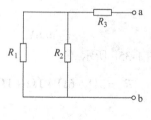

a) 无源二端网络

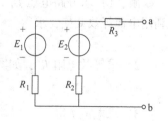

b) 有源二端网络

图 1-33　二端网络

对外部电路来讲，都可以简化成一个实际电压源电路模型，即电动势 E 和内阻 R_S 串联的等效电路，其中 E 等于原来网络的开路电压 U_O，而 R_S 等于原来网络所有电源置 0 时其两端点间的等效电阻，这就是戴维南定理，如图 1-34 所示。其中电源置 0 的方法是电压源短路，电流源断路，但内阻保留。

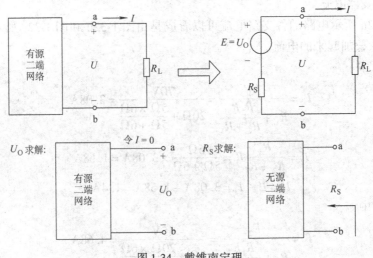

图 1-34 戴维南定理

通过等效变换后的电路是一个简单电路，如需求流过负载电阻 R_L 的电流，可用下式计算：

$$I = \frac{E}{R_S + R_L} \tag{1-18}$$

用戴维南定理计算某一支路电流的步骤如下：

1）将电路分为待求支路和有源二端网络两部分。

2）断开待求支路，求有源二端网络的开路电压 U_O（即：等效电压源的电动势 E）。

3）将有源二端网络内所有电源置 0（电压源短路，电流源断路），求将电源置 0 后的二端网络（即无源二端网络）的等效电阻 R_S。

4）画出有源二端网络的等效电路图后，接入待求支路，用公式（1-18）求出该待求支路的电流。

【例 1-16】 如图 1-35a 所示电路，用戴维南定理求 2Ω 电阻中的电流 I。

解：1）求开路电压 U_O，如图 1-35b 所示。

利用电源等效变换，求得

$$U_O = 6V$$

2）求等效电阻 R_S，如图 1-35c 所示。

$$R_S = 3\Omega // 6\Omega + 1\Omega + 1\Omega = 4\Omega$$

3）求电流 I 得

$$I = \frac{6V}{4\Omega + 2\Omega} = 1A$$

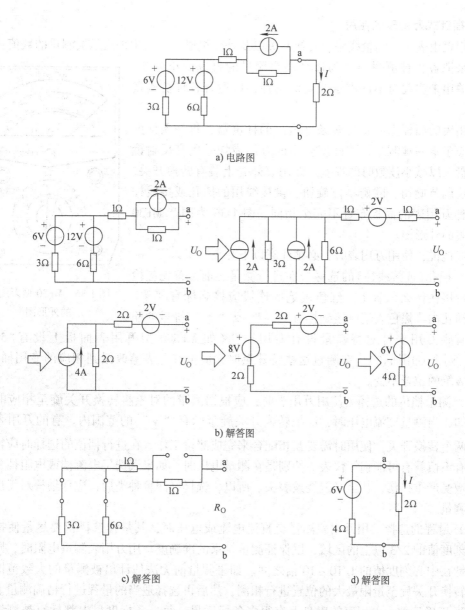

图 1-35 例 1-16 图

1.9 实验

1.9.1 万用表的使用

万用表是一种可以测量多种电量的多量程便携式仪表，它是电工必备的测量仪表之一。一般万用表可以测量直流电压、直流电流、交流电压、交流电流、电阻和音频电平等电量。有的万用表还可以用来测量电容、电感以及晶体管的某些参数等。

1. 指针式万用表的使用

万用表由表头、测量线路、转换开关以及外壳组成。表头用来指示被测量的数值；测量线路用来把各种被测量转换为适合表头测量的直流微小电流；转换开关用来实现对不同测量线路的选择，以适合各种被测量的要求。

万用表的面板上有带有多条标度尺的标度盘，每一条标度尺都对应于某一被测量。准确度较高的万用表均采用带反射镜的标度盘，以减小读数时的视差。万用表外壳上装有转换开关、机械零位调节旋钮、欧姆零位旋钮、供接线用的插孔或接线柱等。各种万用表的面板布置不完全相同，图 1-36 为国产 MF30 型万用表的外形图。

图 1-36　MF30 型万用表
的外形图

一般地说，使用万用表时，必须注意以下几点。

(1) 插孔(或接线柱)的选择　在进行测量之前，首先应检查表笔应接在什么位置上。红色表笔的连线应接到标有 " + " 符号的插孔内，黑色表笔应接到标有 " – " 或 " * " 符号的插孔内。有些万用表针对特殊量设有专用插孔(如 MF500 型万用表面板上设有"5A"和"2500V"两个专用插孔)，在测量这些特殊量时，应把红色表笔改接到相应的专用插孔内，而黑色表笔的位置不变。

(2) 测量档位的选择　使用万用表时，应根据测量的对象将转换开关旋至相应的位置上。例如，当测量交流电压时，应把转换开关旋至标有 " $\underset{\sim}{V}$ " 的范围内。有的万用表面板上设有两个转换开关，使用时需要互相配合来完成测量工作。在进行档位的选择时应特别小心，稍有不慎就有可能损坏仪表。特别是在测量电压时，如果误选了电流档或电阻档，将会使表头遭受严重损伤，甚至可能烧毁表头。所以，选择好测量种类后，应仔细核对无误后才能进行测量。

(3) 量程的选择　用万用表测量交直流电流或电压时，其量程选择得要尽量使指针工作在满刻度值的 2/3 以上的区域，以保证测量结果的准确度。用万用表测量电阻时，则应尽量使指针在中心刻度值的 1/10 ~ 10 倍之间。如果测量前无法估计出被测量的大致范围，则应先把转换开关旋至量限最大的位置进行粗测，然后再选择适当的量程进行精确测量。

(4) 正确读数　万用表的表盘上有很多条标度尺，每一条标度尺上都标有被测量的标志符号，测量读数时，应根据被测量及量程在相应的标度尺上读出指针指示的数值。另外，读数时应尽量使视线与表面垂直；对装有反射镜的万用表，应使镜中指针的像与指针重合后再进行读数。

(5) 欧姆档的使用　使用欧姆档时，要注意以下几个问题。

1) 每一次测量电阻时都必须调零，即将两支表笔短接，旋动"零欧姆调整器旋钮"使指针指示在 "Ω" 标度尺的 "0" 刻度线上。特别是改变了欧姆倍率档后，必须重新进行调零。当调零无法使指针达到欧姆零位时，则说明电池的电压太低，应更换新电池。

2) 测量电阻时被测电路不允许带电，否则，不仅使测量结果不准确，而且很有可能烧坏表头。

3) 被测电阻不能有并联支路，否则其测量结果是被测电阻与并联电阻并联后的等效电阻,而不是被测电阻的阻值。由于这一原因,测量电阻时,不能用手去接触表笔的金属部分,避免因人体并联于被测电阻两端而造成误差。

4)用欧姆档测量晶体管参数时,考虑到晶体管所能承受的电压比较小和容许通过的电流较小,一般应选择 $R \times 100\Omega$ 或 $R \times 1k\Omega$ 的倍率档。另外要注意,红色表笔与表内电池的负极相接,而黑色表笔与表内电池的正极连接。

5)在使用的间歇中,不要让两根表笔短接,以免浪费电池。

(6)注意操作安全 在万用表的使用过程中,必须十分重视人身和仪表安全,要注意:

1)决不允许用手接触表笔的金属部分,否则会发生触电或影响测量准确度。

2)不允许带电转动转换开关,尤其是当测量高电压和大电流时,否则在转换开关的刀及触点分离和接触的瞬间会产生电弧,使刀和触点氧化,甚至烧毁。

3)测量叠加有交流电压的电压时,要充分考虑转换开关的最高耐压值,否则会因为电压幅度过大而使转换开关中的绝缘材料被击穿。

4)万用表使用完毕后,应该把转换开关旋至交流电压的最大量限档,或旋至"OFF"档。

2. 数字式万用表的使用

数字式万用表是目前常用的一种数字化仪表。它具有功能强大、读数方便、测试准确、保护电路全、功率损耗小及抗干扰能力强等优点。但指针式万用表也还有一些优势,例如反应速度快、直观、价格便宜等,是数字式万用表不能完全替代的,因此在实际使用时可根据具体使用场合来进行合理选用。

不同厂家的数字式万用表的型号由厂家自己命名,这里就目前比较常见的优利德公司的数字式万用表为例来进行介绍。优利德公司生产的 UT55 型数字式万用表如图 1-37 所示。

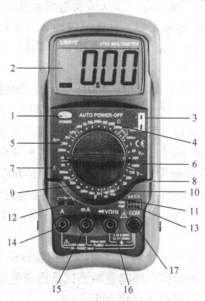

图 1-37 优利德 UT55 型数字式万用表

1—电源开关 2—液晶显示屏 3—温度传感器插口 4—电阻档 5—直流电流档 6—直流电压档

7—交流电流档 8—交流电压档 9—电容档 10—频率测试档 11—蜂鸣和二极管测试档

12—电容测试插孔 13—晶体管测试插孔 14—20A 大电流量程测量插孔 15—普通电流测量插孔

16—电压、电阻、二极管和频率测试插孔(接红表笔) 17—公共端(接黑表笔)

数字式万用表对于电压、电流和电阻等基本参数的测量和使用方法与指针式万用表基本相似，只是测量结果可通过显示屏显示出来，无须计算，使数值读取非常方便。另外，当测试电压和电流时，若表笔接反，屏幕会出现"−"号标志；当测量电阻时，无须进行校表操作。还应注意，数字式万用表即使调在电阻档，也是"红正黑负"，即红表笔为正极性，黑表笔为负极性，这是与指针式万用表不同的地方。

　　UT55型数字式万用表操作时，首先开启电源开关POWER键。检查9V电池，如果电压不足，需更换电池。

　　（1）直流电压测量　　将功能转换盘转到直流电压档量程范围，并选择量程，其量程分为五档：200mV、2V、20V、200V和1000V。测量时，将黑表笔插入公共端COM插孔，红表笔插入VΩHz插孔。测量时若显示屏上显示"1"，则表示超过量程，应重新选择更大量程。

　　（2）交流电压测量　　将功能转换盘转到交流电压档量程范围，并选择量程，其量程分为四档：2V、20V、200V和750V。测量时，将黑表笔插入公共端COM插孔，红表笔插入VΩHz插孔。测量时不允许超过额定值，以免损坏内部电路。显示值为交流电压的有效值。

　　（3）直流电流测量　　将功能转换盘转到直流电流档量程范围，并选择量程，其量程分为四档：2mA、20mA、200mA和20A。测量时，将黑表笔插入公共端COM插孔，当测量最大值为200mA时，红表笔应插入mA（普通电流测量）插孔；当测量最大值为20A时，红表笔应插入A（20A大电流量程测量）插孔。**注意**：测量电流时，应将万用表串联接入被测电路。

　　（4）交流电流测量　　将功能转换盘转到交流电流档量程范围，并选择量程，其量程分为三档：20mA、200mA和20A。测量时，将测试表笔串联接入被测电路，黑表笔插入公共端COM插孔，当测量最大值为200mA时，红表笔应插入mA（普通电流测量）插孔；当测量最大值为20A时，红表笔应插入A（20A大电流量程测量）插孔，显示值为交流电流的有效值。

　　（5）电阻测量　　电阻档量程分为七档：200Ω、2kΩ、20kΩ、200kΩ、2MΩ、20MΩ和200MΩ。测量时，将功能转换盘转到Ω量程范围，黑表笔插入公共端COM插孔，红表笔插入VΩHz插孔。如果被测电阻值超出所选量程最大值，显示屏会显示"1"，表示超过量程，应重新选择更大量程。**注意**：在测量电阻时，应切断电路中的电源。

　　（6）电容测量　　电容档量程分为五档：2nF、20nF、200nF、2μF和20μF。测量时，可先将电容插入电容测试插孔中，再将功能转换盘转到电容测量档的合适量程，就可以直接对电容数值进行测量了。**注意**：不能使用表笔进行测量。测量容量较大的电容时，稳定读数需要一定的时间。

　　（7）蜂鸣和二极管测试　　测试二极管时，可以将功能转换盘转到蜂鸣和二极管测试档，显示屏显示二极管的正向压降近似值。蜂鸣通断测试是将表笔连接到待测电路的两端，如果两端之间的电阻值低于70Ω，内置蜂鸣器将发声。

　　（8）晶体管h_{FE}（β值）的测试　　将功能转换盘转到h_{FE}量程，确定晶体管是NPN型还是PNP型，将发射极E、基极B和集电极C分别插入相应面板上相应的插孔中，显示屏上将显示h_{FE}的近似值。

　　（9）频率的测量　　测量时，将黑表笔插入公共端COM插孔，红表笔插入VΩHz插孔，功能转换盘转到20kHz量程处，测试笔连接到频率源上，直接在显示屏上读取频率值。

（10）温度的测试 当进行温度测量时，功能转换盘转到温度测量档位，在温度传感器插口上接热电偶温度探头，显示屏上就显示出了当前的温度。

（11）数字式万用表使用注意事项

1）测量电流时应将表笔串联接在被测电路中，测量电压时应将表笔并联接在被测电路中。

2）不能测量高于1000V的直流电压和高于750V的交流电压。

3）严禁在电流测量和电压测量时改变档位，以防止损坏仪表。

4）测量完毕应及时关断电源。

5）只有在测试表笔移开并切断电源以后，才能更换电池或熔断器。

此外，UT55型数字式万用表设有自动电源切断电路，如果万用表在开机状态下待机超过15min，电源将会自动切断，进入睡眠状态，这时万用表约消耗7μA的电流。若要重新开启电源，需重复按动电源开关POWER键两次。

1.9.2 直流电路的基本测量

1. 实验目的

1）学习万用表的使用。

2）学习电阻、电流、电压和电位的测量。

3）验证基尔霍夫电流定律和电压定律。

2. 实验设备（见表1-1）

表1-1 实验设备

序 号	名 称	型号与规格	数量	序 号	名 称	型号与规格	数量
1	直流可调稳压电源	0~30V	两路	4	电阻		若干
2	指针式万用表	MF30型	1块	5	导线		若干
3	数字式万用表	UT55型	1块				

3. 实验原理

（1）电压与电位 在电路中，某一点电位是指该点到参考点之间的电压值。各点电位的高低视所选的电位参考点的不同而变化，参考点的电位为零，比参考点电位高者为正，低者为负。电位是相对的，参考点选取得不同，同一点的电位值不同。但电压是任意两点间的电位差，它是绝对的。

（2）基尔霍夫定律 基尔霍夫定律分为电流定律（KCL）和电压定律（KVL）。KCL应用于节点，KVL应用于回路。

KCL内容：对于电路的任意一个节点，任意时刻，流经节点的电流的代数和等于零。其表达式为

$$\sum I = 0$$

KVL内容：对于电路中的任意一个回路，任意时刻，沿回路循环方向各部分电压的代数和等于零。其数学表达式为

$$\sum U = 0$$

4. 实验内容

(1) 电阻的测量

1) 将万用表红表笔插入标有 "+" 的孔中，将黑表笔插入标有 "–" 的孔中。

2) 将指针式万用表的转换开关拨到欧姆档，将两表笔短接调零。

3) 测量电阻值，将结果填入表1-2中。

表 1-2　　　　　　　　　　　　　　　　　　　　　　　　（单位:Ω）

物理量	R_1	R_2	R_3	R_4	R_5
测量值					

电阻值也可采用数字万用表 2kΩ 档进行测量，无须调零，测量后直接在显示屏上读数即可。

(2) 电流的测量　按图 1-38 所示连接电路。测量电流可以用指针式万用表，也可用数字式万用表。为保证测量读数的精确，选用数字式万用表测量，将功能转换盘转到直流电流档 20mA 档位，断开被测支路，将万用表串联进相应支路，将测量结果记入表 1-3 中。

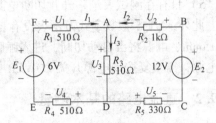

图 1-38　直流电路基本测量实验电路

表 1-3　　　　　　　　　　　　　　　　　　　　（单位:mA）

物理量	I_1	I_2	I_3
测量值			

(3) 电压的测量　电路如图 1-38 所示，测量电压可以用指针式万用表，也可用数字式万用表。为保证测量读数的精确，选用数字式万用表测量，将功能转换盘转到直流电压档 20V 档位，断开被测支路，将万用表并联在被测元件两端进行测量，将测量结果记入表 1-4 中。

表 1-4　　　　　　　　　　　　　　　　　　　　（单位:V）

物理量	U_1	U_2	U_3	U_4	U_5
测量值					

(4) 电位的测量　选取 A 点为参考点，分别测量 B、C、D、E、F 各点的电位，计算两点之间的电压值，将测量结果记入表 1-5 中。再以 D 为参考点，重复上述实验内容，将测量结果记入表 1-5 中。

表 1-5　　　　　　　　　　　　　　　　　　　　（单位:V）

物理量	电位参考点	V_A	V_B	V_C	V_D	V_E	V_F	计 算 值		
								U_{AD}	U_{BF}	U_{CE}
测量值	A									
	D							U_{AD}	U_{BF}	U_{CE}

5. 注意事项

1）防止稳压电源两个输出端碰线短路。

2）测量电阻时要在不带电的情况下测量。

3）用指针式万用表测量电压或电流时，指针正偏，可读取电压或电流值。如果仪表指针反偏，则必须调换仪表极性重新测量。若用数字式万用表测量电压或电流时，则可直接读出电压或电流值。**但应注意：** *所读电压或电流值的正、负号应根据设定的电压或电流参考方向来判断。*

6. 实验总结

1）用实验中测量的数据说明电压的绝对性和电位的相对性。

2）用实验中测量的数据验证图1-38电路中电流、电压之间的关系是否符合基尔霍夫定律。

7. 思考题

1）万用表使用时，若错用电流档或欧姆档测量了电压值，或电路带电时用电阻档测电阻，将会发生什么现象？

2）万用表若长期不用，转换开关应放在什么档位？

1.9.3 叠加原理和戴维南定理的验证

1. 实验目的

1）验证叠加原理的正确性。

2）验证戴维南定理的正确性。

2. 实验设备（见表1-6）

表1-6 实验设备

序 号	名 称	型号与规格	数 量
1	直流可调稳压电源	0～30V	两路
2	直流电流源	0～200mA	1个
3	指针式万用表	MF30型	1块
4	数字式万用表	UT55型	1块
5	可调电阻器	0～99999.9Ω	1台
6	负载电阻 R_L	1kΩ/8W	1个
7	电阻		若干
8	导线		若干

3. 实验原理

（1）叠加原理　在多个电源共同作用的线性电路中，任一支路中的电流（或电压）等于电路中各个电源分别单独作用时，在该支路中所产生的电流（或电压）的代数和。不作用的电源以零值处理：电压源短路，电流源开路，但内阻保留。

（2）戴维南定理　任意一个复杂的有源二端网络，对外部电路来讲，都可以简化成一个电动势 E 和内阻 R_S 串联的等效电源，其中 E 等于原来网络的开路电压 U_0，而 R_S 等于原来网络所有电源置零时其两端点间的等效电阻。

4. 实验内容

（1）验证叠加原理　实验电路如图 1-39 所示。

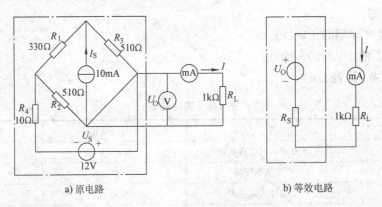

图 1-39　叠加原理实验电路

1）调节直流电源电压，使 $E_1 = 6V$，$E_2 = 12V$，合上电源开关，使 E_1 和 E_2 共同作用，用数字式万用表测量各支路电流，记入表 1-7 中。

2）E_1 单独作用，E_2 不作用（将 E_2 短路），重复实验步骤 1）的测量，记入表 1-7 中。

3）E_2 单独作用，E_1 不作用（将 E_1 短路），重复实验步骤 1）的测量，记入表 1-7 中。

表　1-7　　　　　　　　　　　　　　　　　　（单位：mA）

实 验 内 容	I_1	I_2	I_3	实 验 内 容	I_1	I_2	I_3
E_1、E_2 共同作用				E_2 单独作用			
E_1 单独作用				叠加值（计算）			

（2）验证戴维南定理　实验电路如图 1-40 所示。

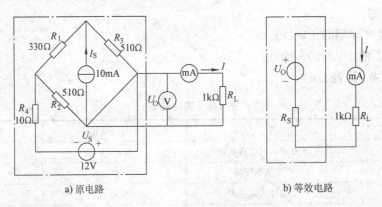

a) 原电路　　　　　　　　　　　b) 等效电路

图 1-40　戴维南定理实验电路

1）将直流可调稳压电源的输出电压值调到 12V，直流电流源的输出电流值调至 10mA。连好电路测量电流 I，记录如下：$I =$ _____ mA。

2）断开负载电阻 R_L，测量有源二端网络的开路电压 U_O，记入表格 1-8 中。

3）将该有源二端网络中的电源置零（电压源短路，电流源开路），用万用表欧姆档测量等效电阻 R_S，记入表格 1-8 中。

表　1-8

物 理 量	U_O	R_S	I
测量值			

4）将直流可调稳压电源电压值调至所测得的开路电压 U_O 值，并将可调电阻器的值调至等效电阻 R_S 值，然后按图 1-40b 接线（重新接一个实验电路），再接上待求支路电阻 R_L，

测量支路电流 I 值，记入表格 1-8 中。并与实验步骤 1）中的电流值 I 进行比较，观察两者是否相等，请做出结论。

实验步骤 1）所测得的电流 I 与用戴维南定理所测得的表格 1-8 中电流 I 的关系怎样？

5. 注意事项

1）测量时应注意电流表量程的更换。

2）用万用表直接测量 R_s 时，网络内的独立电源必须先置零，以免损坏万用表。并且指针式万用表欧姆档必须调零后再进行测量。

3）改接线路时，要先关掉电源。

6. 实验总结

1）根据实验数据验证叠加原理的正确性。

2）根据实验数据验证戴维南定理的正确性。

7. 思考题

1）在叠加原理实验中，用实测电流值、电阻值计算 R_1、R_2、R_3 上所消耗的功率为多少？能否用叠加原理计算电阻上消耗功率？

2）在叠加原理实验中，如果按图示电流方向接入电流表，观察到指针反偏，则需要将两个表笔对调，那么，此时所读数据如何处理？

本 章 小 结

1. 电路

电路是电流的通路，连续电流的通路必须是闭合的。它由电源、负载、中间环节三部分组成。电路的主要作用是进行能量的传输、分配与转换以及信号的传递与处理。

2. 电路的主要物理量

（1）电流 电荷的定向移动形成电流，电流的方向规定为正电荷移动的方向。

（2）电压、电位和电动势 电压 U_{ab} 为单位正电荷由 a 点移动到 b 点电场力所做的功，电压的方向规定为高电位指向低电位。电路中某点的电位等于该点到参考点之间的电压，两点之间的电压等于这两点电位之差。电位与参考点的选择有关，电压与参考点的选择无关。单位正电荷在电源内部由负极移动到正极电源力所做的功，称为电源的电动势。电动势的方向规定为低电位指向高电位。

（3）功率 功率为单位时间内电场力或电源力所做的功。

3. 欧姆定律

欧姆定律阐明了电阻元件上电压与电流间的关系，在电压、电流参考方向一致的情况下，表示为 $U = RI$；在电压、电流参考方向不一致时，表示为 $U = -RI$。

4. 基尔霍夫定律

基尔霍夫电流定律表达式：$\sum I_\lambda = \sum I_出$；基尔霍夫电压定律表达式：$\sum U = 0$。

5. 等效变换法

（1）电阻串并联等效变换法 串联电阻的等效电阻等于各个电阻之和，并联电阻的等效电阻的倒数等于各个电阻的倒数之和。

(2) 电源等效变换法 如图 1-41 所示。

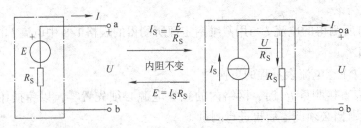

图 1-41 电源等效变换法

6. 电路的三种工作状态

电路有通路、开路和短路三种工作状态。为保证电气设备安全可靠地运行，规定了额定值。各种电气设备只能在额定值下运行。电源短路是一种非正常连接，会造成严重事故。在低压、小容量电路中，通常接入熔断器进行短路保护。

7. 支路电流法

以各支路电流为未知量，应用基尔霍夫定律列出节点电流方程和回路电压方程，解出各支路电流，从而可确定各支路(或元件)的电压及功率，这种解决电路问题的方法称为支路电流法。对于具有 b 条支路、n 个节点的电路，可列出 $(n-1)$ 个独立的电流方程和 $(b-n+1)$ 个独立的电压方程。

8. 叠加原理

叠加原理是线性电路的基本原理。它的内容是：电路中任一支路的电流(或电压)等于每个电源单独作用时产生的电流(或电压)的代数和。

9. 戴维南定理

应用戴维南定理可以求任意复杂电路中某一支路的电流。它的内容是：任何线性有源二端网络，对外部电路来说，都可以化简成一个实际电压源电路模型，电源电动势为原来网络的开路电压，电源内阻是原网络所有电压源短路、电流源开路时两端点间的等效电阻。

习 题 1

1. 填空题

(1) 组成电路的三个基本部分是_____、_____和_____。

(2) 电路的作用是实现_____或是_____。

(3) 若电流的参考方向与实际方向相同，则电流值为_____；若电流的参考方向与实际方向相反，则电流值为_____。

(4) 电源电动势只存在于_____，其实际方向是由_____极指向_____极；而电源端电压只存在于电源的外部，只有当电源_____或电源内阻_____时，电源端电压才与电源电动势相等。

(5) 电路通常有_____、_____和_____三种工作状态。

(6) 参考点的电位为_____，比参考点高的点，其电位值为_____，低的点，其电位值为_____。

(7) 实际电压源模型是理想电压源与电阻_____联；实际电流源模型是理想电流源与电阻_____联。

(8)基尔霍夫电流定律应用于_____，而基尔霍夫电压定律应用于_____。

(9)叠加定理仅适用于_____电路。使用时，对暂不作用的理想电压源做_____处理，对暂不作用的理想电流源做_____处理。

(10)用戴维南定理求等效电阻时，需要除去电源，其方法为：电压源_____，电流源_____。

2. 判断题

(1)电动势与电源端电压之间总是大小相等，方向相反。　　　　　　　　　　（　　）

(2)电阻大的导体，电阻率一定大。　　　　　　　　　　　　　　　　　　　（　　）

(3)电路中任意两点间的电位差与电位参考点的选择有关。　　　　　　　　　（　　）

(4)电路中任意回路都可以称为网孔。　　　　　　　　　　　　　　　　　　（　　）

(5)理想电压源与理想电流源之间可以等效变换。　　　　　　　　　　　　　（　　）

(6)在电路中，电源输出功率时内部电流是从正极流向负极。　　　　　　　　（　　）

(7)在开路状态下，开路电流为零，电源的端电压也为零。　　　　　　　　　（　　）

(8)理想电流源的内阻等于零，理想电压源的内阻为无穷大。　　　　　　　　（　　）

(9)电路中的一个电阻，当外加电压为5V时，其阻值为5Ω；当外加电压为10V时，其阻值为10Ω。

　　　　　　　　　　　　　　　　　　　　　　　　　　　　　　　　　　　（　　）

(10)不可以用叠加定理求功率。　　　　　　　　　　　　　　　　　　　　　（　　）

3. 选择题

(1)将一段均匀的阻值为 R 的导线从中间对折成一条新导线，其阻值为（　　）。

A. $\frac{1}{4}R$ 　　　　　B. $\frac{1}{2}R$ 　　　　　C. $2R$ 　　　　　D. $4R$

(2)在电路中流入节点的电流为5A和7A，流出该节点的电流有两条支路，其中一条支路电流为10A，则另一条支路电流为（　　）。

A. 22A 　　　　　B. 3A 　　　　　C. 2A 　　　　　D. 1A

(3)某电路有 n 个节点和 b 条支路，若采用支路电流法求解各支路电流时，应列出的 KCL 方程数和 KVL 方程数为（　　）。

A. n 个 KCL 方程和 n 个 KVL 方程

B. $n-1$ 个 KCL 方程和 $b-n$ 个 KVL 方程

C. $n-1$ 个 KCL 方程和 $b-(n-1)$ 个 KVL 方程

D. n 个 KCL 方程和 b 个 KVL 方程

(4)1 度电可供220V、50W 的灯泡正常发光的时间是（　　）。

A. 20h 　　　　　B. 25h 　　　　　C. 40h 　　　　　D. 45h

4. 问答题

(1)什么称为理想元件？什么称为电路模型？

(2)什么是参考方向？如何选择参考方向？

(3)什么是开路？什么是短路？为什么实际电压源不能短路？

(4)一个标注6V、0.9W 的指示灯的额定电流是多少？若把它误接到15V 的电压上使用，会产生什么后果？

(5)现有两只白炽灯，它们的额定值分别为 110V/100W 和 110V/60W。问哪一只白炽灯的电阻大？

5. 计算题

(1)求图 1-42 所示电路各未知电流。

(2)电路如图 1-43 所示，应用 KVL 计算 U_{ab}、U_{cd}。

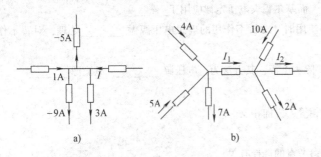

图 1-42 习题 5(1)图

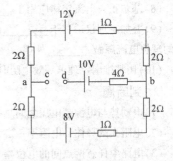

图 1-43 习题 5(2)图

（3）电路如图 1-44 所示，求等效电阻。

（4）电路如图 1-45 所示，求 A 点电位。

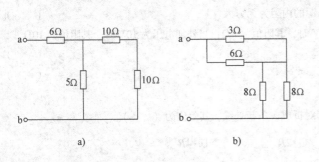

图 1-44 习题 5(3)图

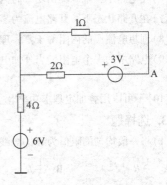

图 1-45 习题 5(4)图

（5）电路如图 1-46 所示，求 S 断开和闭合时，A 点的电位。

（6）电路如图 1-47 所示，已知：$I_1 = 3\text{mA}$，$I_2 = 1\text{mA}$。试确定电路元件 3 中的电流 I_3 和其端电压 U_3，并说明它是电源还是负载。

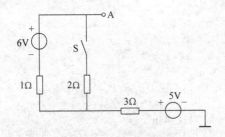

图 1-46 习题 5(5)图

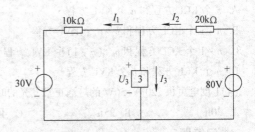

图 1-47 习题 5(6)图

（7）电路如图 1-48 所示，已知 $I = 5\text{A}$，$U_S = 20\text{V}$，元件 1 吸收功率 $P_1 = 20\text{W}$。求：U_1 和元件 2 的功率 P_2，并说明元件 2 是吸收还是发出功率。

（8）电路如图 1-49 所示，用支路电流法求各支路电流。

（9）电路如图 1-50 所示，用支路电流法求各支路电流。

（10）电路如图 1-51 所示，用叠加原理求支路电流 I。

（11）电路如图 1-52 所示，用叠加原理求支路电流 I。

（12）电路如图 1-53 所示，用戴维南定理求 2Ω 支路的电流 I。

（13）电路如图 1-54 所示，用戴维南定理求 1Ω 支路的电流 I。

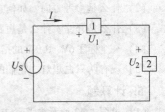

图 1-48 习题 5(7)图

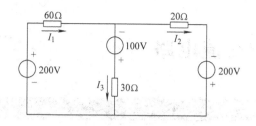

图 1-49　习题 5(8)图

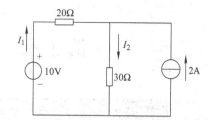

图 1-50　习题 5(9)图

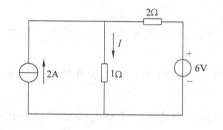

图 1-51　习题 5(10)图

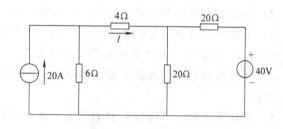

图 1-52　习题 5(11)图

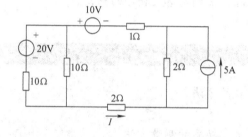

图 1-53　习题 5(12)图

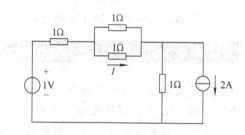

图 1-54　习题 5(13)图

(14) 电路如图 1-55a 所示，$E = 12V$，$R_1 = R_2 = R_3 = R_4$，$U_{ab} = 10V$。若将理想电压源置 0 后，试问这时（图 1-55b）U_{ab} 等于多少？

(15) 电路如图 1-56 所示，当 $R = 4\Omega$ 时，$I = 2A$，求当 $R = 9\Omega$ 时，I 等于多少？

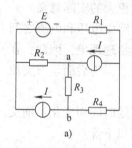
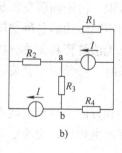

图 1-55　习题 5(14)图

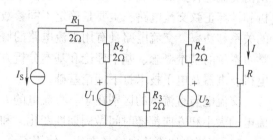

图 1-56　习题 5(15)图

第2章　正弦交流电路

学习目标

1）掌握正弦交流电的特点，即正弦量的三要素。

2）掌握两个同频率正弦量之间相位差的概念。

3）掌握由电阻 R、电感 L、电容 C 这三个单一元件组成的交流电路的伏安关系，感抗 X_L 和容抗 X_C 的概念以及功率和能量的转换关系。

4）掌握用相量分析法分析 RLC 串联电路和并联电路，计算电压、电流和有功功率，并画相量图。

5）掌握交流电路有功功率 P 的计算方法和提高功率因数的意义，了解无功功率 Q 和视在功率 S 的定义和计算。

6）理解三相交流电的基本概念，明确三相电源、三相电路及相序的意义。

7）能熟练计算对称三相电路的电压、电流和功率。

能力目标

1）掌握荧光灯电路的连接方法及提高功率因数的方法。

2）了解 RLC 串联谐振电路的特点。

3）掌握三相负载的连接及三相电路电压、电流、功率的测量方法。

2.1　正弦交流电的基本概念

在生产及生活中使用的电能，几乎都是交流电，即使是需要直流电供电的设备，一般也是由交流电转换成直流电。所以对于交流电的认识、讨论和研究，具有很大的实际意义。分析和计算正弦交流电路，主要是确定不同参数和不同结构的各种交流电路中电压和电流之间的关系和功率。交流电路具有用直流电路的概念无法解释和无法分析的物理现象，因此，在学习本章的基本概念、基本理论和基本分析方法时，必须建立交流的概念，为后面学习交流电机、电器及电子技术打下理论基础。

交流电与直流电的区别在于：直流电的大小和方向一旦确定就不再随时间而变化；而交流电的大小和方向都随时间做周期性变化。和直流电相比，交流电具有以下优点：

1）交流电比直流电输送方便、使用安全。

2）交流电机结构比直流电机简单，成本也较低，使用维护方便，运行可靠。

3）可以应用整流装置，将交流电变换成所需的直流电。

2.1.1　正弦量的三要素

大小和方向随时间按正弦函数规律变化的电流、电压或电动势称为正弦交流电流、正弦交流电压或正弦交流电动势，统称为正弦交流电或正弦量。现以正弦电流为例来说明正弦量的三要素。正弦电流的一般表达式为：$i = I_m \sin(\omega t + \varphi_i)$，波形如图 2-1 所示。$I_m$、$\omega$ 和 φ_i 一经确定，此正弦电流就被完全确定了。其中 I_m 为正弦电流变化的最大值，ω 为角频率，φ_i 为初相位。上述三者为确定正弦量的三要素，分别反映了正弦量振幅的大小、变化的快慢和计时时刻的状态。

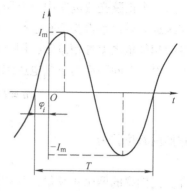

图 2-1　正弦交流电流波形

1. 瞬时值、最大值和有效值

瞬时值指正弦量在任意瞬时对应的值。用小写字母表示，如 i、u、e。最大值表示瞬时值中最大的值，又叫振幅值、峰值，用带有下标"m"的大写字母表示，如 I_m、U_m、E_m。工程上常采用有效值来衡量交流电能量转换的实际效果。有效值是根据交流电流和直流电流的热效应相等的原则来定义的。

经数学推算可以得出正弦交流电的有效值和最大值之间的关系为

$$I_m = \sqrt{2}I \qquad U_m = \sqrt{2}U \qquad E_m = \sqrt{2}E \qquad (2\text{-}1)$$

注意：符号不可以乱用。如无特别说明，本书中所提及的交流电流、电压的大小，均指有效值。电气设备铭牌标注的额定值及交流电表测量值均为有效值。市用照明电压 220V 指的也是有效值，对应的最大值是 311V。

2. 周期、频率和角频率

正弦量变化一次所需要的时间称为周期，用 T 表示，它的单位是秒(s)。正弦量每秒内变化的次数称为频率，用 f 表示，它的单位是赫兹(Hz)。根据定义，频率与周期互为倒数，即

$$T = \frac{1}{f}$$

或

$$f = \frac{1}{T} \qquad (2\text{-}2)$$

除了用周期和频率外，还常用角频率来反映正弦量变化的快慢。角频率表示正弦量每秒变化的弧度数，用 ω 表示，它的单位是弧度每秒(rad/s)。T、f、ω 三者之间的关系为

$$\omega = \frac{2\pi}{T} = 2\pi f \qquad (2\text{-}3)$$

在我国工农业及生活中使用的交流电频率为 50Hz，周期为 0.02s，角频率为 314rad/s 或 100π rad/s，习惯上称为工频。

3. 相位和初相位

设 $i = I_m \sin(\omega t + \varphi_i) = \sqrt{2}I\sin(\omega t + \varphi_i)$，选取不同的计时起点，正弦量的起始值($t = 0$ 的值)就不同，到达最大值或某一特定值所需的时间就不同。式中的电角度$(\omega t + \varphi_i)$ 称为正弦量的相位角，简称相位。相位反映了正弦量变化的进程，对于确定的时刻，都有相应的相位与之对应，它反映正弦量的状态。

$t = 0$ 时的相位 φ_i 称为初相位或初相角，简称初相。习惯上初相的取值范围在 $-\pi$ 到 π 之间，即：$-\pi \leqslant \varphi_i \leqslant \pi$。

一个正弦交流电路中，电压和电流的频率是相同的，但它们的初相位有可能不同，进行加减运算时，常常要考查它们之间的相位关系。相位差是一个关键参数。两个同频率的正弦量的相位角之差称相位差，用 φ 表示。

设两个同频率的正弦电压和电流分别为

$$u = U_m \sin(\omega t + \varphi_u) = \sqrt{2} U \sin(\omega t + \varphi_u)$$

$$i = I_m \sin(\omega t + \varphi_i) = \sqrt{2} I \sin(\omega t + \varphi_i)$$

它们的相位差为

$$\varphi = (\omega t + \varphi_u) - (\omega t + \varphi_i) = \varphi_u - \varphi_i \tag{2-4}$$

即：同频率的两个正弦量，其相位差等于它们的初相位之差。

根据两个同频率的正弦量的相位差，可以确定它们之间变化进程的关系，如图 2-2 所示。

在图 2-2a 中，$\varphi = \varphi_u - \varphi_i > 0$，称为 u 比 i 超前 φ 角，或称为 i 比 u 滞后 φ 角；在图 2-2b 中，$\varphi = \varphi_u - \varphi_i = 0$，称为 u 和 i 同相；在图 2-2c 中，$\varphi = \varphi_u - \varphi_i = \pm \pi$，称为 u 和 i 反相；在图 2-2d 中，$\varphi = \varphi_u - \varphi_i = \pi/2$，称为 u 和 i 正交。

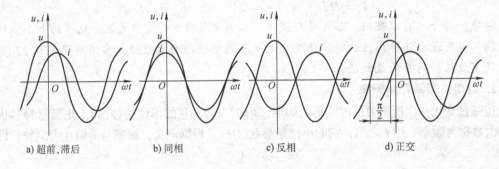

a) 超前、滞后   b) 同相   c) 反相   d) 正交

图 2-2   同频率正弦电量的相位关系

2.1.2   复数的相关知识

1. 复数的基础知识

正弦电量的相量表示法的数学基础是复数和复数运算，现在先对复数的相关内容进行必要的复习。

在数学中我们已经学习了复数的基本知识：由实部和虚部的代数和组成的数称为复数。复数的一般形式为

$$A = a + jb \tag{2-5}$$

式中，a 是 A 的实部；b 是 A 的虚部；j 是虚数单位，$j = \sqrt{-1}$。

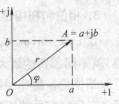

图 2-3   复平面复数的
表示法

复数是可以用图形来表示的，如图 2-3 所示。在直角坐标系中，横轴为实轴，单位是 $+1$；纵轴为虚轴，单位是 $+j$，这样构成的平面称为复平面。每一个复数 $A = a + jb$ 在复平面上都有一点 $A(a, b)$ 与之对应。图 2-3 中由 O 指向 A 的矢量也与复数 A 相对应。由此可知，可以用复平面上的矢量来表示复数。

图 2-3 中，矢量 OA 的长度 r 称为复数 A 的模，它与实轴正向之间

的夹角 φ 称为幅角。则复数的实部 a、虚部 b 和模 r、幅角 φ 的关系为

$$a = r\cos\varphi$$
$$b = r\sin\varphi$$
$$r = \sqrt{a^2 + b^2}$$
$$\varphi = \arctan\frac{b}{a} \tag{2-6}$$

工程上，复数 A 常写成

$$A = r\underline{/\varphi} \quad （极坐标形式）$$

或

$$A = re^{j\varphi} \quad （指数形式）$$

2. 复数的四则运算

复数与复数之间可以实现加法、减法、乘法、除法的运算。设 $A = a_1 + jb_1 = r_1\underline{/\varphi_1}$，$B = a_2 + jb_2 = r_2\underline{/\varphi_2}$，则复数的四则运算如下所示。

（1）加、减法

1）$A \pm B = (a_1 \pm a_2) + j(b_1 \pm b_2)$。

2）在复平面内用平行四边形法则进行运算：如图2-4所示，在复平面内，分别以 A、B 为邻边作平行四边形，平行四边形的对角线为 $A+B$ 或 $A-B$。

（2）乘法 $A \times B = AB = r_1 r_2 \underline{/(\varphi_1 + \varphi_2)}$。

（3）除法 $\dfrac{A}{B} = \dfrac{r_1}{r_2}\underline{/(\varphi_1 - \varphi_2)}$。

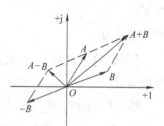

图2-4 复平面复数加减

2.1.3 正弦量的相量表示法

如前所述，表示一个正弦量可以用表达式和波形图。在分析和计算正弦交流电路时，常会遇到对同频率正弦量进行加、减运算，直接采用解析法和波形合成的方法都很麻烦。为此，引入正弦交流电的相量表示法。

经过数学分析和证明，正弦量和复数之间存在着对应关系，用复数表示正弦量这一方法称为相量法。前面已经学习了一个正弦量有三要素，即最大值、角频率和初相位。正弦交流电路中的电压、电流是与电源同频率的正弦量，一般情况下，可不必考虑角频率，计算时只要考虑有效值和初相这两个要素即可。而复数正好有两个要素，即模与幅角（指极坐标式）。若用它的模代表正弦量的最大值或有效值，用幅角代表正弦量的初相，那么就可以用一个复数表示正弦量了。为了与一般的复数有所区别，规定正弦量的相量用大写字母上方加"·"来表示。如：正弦交流电流 $i = I_m\sin(\omega t + \varphi_i)$ 的相量式有以下两种，最大值相量 $\dot{I}_m = I_m\underline{/\varphi_i}$；有效值相量 $\dot{I} = I\underline{/\varphi_i}$。实际应用中常采用有效值相量，在复平面内对应一个复数，我们称这个复数为相量图，如图2-5所示。

应当指出的是，正弦量是时间的函数，而相量仅仅是用复数来表示这个时间函数的两个特征的一个复数，相量与正弦量之间不是相等关系，而是一一对应关系。

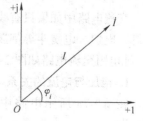

图2-5 交流电流 i 的相量图

【例2-1】 设两个正弦交流电流 $i_1 = 100\sqrt{2}\sin\omega t$ A，$i_2 = 50\sin(\omega t + 60°)$ A，试用相量式来表示。

解：（1）$i_1 = 100\sqrt{2}\sin\omega t$ A

最大值
$$I_{1m} = 100\sqrt{2}\,\text{A}$$

有效值
$$I_1 = \frac{I_{1m}}{\sqrt{2}} = \frac{100\sqrt{2}\,\text{A}}{\sqrt{2}} = 100\,\text{A}$$

初相位
$$\varphi_1 = 0°$$

则相量式为
$$\dot{I}_1 = 100\ \underline{/0°}\ \text{A}$$

（2）$i_2 = 50\sin(\omega t + 60°)$ A

最大值
$$I_{2m} = 50\,\text{A}$$

有效值
$$I_2 = \frac{I_{2m}}{\sqrt{2}} = \frac{50\,\text{A}}{\sqrt{2}} = 25\sqrt{2}\,\text{A}$$

初相位
$$\varphi_2 = 60°$$

则相量式为
$$\dot{I}_2 = 25\sqrt{2}\ \underline{/60°}\ \text{A}$$

【例2-2】 已知 $i_1 = 100\sqrt{2}\sin\omega t$ A，$i_2 = 100\sqrt{2}\sin(\omega t - 120°)$ A，试用相量法求 $i_1 + i_2$，并画相量图。

解：$\dot{I}_1 = 100\ \underline{/0°}\ \text{A}$，$\dot{I}_2 = 100\ \underline{/-120°}\ \text{A}$

$$\dot{I}_1 + \dot{I}_2 = (100\ \underline{/0°} + 100\ \underline{/-120°})\ \text{A}$$
$$= (100 - 50 - j50\sqrt{3})\ \text{A} = (50 - j50\sqrt{3})\ \text{A}$$
$$= 100\ \underline{/-60°}\ \text{A}$$

即
$$i_1 + i_2 = 100\sqrt{2}\sin(\omega t - 60°)\ \text{A}$$

相量图如图2-6所示。

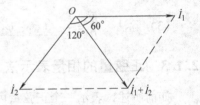

图2-6 例2-2图

2.2 单一元件正弦交流电路

在正弦交流电路中，电阻 R、电感 L、电容 C 是电路中的三个基本元件，因此分析由三个单一元件组成的交流电路具有重要的意义。

2.2.1 电阻元件的交流电路

交流电路中如果只有线性电阻，这种电路称为纯电阻电路。我们日常生活中接触到的白炽灯、电炉、电熨斗等都属于电阻性负载，在这类电路中影响电流大小的主要是负载电阻 R。纯电阻交流电路如图2-7a所示。

1. 电压与电流的关系

在图2-7a所示电路中，电压与电流参考方向如图所示，两者的关系由欧姆定律确定，即

$$u = Ri$$

设 $i = I_\mathrm{m}\sin\omega t$，则

$$u = Ri = RI_\mathrm{m}\sin\omega t \qquad (2-7)$$

由式(2-7)可得出如下结论：

1）电阻元件上的电压 u 和电流 i 是同频率的正弦电量。

2）电压和电流的相位相同。

3）电压和电流的最大值、有效值的关系为

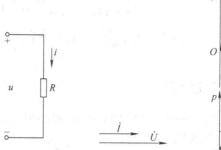

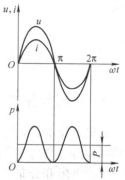

a) 电路图 b) 电压与电流的相量图 c) 电压、电流与功率的波形图

图 2-7 纯电阻交流电路

$$U_\mathrm{m} = RI_\mathrm{m}$$
$$U = RI \qquad (2-8)$$

4）电压相量和电流相量之间的关系为

$$\dot{I} = I \underline{/0°}$$
$$\dot{U} = U \underline{/0°}$$

$$\frac{\dot{U}}{\dot{I}} = \frac{U \underline{/0°}}{I \underline{/0°}} = \frac{U}{I} \underline{/0°} = R \qquad (2-9)$$

5）电压与电流的相量图和波形图如图 2-7b、c 所示。

2. 功率

（1）瞬时功率　在交流电路中，电路元件上的瞬时电压与瞬时电流之积为该元件的瞬时功率，用小写字母 p 表示，单位为瓦［特］（W）。电阻元件上的瞬时功率为

$$p = ui = U_\mathrm{m}\sin\omega t \cdot I_\mathrm{m}\sin\omega t = U_\mathrm{m}I_\mathrm{m}\sin^2\omega t = \frac{1}{2}U_\mathrm{m}I_\mathrm{m}(1 - \cos2\omega t) = UI(1 - \cos2\omega t) \qquad (2-10)$$

可见，电阻元件的瞬时功率不再是正弦量，它由常数 UI 和一个随时间变化的正弦量两部分组成，其中正弦量的频率为电源频率的两倍，波形如图 2-7c 所示，并且 $p \geq 0$，表明电阻元件任一时刻都在从电源取用功率，消耗电能。

（2）有功功率（平均功率）　电阻是耗能元件，为了反映电阻所消耗功率的大小，在工程上常用平均功率（也叫有功功率）来表示。所谓平均功率就是瞬时功率在一个周期内的平均值，用大写字母 P 表示，用数学表达式表示为

$$P = UI = RI^2 = \frac{U^2}{R} \qquad (2-11)$$

计算公式和直流电路中计算电阻功率的公式相同，单位为瓦［特］（W）。但要注意这里的 P 是平均功率，电压和电流都是有效值。

【例2-3】 把一个 100Ω 的电阻接到 $u = 311\sin(314t + 30°)$ V 的电源上，求：i、P。

解： 因为纯电阻电路的电流与电压同相位，并且瞬时值、最大值、有效值都符合欧姆定律。则

$$I_\mathrm{m} = \frac{U_\mathrm{m}}{R} = \frac{311\text{V}}{100\Omega} = 3.11\text{A}$$

所以

$$i = 3.11\sin(314t + 30°)\,\text{A}$$

$$P = UI = RI^2 = R\left(\frac{I_m}{\sqrt{2}}\right)^2 = 100\,\Omega \times \left(\frac{3.11\text{A}}{\sqrt{2}}\right)^2 = 100\,\Omega \times (2.2\text{A})^2 = 484\text{W}$$

2.2.2 电感元件的交流电路

在电子技术和电气工程中，常常用到由导线绕制而成的线圈，如荧光灯整流器线圈、变压器线圈等，称为电感线圈。一个线圈当它的电阻和分布电容小到可以忽略不计时，可以看成是一个纯电感。将它接在交流电源上就构成了纯电感电路，如图2-8a所示。

1. 电感元件

当电流通过线圈时，其周围就建立了磁场，线圈内部产生磁链 ψ。当磁链的方向与电流的方向符合右手螺旋法则时，磁链与电流成正比，即

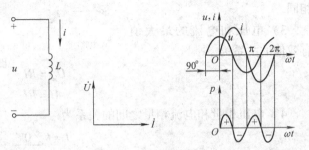

a) 纯电感电路　　b) 电压与电流的相量图　　c) 电压、电流与功率的波形图

图2-8　电感元件交流电路

$$\psi = Li$$
$$L = \frac{\psi}{i} \tag{2-12}$$

式中，磁链 ψ 与电流 i 的比值 L 称为线圈的电感量，单位为亨[利]（H）。具有参数 L 的电路元件称为电感元件，简称电感。空心线圈的电感量是一个常数，与通过其的电流大小无关，这种电感称为线性电感。

2. 电压与电流关系

根据电磁感应定律，当线圈中电流 i 发生变化时，就会在线圈中产生感应电动势，因而在电感两端形成感应电压 u，当感应电压 u 与电流 i 的参考方向如图2-8a所示一致时，其伏安关系为

$$u = \frac{\mathrm{d}\psi}{\mathrm{d}t} = L\frac{\mathrm{d}i}{\mathrm{d}t} \tag{2-13}$$

即电感电压与电流的变化率成正比。

当通过电感的电流为 $i = I_m\sin\omega t$ 时，电感两端的电压为

$$u = L\frac{\mathrm{d}i}{\mathrm{d}t} = L\frac{\mathrm{d}(I_m\sin\omega t)}{\mathrm{d}t} = \omega L I_m\cos\omega t = \omega L I_m\sin(\omega t + 90°) = U_m\sin(\omega t + 90°) \tag{2-14}$$

由式（2-14）可得出如下结论：

1）电感元件上的电压 u 和电流 i 是同频率的正弦电量。

2）电压和电流的相位差 $\varphi = 90°$，即 u 超前 i 90°。

3）电压和电流的最大值、有效值的关系为

$$U_m = \omega L I_m = X_L I_m$$
$$U = \omega L I = X_L I \tag{2-15}$$

式中

$$X_L = \omega L = 2\pi f L \qquad (2\text{-}16)$$

称为电感电抗，简称感抗，单位为欧[姆]（Ω）。它表明电感对交流电流起阻碍作用。在一定的电压下，X_L 愈大，电流愈小。感抗 X_L 与电源频率 f 成正比。L 不变，频率愈高，感抗愈大，对电流的阻碍作用愈大。在极端情况下，如果频率非常高且 $f \rightarrow \infty$ 时，则 $X_L \rightarrow \infty$，此时电感相当于开路。如果 $f = 0$，即直流时，则 $X_L = 0$，此时电感相当于短路。所以电感元件具有"隔交通直""通低频、阻高频"的性质。在电子技术中被广泛应用，如滤波、高频扼流等。

4）电压相量和电流相量之间的关系为

$$\dot{I} = I \underline{/0°}$$

$$\dot{U} = U \underline{/90°}$$

$$\frac{\dot{U}}{\dot{I}} = \frac{U \underline{/90°}}{I \underline{/0°}} = \frac{U}{I} \underline{/90° - 0°} = X_L \underline{/90°} = jX_L \qquad (2\text{-}17)$$

5）电压与电流的相量图和波形图如图 2-8b、c 所示。

3. 功率

（1）瞬时功率　根据瞬时功率的定义，电感元件上的瞬时功率为

$$p = ui = U_m \sin(\omega t + 90°) I_m \sin \omega t = U_m I_m \cos \omega t \sin \omega t = \frac{1}{2} U_m I_m \sin 2\omega t = UI \sin 2\omega t \qquad (2\text{-}18)$$

可见，电感元件的瞬时功率也是随时间变化的正弦量，其频率为电源频率的两倍，如图 2-8c 所示。从图中可以看出，电感在第一和第三个 1/4 周期内，$p > 0$，表示线圈从电源处吸收能量，并将它转换为磁能储存起来；在第二和第四个 1/4 周期内，$p < 0$，表示线圈向电路释放能量，将磁能转换成电能而送回电源。

（2）有功功率（平均功率）　瞬时功率表明，在电流的一个周期内，电感与电源进行两次能量交换，交换功率的平均值为零，即纯电感电路的平均功率为零。纯电感线圈在电路中不消耗有功功率，它是一种储存电能的元件。

（3）无功功率　电感与电源之间只是进行能量的交换而不消耗功率，平均功率不能反映能量交换的情况，因而常用瞬时功率的最大值来衡量这种能量交换的情况，并把它称为无功功率。无功功率用 Q 表示，单位为乏（var）。

必须指出，"无功"的含义是"交换"而不是"消耗"，它是相对"有功"而言的，绝不能理解为"无用"。

$$Q = UI = X_L I^2 = \frac{U^2}{X_L} \qquad (2\text{-}19)$$

【例 2-4】　一个电感量 $L = 25.4\text{mH}$ 的线圈，接到 $u = 311\sin(314t - 60°)\text{V}$ 的电源上，求：X_L、i、Q。

解：

$$X_L = \omega L = 314\text{rad/s} \times 25.4\text{mH} \times 10^{-3} \approx 8\Omega$$

$$\dot{I} = \frac{\dot{U}}{jX_L} = \frac{220 \underline{/-60°}\ \text{V}}{8 \underline{/90°}\ \Omega} = 27.5 \underline{/-150°}\ \text{A}$$

$$i = 27.5\sqrt{2}\sin(314t - 150°)\text{A}$$

$$Q = UI = 220\text{V} \times 27.5\text{A} = 6050\text{var}$$

2.2.3 电容元件的交流电路

在电子技术中，常用电容器来实现调谐、滤波、耦合、隔直等作用，在电力系统中，利用它来改善系统的功率因数，以减少电能的损失和提高电气设备的利用率。介质损耗很小、绝缘电阻很大的电容器可以近似看成是纯电容，将它接在交流电源上就构成了纯电容电路，如图2-9a所示。

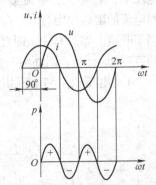

a) 纯电容电路　　b) 电压与电流的相量图　　c) 电压、电流与功率的波形图

图2-9　电容元件交流电路

1. 电容元件

两块金属导体，中间隔以绝缘介质所组成的整体，就形成一个电容器。被绝缘介质隔开的金属导体称为极板，它们经过电极接到电路上去。电容的基本性能是：当对电容器施加电压时，它的极板上聚集电荷，极板间建立电场，电场中储存能量。所以电容器是一种能够储存电场能量的元件。

电容器的电容量是反应电容器容纳电荷能力大小的一个物理量。试验证明，电容器每一极板上储存的电荷量q与加在极板间的电压u成正比，即

$$q = Cu$$

$$C = \frac{q}{u} \tag{2-20}$$

式中，电荷与电压的比值C称为电容器的电容量，单位为法[拉]（F）。具有参数C的电路元件称为电容元件，简称电容。当电容量C是一个常数，与两端电压无关时，这种电容称为线性电容。

2. 电压与电流关系

当电容两端的电压发生变化时，极板上的电荷也相应地变化，这时电容器所在的电路就有电荷做定向运动，形成电流。图2-9a中，选定电容上电压与电流的参考方向为关联参考方向时，电容的伏安关系为

$$i = \frac{dq}{dt} = C\frac{du}{dt} \tag{2-21}$$

即电容电流与电压的变化率成正比。

当电容两端的电压为$u = U_m \sin\omega t$时，通过电容的电流为

$$i = C\frac{du}{dt} = C\frac{d(U_m\sin\omega t)}{dt} = \omega C U_m \cos\omega t = \omega C U_m \sin(\omega t + 90°) = I_m \sin(\omega t + 90°) \tag{2-22}$$

由式（2-22）可得出如下结论：

1）电容元件上的电压u和电流i也是同频率的正弦电量。

2）电压和电流的相位差$\varphi = -90°$，即u滞后i 90°。

3）电压和电流的最大值、有效值的关系为

$$I_m = \omega C U_m$$

$$U_m = \frac{1}{\omega C} I_m = X_C I_m$$

$$U = \frac{1}{\omega C} I = X_C I \tag{2-23}$$

式中

$$X_C = \frac{1}{\omega C} = \frac{1}{2\pi f C} \tag{2-24}$$

称为电容电抗，简称容抗，单位为 Ω。容抗 X_C 与电源频率 f 成反比。在 C 不变的条件下，频率愈高，容抗愈小。在极端情况下，如果频率非常高且 $f \to \infty$ 时，则 $X_C = 0$，此时电容相当于短路。如果 $f = 0$，即直流时，则 $X_C \to \infty$，此时电容相当于开路。所以电容元件具有"隔直通交""通高频、阻低频"的性质。在电子技术中被广泛应用于旁路、隔直、滤波等方面。

4）电压相量和电流相量之间的关系为

$$\dot{I} = I \big/\!\!\underline{90°}$$

$$\dot{U} = U \big/\!\!\underline{0°}$$

$$\frac{\dot{U}}{\dot{I}} = \frac{U\big/\!\!\underline{0°}}{I\big/\!\!\underline{90°}} = \frac{U}{I}\big/\!\!\underline{0° - 90°} = X_C \big/\!\!\underline{-90°} = -jX_C \tag{2-25}$$

5）电压与电流的相量图和波形图如图 2-9b、c 所示。

3. 功率

（1）瞬时功率　根据瞬时功率定义，电容元件上的瞬时功率为

$$\begin{aligned}
p = ui &= U_m \sin\omega t I_m \sin(\omega t + 90°)\\
&= U_m I_m \sin\omega t \cos\omega t\\
&= \frac{1}{2} U_m I_m \sin 2\omega t\\
&= UI \sin 2\omega t
\end{aligned} \tag{2-26}$$

可见，电容元件的瞬时功率也是随时间变化的正弦量，其频率也为电源频率的两倍，如图 2-9c 所示。从图中可以看出，电容在第一和第三个 1/4 周期内，$p > 0$，电容元件在充电，将电能储存在电场中；在第二和第四个 1/4 周期内，$p < 0$，电容元件在放电，放出充电时所储存的能量，把它还给电源。

（2）有功功率（平均功率）　瞬时功率表明，在电流的一个周期内，电容与电源进行两次能量交换，交换功率的平均值为零，即纯电容电路的平均功率也为零。这说明电容元件也是一个储能元件，不消耗能量，它只是进行电容电场能和电源的电能之间的能量交换。

（3）无功功率　电容与电源之间只是进行能量的交换而不消耗功率，但与电感是不同的，为了加以区别，其能量的交换通常用负的瞬时功率的最大值来衡量。无功功率用 Q 表示，单位为乏（var）。

$$Q = -UI = -X_C I^2 = -\frac{U^2}{X_C} \tag{2-27}$$

对于式(2-19)和式(2-27)中的正负号，可理解为在正弦电路中，电感元件"吸收"无功功率，而电容元件"发出"无功功率。当电路中既有电感元件，又有电容元件时，它们的无功功率相互补偿，即正、负号仅表示相互补偿的意义。

【例2-5】 一个电容量 $C = 20\mu F$ 的电容器，接到 $u = 220\sqrt{2}\sin(314t + 30°)$ V 的电源上，求：X_C、i、Q。

解：

$$X_C = \frac{1}{\omega C} = \frac{1}{314\,\text{rad/s} \times 20\mu F \times 10^{-6}} \approx 159\Omega$$

$$\dot{I} = \frac{\dot{U}}{-jX_C} = \frac{220\,\underline{/30°}\ \text{V}}{159\,\underline{/-90°}\ \Omega} = 1.38\,\underline{/120°}\ \text{A}$$

$$i = 1.38\sqrt{2}\sin(314t + 120°)\,\text{A}$$

$$Q = -UI = -220\text{V} \times 1.38\text{A} = -303.6\text{var}$$

2.3 简单正弦交流电路的分析

上节讨论的都是一些理想元件构成的电路，但实际上并不是那样。一个实际的线圈，既有电感又有电阻，可以等效为一个纯电阻和纯电感串联的电路；一个实际的电容可以等效为一个纯电阻和纯电容串联的电路。也就是说在实际应用中，电阻、电感、电容三个元件往往并不单独存在，常常既有电感又有电阻，或既有电容又有电阻，有时甚至三个元件同时存在。

2.3.1 RLC 串联交流电路和串联谐振

1. RLC 串联交流电路电压和电流的关系

在电阻、电感与电容串联的交流电路中，各元件通过同一电流，电流与各电压的参考方向如图 2-10 所示。分析这种电路可以应用上一节所得的结论。

令电流为参考正弦量：

$$i = I_m\sin\omega t$$

则可得各部分电压之间和电流的关系。

(1) 瞬时值关系

$$u = u_R + u_L + u_C \tag{2-28}$$

(2) 相量关系

$$\dot{U} = \dot{U}_R + \dot{U}_L + \dot{U}_C \tag{2-29}$$

(3) 有效值关系 通过画相量图来分析，如图 2-11 所示。

由相量图可知，电压相量 $\dot{U}$，$\dot{U}_R$，$(\dot{U}_L + \dot{U}_C)$ 组成了一个直角三角形，称为电压三角形。利用这个电压三角形，可得到各部分电压有效值间的关系

$$U = \sqrt{U_R^2 + (U_L - U_C)^2} \tag{2-30}$$

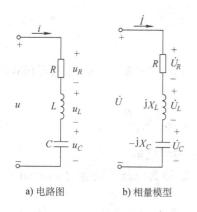

a) 电路图　　　b) 相量模型

图 2-10　电阻、电感与电容
串联的交流电路

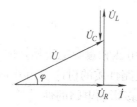

图 2-11　RLC 串联电路
相量图

（4）欧姆定律相量式　用相量表示电压与电流的关系，则为

$$\dot{U} = \dot{U}_R + \dot{U}_L + \dot{U}_C = R\dot{I} + \mathrm{j}X_L\dot{I} - \mathrm{j}X_C\dot{I} = [R + \mathrm{j}(X_L - X_C)]\dot{I}$$

将上式写成

$$\frac{\dot{U}}{\dot{I}} = R + \mathrm{j}(X_L - X_C) \tag{2-31}$$

式（2-31）中的 $R + \mathrm{j}(X_L - X_C)$ 称为电路的阻抗，用大写字母 Z 表示，单位为 Ω（欧［姆］），即

$$Z = \frac{\dot{U}}{\dot{I}} = R + \mathrm{j}(X_L - X_C) = |Z| \underline{/\varphi} \tag{2-32}$$

其中

$$|Z| = \sqrt{R^2 + (X_L - X_C)^2}$$

$$\varphi = \arctan\frac{X_L - X_C}{R}$$

$$R = |Z|\cos\varphi$$

$$X = X_L - X_C = |Z|\sin\varphi \tag{2-33}$$

式（2-32）就是欧姆定律的相量式。可见，阻抗的实部为"电阻"，虚部为"电抗"，它表示了电路的电流相量与电压相量之间的关系，既表示了它们之间大小关系（反映在阻抗的模 $|Z|$ 上），又表示了它们之间相位关系（反应在幅角 φ 上）。**注意**：阻抗 Z 是一个复数，并不是正弦交流量对应的相量，所以上面不能加点，Z 在方程式中只是一个运算的工具。由式（2-33）可以看出 $|Z|$、R、$(X_L - X_C)$ 也组成了一个直角三角形，叫作阻抗三角形，如图 2-12 所示。阻抗三角形和电压三角形是相似三角形。

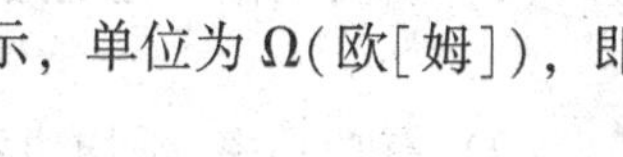

结论为

图 2-12　阻抗三角形

$$Z = \frac{\dot{U}}{\dot{I}} = \frac{U\underline{/\varphi_u}}{I\underline{/\varphi_i}} = \frac{U}{I}\underline{/(\varphi_u - \varphi_i)} = |Z|\underline{/\varphi}$$

即

$$|Z| = \frac{U}{I} = \sqrt{R^2 + (X_L - X_C)^2}$$

$$\varphi = \varphi_u - \varphi_i \tag{2-34}$$

(5) φ 角的求解　由于阻抗三角形和电压三角形是相似三角形，所以 φ 角可用式(2-34)来求解

$$\varphi = \varphi_u - \varphi_i = \arctan \frac{X_L - X_C}{R} = \arctan \frac{U_L - U_C}{U_R} \tag{2-35}$$

φ 角既表示电压相量与电流相量的夹角，还等于阻抗 Z 的阻抗角。

(6) 电路性质的讨论　由式(2-32)可知，阻抗角 φ 即为电压与电流之间的相位差。φ 角的正负直接影响电路的性质。

1) 若 $X_L > X_C$，则 $0° < \varphi < 90°$，电压超前电流 φ 角，电路呈感性。当 $\varphi = 90°$ 时，为纯电感电路。

2) 若 $X_L < X_C$，则 $-90° < \varphi < 0°$，电压滞后电流 φ 角，电路呈容性。当 $\varphi = -90°$ 时，为纯电容电路。

3) 若 $X_L = X_C$，则 $\varphi = 0°$，电压与电流同相位，电路呈阻性，此时电路发生串联谐振现象。

2. 功率关系

(1) 瞬时功率　把电路中电压的瞬时值与电流的瞬时值的乘积称为瞬时功率，即

$$p = ui = p_R + p_L + p_C$$

(2) 有功功率(平均功率)　有功功率是电路所消耗的功率。在 RLC 串联电路中，只有电阻消耗功率。所以，电路的有功功率为

$$P = P_R = U_R I = R I^2 \tag{2-36}$$

根据电压三角形 $U_R = U\cos\varphi$，故

$$P = UI\cos\varphi \tag{2-37}$$

其中 $\cos\varphi$ 称为功率因数，因而 φ 角又叫功率因数角。

(3) 无功功率　电感元件和电容元件均为储能元件，与电源进行能量交换，其交换的无功功率为

$$Q = Q_L + Q_C = (U_L - U_C)I = UI\sin\varphi \tag{2-38}$$

在 RLC 串联电路中，因为电流 I 相同，U_L 与 U_C 反相，所以，当电感储存能量时，电容必定在释放能量；反之亦然。说明电感与电容的无功功率具有互相补偿的作用，而电源只与电路交换补偿后的差额部分。

式(2-37)和式(2-38)是计算正弦交流电路中有功功率(平均功率)和无功功率的一般公式。

(4) 视在功率　视在功率表示电源提供总功率(包括 P 和 Q)的能力，即电源的容量。在交流电路中，总电压与总电流有效值的乘积定义为视在功率，用字母 S 表示，单位为 V·A(伏·安)或 kV·A(千伏·安)，即

$$S = UI \tag{2-39}$$

由于平均功率 P、无功功率 Q 和视在功率 S 三者所代表的意义不同，为区别起见，各采用不同的单位。这三个功率之间有一定的关系，即

$$S = \sqrt{P^2 + Q^2} \tag{2-40}$$

显然，它们也可以用一个直角三角形来表示，称为功率三角形。

功率、电压和阻抗三角形都是相似的，现在把它们同时表示在图2-13中。引出这三个三角形的目的，主要是为了帮助我们分析和记忆。

【**例2-6**】 电路如图2-14所示，已知：$\dot{U} = 200 \underline{/0°}$ V，$i = 5\sqrt{2}\sin(\omega t + 30°)$A。求：$Z$、$\varphi$，并说明电路的性质。

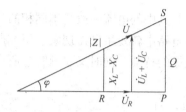

图 2-13　功率、电压、阻抗三角形

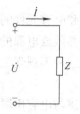

图 2-14　例2-6图

解：

$$Z = \frac{\dot{U}}{\dot{I}} = \frac{200 \underline{/0°} \text{ V}}{5 \underline{/30°} \text{ A}} = 40 \underline{/-30°} \ \Omega$$

$$\varphi = -30°$$

所以电路呈容性。

【**例2-7**】 RLC 串联电路中，已知：$u = 220\sqrt{2}\sin314t$V，$R = 40\Omega$，$X_L = 60\Omega$，$X_C = 30\Omega$。求：i、P、Q、S。

解：

$$Z = 40\Omega + \text{j}(60 - 30)\Omega = 50 \underline{/36.87°} \ \Omega$$

$$\dot{I} = \frac{\dot{U}}{Z} = \frac{220 \underline{/0°} \text{ V}}{50 \underline{/36.87°} \ \Omega} = 4.4 \underline{/-36.87°} \text{ A}$$

$$i = 4.4\sqrt{2}\sin(314t - 36.87°)\text{A}$$

$$P = UI\cos\varphi = 220\text{V} \times 4.4\text{A} \times 0.8 = 774.4\text{W}$$

$$Q = UI\sin\varphi = 580.8\text{var}$$

$$S = UI = 968\text{V} \cdot \text{A}$$

3. 阻抗的串联

图2-15是两个阻抗串联的电路。根据KVL定律可得出它的相量表达式

$$\dot{U} = \dot{U}_1 + \dot{U}_2 = Z_1\dot{I} + Z_2\dot{I} = (Z_1 + Z_2)\dot{I} \tag{2-41}$$

两个串联的阻抗可用一个等效阻抗 Z 来代替，在同样电压的作用下，电路中电流的有效值和相位保持不变。根据图2-15可写出

$$Z = \frac{\dot{U}}{\dot{I}} \tag{2-42}$$

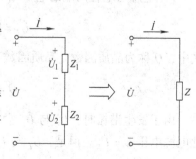

图 2-15　阻抗串联电路

比较上列两式，则得

$$Z = Z_1 + Z_2 \tag{2-43}$$

因为一般

$$U \neq U_1 + U_2$$

所以

$$|Z| \neq |Z_1| + |Z_2|$$

4. 串联谐振

在具有电感和电容元件的电路中，电路两端的电压与其中的电流一般是不同相的。如果我们调节电路的参数或电源的频率而使它们同相，这时电路中就发生谐振现象。研究谐振的目的就是要认识这种客观现象，并在生产上充分利用谐振的特征，同时又要预防它所产生的危害。

在电阻、电感与电容串联的交流电路中（见图 2-10），当

$$X_L = X_C \text{ 或 } 2\pi f L = \frac{1}{2\pi f C} \tag{2-44}$$

时，则

$$\varphi = \arctan\frac{X_L - X_C}{R} = 0$$

即电源电压 u 与电路中的电流 i 同相。这时电路中发生串联谐振现象。式（2-44）是发生串联谐振的条件，并由此得出谐振频率

$$f = f_0 = \frac{1}{2\pi\sqrt{LC}} \tag{2-45}$$

即当电源频率 f 与电路参数 L 和 C 之间满足（2-45）式关系时，则发生谐振。可见只要调节 L、C 或电源频率 f 都能使电路发生谐振。

串联谐振具有下列特征：

1）电路的阻抗模 $|Z| = \sqrt{R^2 + (X_L - X_C)^2} = R$，其值最小。因此，在电源电压 U 不变的情况下，电路中的电流将在谐振时达到最大值，即 $I = I_0 = U/R$。

2）由于电源电压与电流同相（$\varphi = 0$），因此电路对电源呈电阻性。电源供给电路的能量全被电阻所消耗，电源与电路之间不发生能量的互换。能量的互换只发生在电感线圈与电容器之间。

3）电感与电容两端的电压相等，但相位相反。其数值分别是总电压的 Q 倍。

$$U_L = U_C = I_0 X_L = \frac{U}{R}X_L = \frac{X_L}{R}U = QU \tag{2-46}$$

式中，Q 称为品质因数。品质因数 Q 为

$$Q = \frac{X_L}{R} = \frac{X_C}{R} = \frac{2\pi f_0 L}{R} = \frac{1}{2\pi f_0 CR} \tag{2-47}$$

由于发生谐振时，$\dot{U}_L$ 与 $\dot{U}_C$ 大小相等、相位相反，互相抵消，对整个电路不起作用，因此电源电压 $\dot{U} = \dot{U}_R$。但是，U_L 与 U_C 的单独作用不容忽视，因为

$$U_L = X_L I = X_L \frac{U}{R}$$

$$U_C = X_C I = X_C \frac{U}{R} \tag{2-48}$$

当 $X_L = X_C > R$ 时，U_L 与 U_C 都高于电源电压 U。如果电压过高时，可能会击穿电感线圈和电容器的绝缘层。因此，在电力系统中一般要避免发生串联谐振。但在无线电工程中常常利用串联谐振以获得较高电压，电容或电感元件上的电压常常是电源电压几十到几百倍。

因为串联谐振时 U_L 或 U_C 可能超过电源电压许多倍，所以串联谐振也称为电压谐振。

2.3.2　*RLC* 并联交流电路和并联谐振

1. 阻抗的并联

图 2-16 为两个阻抗并联的电路。根据 KCL 定律可写出它的相量表示式

$$\dot{I} = \dot{I}_1 + \dot{I}_2 = \frac{\dot{U}}{Z_1} + \frac{\dot{U}}{Z_2} = \dot{U}\left(\frac{1}{Z_1} + \frac{1}{Z_2}\right) \tag{2-49}$$

两个并联的阻抗也可用一个等效阻抗 Z 来代替。
根据图 2-16 可写出

$$Z = \frac{\dot{U}}{\dot{I}}$$

比较上列两式，则得

$$\frac{1}{Z} = \frac{1}{Z_1} + \frac{1}{Z_2} \tag{2-50}$$

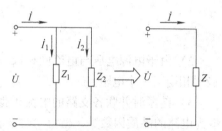

图 2-16　阻抗并联电路

或

$$Z = \frac{Z_1 Z_2}{Z_1 + Z_2} \tag{2-51}$$

因为一般

$$I \neq I_1 + I_2$$

所以

$$\frac{1}{|Z|} \neq \frac{1}{|Z_1|} + \frac{1}{|Z_2|}$$

2. 并联谐振

图 2-17 所示的是电容器与电感并联的电路，其中电感可用等效参数 R、L 表示。电路的等效阻抗为

$$Z = \frac{\frac{1}{j\omega C}(R + j\omega L)}{\frac{1}{j\omega C} + (R + j\omega L)} = \frac{R + j\omega L}{1 + j\omega RC - \omega^2 LC} \tag{2-52}$$

通常要求电感的电阻很小，所以一般在谐振时，$\omega L \gg R$，则上式可写成

$$Z \approx \frac{j\omega L}{1 + j\omega RC - \omega^2 LC} = \frac{1}{\frac{RC}{L} + j\left(\omega C - \frac{1}{\omega L}\right)} \tag{2-53}$$

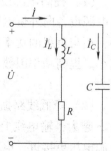

由此可得并联谐振频率，即将电源频率 ω 调到 ω_0 时，发生谐振，这时

图 2-17　并联电路

$$\omega_0 C - \frac{1}{\omega_0 L} \approx 0, \quad \omega_0 \approx \frac{1}{\sqrt{LC}}$$

或

$$f = f_0 \approx \frac{1}{2\pi \sqrt{LC}}$$

与串联谐振频率近似相等。

并联谐振具有下列特征：

1）由式（2-53）可知，谐振时电路的阻抗模为

$$|Z_0| = \frac{1}{\dfrac{RC}{L}} = \frac{L}{RC} \tag{2-54}$$

其值最大。因此在电源电压 U 一定的情况下，电路中的电流 I 将在谐振时达到最小值，即

$$I = I_0 = \frac{U}{\dfrac{L}{RC}} = \frac{U}{|Z_0|}$$

2）由于电源电压与电流同相（$\varphi = 0$），因此电路对电源呈电阻性。谐振时电路的阻抗模 $|Z_0|$ 相当于一个电阻。

3）谐振时并联各支路的电流近似相等，且为总电流的 Q 倍。I_C 或 I_L 与总电流 I_0 的比值为电路的品质因数

$$Q = \frac{I_L}{I_0} = \frac{2\pi f_0 L}{R} = \frac{\omega_0 L}{R} = \frac{1}{\omega_0 CR} \tag{2-55}$$

当 $Q > 1$ 时，I_L、I_C 都大于电源电流 I_0。因此，并联谐振也称为电流谐振。并联谐振在无线电工程和电子技术中也常应用，例如利用并联谐振时阻抗模高的特点来选择信号或消除干扰。

2.3.3 功率因数及其提高的方法

在交流电路中，有功功率 $P = UI\cos\varphi$，其中 $\cos\varphi$ 称为电路的功率因数。功率因数是用电设备的一个重要技术指标。在整个电力供电系统中，感性负载占的比重相当大，如广泛使用的荧光灯、电动机、电焊机、电磁铁、接触器等都是感性负载，它们的功率因数较低，有的低至 0.35（如电焊变压器）。

1. 提高功率因数的意义

（1）提高电源设备的利用率　交流电源的容量是用其视在功率来衡量的，当容量一定的电源设备向外供电时，负载能够得到多少有功功率 P，除了与电源设备的视在功率有关外，还与负载的功率因数有密切关系，功率因数 $\cos\varphi$ 越大，$P = UI\cos\varphi$ 越大，无功功率就越小。提高功率因数，可以使同等容量的供电设备向用户提供更多的有功功率，提高供电能力。

（2）降低线路损耗，提高供电质量，节约用铜　当负载的有功功率 P 和电压 U 一定时，$\cos\varphi$ 越大，输电线上的电流越小，线路上能耗就越少。线路损耗减少，可以使负载电压与电源电压更接近，电压调整率更高。此外，在线路损耗一定时，提高功率因数可以使输电线上的电流减小，从而可以减小导线的截面，节约铜材。

2. 提高功率因数的方法

功率因数低的根本原因主要是由于大量感性负载的存在。工厂中广泛使用的三相异步电动机就相当于感性负载。为了提高功率因数，可以从两个方面来着手：一方面是改进用电设备的功率因数，但这主要涉及更换或改进设备；另一方面是在感性负载的两端并联适当大小的电容器。

并联电容器前后，电路所消耗的有功功率不变。因为电容不消耗有功功率，仅仅是用容性无功功率去补偿感性无功功率。同时也未改变感性负载本身的功率因数和工作状态，因为感性负载的端电压不变，而是提高了整个电路的功率因数。功率因数提高的原理如图 2-18 所示。

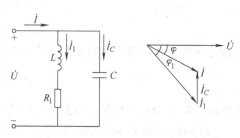

图 2-18 功率因数提高的原理

设原负载为感性负载，其功率因数为 $\cos\varphi_1$，电流为 $\dot{I}_1$，在其两端并联电容器 C，并联电容以后，电路电流变为 $\dot{I}$，功率因数为 $\cos\varphi$。从相量图可知由于电容电流补偿了负载中的无功电流，使总电流减小，φ 角小于 φ_1 角，电路的总功率因数提高了。

2.3.4 交流电路的频率特性

在交流电路中，当电源的频率改变时，电容的容抗值和电感的感抗值都随之改变，而使电路中各部分所产生的电压、电流的大小和相位也随之改变。这些物理量随电源频率变化而变化的函数关系称为电路的频率特性或频率响应。在电力系统中，频率一般是固定的，但在电子技术和控制系统中，经常要研究在不同频率下电路的工作情况。

在这里介绍几种 RC 滤波电路并研究一下 RC 电路的频率特性。所谓滤波就是利用容抗或感抗随频率而改变的特性，对不同频率的输入信号产生不同的响应，让需要的某一频带的信号顺利通过，而抑制不需要的其他频率的信号。滤波电路可分为低通、高通和带通几种。

1. 低通滤波电路

电路如图 2-19a 所示，$U_1(j\omega)$ 为输入电压，$U_2(j\omega)$ 为输出电压，电路输出与输入电压的比值称为电路的传递函数，用 $T(j\omega)$ 表示，由图 2-19a 可得

$$T(j\omega) = \frac{U_2(j\omega)}{U_1(j\omega)}$$

$$= \frac{\dfrac{1}{j\omega C}}{R + \dfrac{1}{j\omega C}} = \frac{1}{1 + j\omega RC} \quad (2\text{-}56)$$

设

$$\omega_0 = \frac{1}{RC}$$

则

a) 低通滤波电路   b) 频率特性

图 2-19 低通滤波电路及其频率特性

$$T(\mathrm{j}\omega) = \frac{1}{1 + \mathrm{j}\dfrac{\omega}{\omega_0}} = \frac{1}{\sqrt{1 + \left(\dfrac{\omega}{\omega_0}\right)^2}} \Bigg/ -\arctan\frac{\omega}{\omega_0} = |T(\mathrm{j}\omega)| \Big/ \varphi(\omega)$$

其中

$$|T(\mathrm{j}\omega)| = \frac{1}{\sqrt{1 + \left(\dfrac{\omega}{\omega_0}\right)^2}} \tag{2-57}$$

是传递函数 $T(\mathrm{j}\omega)$ 的模，它是角频率 ω 的函数。

$$\varphi(\omega) = -\arctan\frac{\omega}{\omega_0} \tag{2-58}$$

是传递函数 $T(\mathrm{j}\omega)$ 的幅角，也是 ω 的函数。

$|T(\mathrm{j}\omega)|$ 表示 $T(\mathrm{j}\omega)$ 的幅值随 ω 变化的特性称为幅频特性；$\varphi(\omega)$ 表示 $T(\mathrm{j}\omega)$ 的幅角随 ω 变化的特性称为相频特性，两者统称为频率特性。

由上列式子可见，当 $\omega = 0$ 时，$|T(\mathrm{j}\omega)| = 1$，$\varphi(\omega) = 0$；当 $\omega = \infty$ 时，$|T(\mathrm{j}\omega)| = 0$，$\varphi(\omega) = -\pi/2$；又当 $\omega = \omega_0 = 1/RC$ 时，$|T(\mathrm{j}\omega)| = 1/\sqrt{2} = 0.707$，$\varphi(\omega) = -\pi/4$。

低通滤波电路频率特性见表2-1，对应的频率特性曲线如图2-19b 所示。

表2-1 低通滤波电路频率特性

ω	0	ω_0	∞	ω	0	ω_0	∞
$|T(\mathrm{j}\omega)|$	1	0.707	0	$\varphi(\omega)$	0	$-\dfrac{\pi}{4}$	$-\dfrac{\pi}{2}$

在实际应用中，输出电压不能下降过多。通常当输出电压下降到输入电压的 70.7%，即 $|T(\mathrm{j}\omega)|$ 下降到 0.707 时为最低限。此时，$\omega = \omega_0$，而将 $0 < \omega \le \omega_0$ 称为通频带。ω_0 为截止频率。当 $\omega < \omega_0$ 时，$|T(\mathrm{j}\omega)|$ 变化不大，接近于1；当 $\omega > \omega_0$ 时，$|T(\mathrm{j}\omega)|$ 明显下降。这表明该电路具有使低频信号较易通过而抑制高频信号的作用，故称为低通滤波电路。

2. 高通滤波电路

电路如图2-20a 所示，与低通滤波电路的区别是，电路的输出取自电阻 R 两端。电路的传递函数为

$$T(\mathrm{j}\omega) = \frac{U_2(\mathrm{j}\omega)}{U_1(\mathrm{j}\omega)}$$

$$= \frac{R}{R + \dfrac{1}{\mathrm{j}\omega C}}$$

$$= \frac{\mathrm{j}\omega RC}{1 + \mathrm{j}\omega RC} \tag{2-59}$$

设

$$\omega_0 = \frac{1}{RC}$$

则

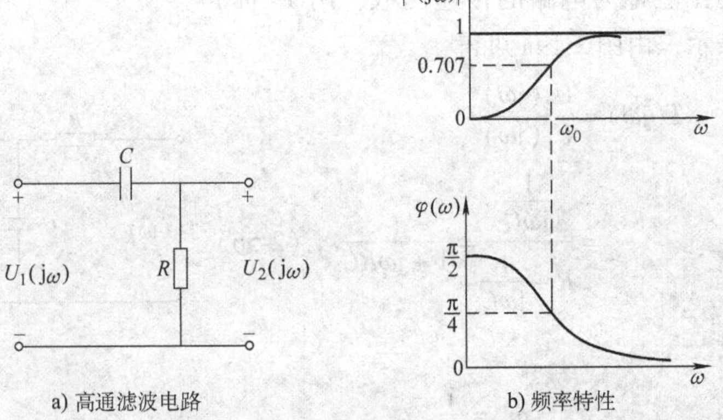

a) 高通滤波电路　　　　b) 频率特性

图2-20 高通滤波电路及其频率特性

52

$$T(\mathrm{j}\omega) = \frac{1}{1 - \mathrm{j}\dfrac{\omega_0}{\omega}} = \frac{1}{\sqrt{1 + \left(\dfrac{\omega_0}{\omega}\right)^2}} \bigg/ \arctan\frac{\omega_0}{\omega} = |T(\mathrm{j}\omega)| \big/ \varphi(\omega)$$

式中

$$|T(\mathrm{j}\omega)| = \frac{1}{\sqrt{1 + \left(\dfrac{\omega_0}{\omega}\right)^2}} \tag{2-60}$$

$$\varphi(\omega) = \arctan\frac{\omega_0}{\omega} \tag{2-61}$$

高通滤波电路频率特性见表 2-2，对应的频率特性曲线如图 2-20b 所示。

表 2-2 高通滤波电路频率特性

ω	0	ω_0	∞	ω	0	ω_0	∞
$|T(\mathrm{j}\omega)|$	0	0.707	1	$\varphi(\omega)$	$\dfrac{\pi}{2}$	$\dfrac{\pi}{4}$	0

由图可见，该电路具有使高频信号通过而抑制较低频率信号的作用，故常称为高通滤波电路。

3. 带通滤波电路

电路如图 2-21a 所示，电路的传递函数为

$$
\begin{aligned}
T(\mathrm{j}\omega) = \frac{U_2(\mathrm{j}\omega)}{U_1(\mathrm{j}\omega)} &= \frac{\dfrac{\dfrac{R}{\mathrm{j}\omega C}}{R + \dfrac{1}{\mathrm{j}\omega C}}}{R + \dfrac{1}{\mathrm{j}\omega C} + \dfrac{\dfrac{R}{\mathrm{j}\omega C}}{R + \dfrac{1}{\mathrm{j}\omega C}}} = \frac{\dfrac{R}{1 + \mathrm{j}\omega RC}}{\dfrac{1 + \mathrm{j}\omega RC}{\mathrm{j}\omega C} + \dfrac{R}{1 + \mathrm{j}\omega RC}} \\[2mm]
&= \frac{\mathrm{j}\omega RC}{(1 + \mathrm{j}\omega RC)^2 + \mathrm{j}\omega RC} = \frac{\mathrm{j}\omega RC}{1 - (\omega RC)^2 + 3\mathrm{j}\omega RC} \\[2mm]
&= \frac{1}{3 + \mathrm{j}\left(\omega RC - \dfrac{1}{\omega RC}\right)} \\[2mm]
&= \frac{1}{\sqrt{3^2 + \left(\omega RC - \dfrac{1}{\omega RC}\right)^2}} \bigg/ -\arctan\dfrac{\omega RC - \dfrac{1}{\omega RC}}{3}
\end{aligned}
$$

设

$$\omega_0 = \frac{1}{RC}$$

则

$$T(j\omega) = \frac{1}{3 + j\left(\dfrac{\omega}{\omega_0} - \dfrac{\omega_0}{\omega}\right)} = \frac{1}{\sqrt{3^2 + \left(\dfrac{\omega}{\omega_0} - \dfrac{\omega_0}{\omega}\right)^2}} \left/ -\arctan\frac{\dfrac{\omega}{\omega_0} - \dfrac{\omega_0}{\omega}}{3}\right. = |T(j\omega)| \underline{/\varphi(\omega)}$$

式中

$$|T(j\omega)| = \frac{1}{\sqrt{3^2 + \left(\dfrac{\omega}{\omega_0} - \dfrac{\omega_0}{\omega}\right)^2}} \tag{2-62}$$

$$\varphi(\omega) = -\arctan\frac{\dfrac{\omega}{\omega_0} - \dfrac{\omega_0}{\omega}}{3} \tag{2-63}$$

带通滤波电路频率特性见表 2-3，对应的频率特性曲线如图 2-21b 所示。

表 2-3 带通滤波电路频率特性

ω	0	ω_0	∞	ω	0	ω_0	∞
$\|T(j\omega)\|$	0	$\dfrac{1}{3}$	0	$\varphi(\omega)$	$\dfrac{\pi}{2}$	0	$-\dfrac{\pi}{2}$

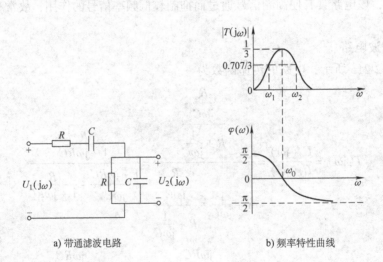

a) 带通滤波电路 b) 频率特性曲线

图 2-21 带通滤波电路及其频率特性

由图可见，当 $\omega = \omega_0 = \dfrac{1}{RC}$ 时，输入电压 $\dot{U}_1$ 与输出电压 $\dot{U}_2$ 同相，且 $\dfrac{U_2}{U_1} = \dfrac{1}{3}$。同时也规定，将 $|T(j\omega)|$ 等于最大值的 70.7% 处频率的上下限之间的宽度称为通频带宽度，简称通频带，即

$$\Delta\omega = \omega_2 - \omega_1$$

2.4 三相正弦交流电路

前几节我们讨论了单相交流电路，发电机只产生一个交变电动势。但在现代电力系统中，电能的产生、输送和分配，普遍采用三相正弦交流电路。三相交流电路之所以获得广泛

应用，是因为它和单相交流电路相比具有下列优点：

1）三相交流发电机比同容量的单相交流发电机节省材料，体积小。

2）远距离输电较为经济：电能损耗小，节约导线的使用量。在输送功率、电压、距离和线损相同的情况下，三相输电用铝仅是单相的75%。

3）三相电器在结构和制造上比较简单，工作性能优良，使用可靠。

2.4.1 三相交流电源

1. 三相电压的产生

三相对称电源指由三个频率相同、幅值相等、相位彼此互差120°的正弦电压源按一定方式连接而成的对称电源。三相对称电压是由三相交流发电机产生的。在三相交流发电机中有三个相同的绕组，三个绕组的首端分别用 U_1、V_1、W_1 表示，末端分别用 U_2、V_2、W_2 表示。这三个绕组分别称为 U 相、V 相、W 相，所产生的三相电压分别为

$$u_U = U_m\sin\omega t = \sqrt{2}\,U_p\sin\omega t$$
$$u_V = U_m\sin(\omega t - 120°) = \sqrt{2}\,U_p\sin(\omega t - 120°)$$
$$u_W = U_m\sin(\omega t + 120°) = \sqrt{2}\,U_p\sin(\omega t + 120°) \tag{2-64}$$

相量式为

$$\dot{U}_U = U_P \underline{/0°}$$
$$\dot{U}_V = U_P \underline{/-120°}$$
$$\dot{U}_W = U_P \underline{/+120°} \tag{2-65}$$

波形图和相量式如图2-22所示。

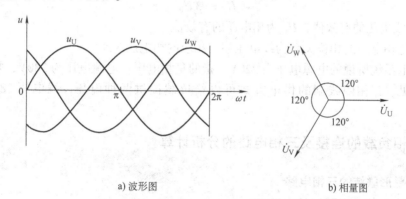

a) 波形图 b) 相量图

图2-22 三相交流电压波形图和相量图

三个交流电压达到最大值的先后次序叫相序，图2-22所示相序为 U→V→W，称为正序或顺序，反之，当相序为 W→V→U 时，这种相序称为反序或逆序。通常无特殊说明，三相电源均为正序。

2. 三相电源的联结

三相电源的联结有两种：星形联结（丫联结）和三角形联结（△联结）。而星形联结是电源通常采用的联结方式。图2-23为三相电源的星形联结。图2-23a中三个电源的末端连接到一个点，该点称为中性点，简称中点或零点。从中点引出的输电线叫中性线或零线，用 N

表示。在低压供电系统中，中点通常是接地的，因而中性线又俗称地线。由三个电源的首端引出三根输电线称为相线或端线，俗称火线，用 U、V、W（或 L_1、L_2、L_3）表示。工程上，U、V、W 三根相线分别用黄、绿、红颜色来区别，零线的颜色是黑色。

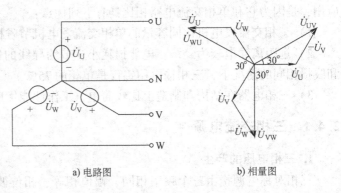

a) 电路图　　　　　b) 相量图

图 2-23　三相电源的星形联结

由三根相线和一根中性线所组成的输电方式称为三相四线制。三相四线制通常在低压供电系统中采用。三相电源联结成星形时，可以向用户提供两种电压。相线与中性线之间的电压称为相电压，用 $\dot{U}_U$、$\dot{U}_V$、$\dot{U}_W$ 表示。相线与相线之间的电压称为线电压，用 $\dot{U}_{UV}$、$\dot{U}_{VW}$、$\dot{U}_{WU}$ 表示。

由图 2-23a 可知，各相电压与线电压之间的关系为

$$\dot{U}_{UV} = \dot{U}_U - \dot{U}_V$$
$$\dot{U}_{VW} = \dot{U}_V - \dot{U}_W$$
$$\dot{U}_{WU} = \dot{U}_W - \dot{U}_U \qquad (2\text{-}66)$$

其相量图如图 2-23b 所示。

由相量图分析得到，三个线电压的幅值相同，频率相同，相位相差 120°，且线电压与相电压之间的大小关系为

$$U_L = \sqrt{3}\, U_P \qquad (2\text{-}67)$$

式中，U_L 为线电压的有效值；U_P 为相电压的有效值。

线电压与相电压的相位关系为线电压超前相应的相电压 30°。

我国供电系统所说的电源电压为 220V，指的是相电压；电源电压为 380V，指的是线电压。由此可见，三相四线制的供电方式可以给负载提供两种电压，线电压 380V 和相电压 220V。

2.4.2　三相负载的连接及三相电路的分析计算

1. 负载星形联结的三相电路

图 2-24 为负载星形联结的电路。为分析方便，我们先做如下规定：

1) 每相负载两端的电压称为负载的相电压，有效值 U_P；流过每相负载的电流称为负载的相电流，有效值 I_P。

2) 流过相线的电流称为线电流，有效值 I_L；相线与相线之间的电压称为线电压，有效值 U_L。

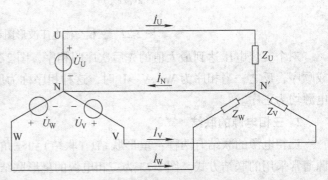

图 2-24　负载星形联结的电路

3）中性线上的电流为中性线电流，有效值 I_N。

负载星形联结的电路特点是：

1）负载相电压等于电源相电压，线电压有效值为相电压有效值的 $\sqrt{3}$ 倍，即

$$U_L = \sqrt{3}\, U_P$$

且在相位上线电压超前相应的相电压30°。例如线电压 $\dot{U}_{UV}$，用相量式表示可以写为

$$\dot{U}_{UV} = \sqrt{3}\,\dot{U}_U \underline{/30°} \tag{2-68}$$

2）负载相电流等于线电流，即

$$I_P = I_L \tag{2-69}$$

说明流过负载的电流就是相线上的电流，各相电流可以按欧姆定律进行计算，即

$$\dot{I}_U = \frac{\dot{U}_U}{Z_U}$$

$$\dot{I}_V = \frac{\dot{U}_V}{Z_V}$$

$$\dot{I}_W = \frac{\dot{U}_W}{Z_W} \tag{2-70}$$

3）中性线电流为

$$\dot{I}_N = \dot{I}_U + \dot{I}_V + \dot{I}_W \tag{2-71}$$

4）中性线的作用。

① 对称三相电路：三相电源提供的线电压和相电压是对称的。如果三相负载的阻抗相等，则称为对称的三相负载。由对称三相电源和对称三相负载组成的三相电路称为对称三相电路。对称三相电路中性线电压、相电压、线电流和相电流均是对称的。

由于负载相电流对称，对称三相电路的中性线电流 $\dot{I}_N = 0$。中性线没有电流，便可省去，并不影响电路的正常工作，这样三相四线制就变成三相三线制。

② 不对称三相电路：如果三相负载的阻抗不相等，即三相负载不对称，则中性线电流 $\dot{I}_N \neq 0$，中性线便不可省去。若断开中性线变成三相三线制供电，则将导致各相负载的相电压分配不均匀，有时会出现很大的差异，造成有的相电压超过额定相电压而使用电设备不能正常工作。故三相四线制供电时，中性线是非常重要的，决不允许断开，因此在中性线上严禁安装开关、熔断器等，而且中性线的机械强度要比较好，接头处必须连接牢固。

【例2-8】　有一星形联结的三相负载，每相的电阻 $R = 6\,\Omega$，感抗 $X_L = 8\,\Omega$。电源电压对称，设线电压 $u_{UV} = 380\sqrt{2}\sin(\omega t + 30°)\,\mathrm{V}$，试求电流 i_U、i_V、i_W。

解：每相阻抗 $Z = R + jX_L = 6 + j8 = 10 \underline{/53.13°}\ \Omega$，

U 相电压为

$$\dot{U}_U = \frac{\dot{U}_{UV}}{\sqrt{3}} \underline{/-30°} = \frac{380 \underline{/30°}\ \mathrm{V}}{\sqrt{3}} \underline{/-30°} = 220 \underline{/0°}\ \mathrm{V}$$

U 相(线)电流为

$$\dot{I}_U = \frac{\dot{U}_U}{Z} = \frac{220 \underline{/0°}\ \mathrm{V}}{10 \underline{/53.13°}\ \Omega} = 22 \underline{/-53.13°}\ \mathrm{A}$$

则有

$$i_U = 22\sqrt{2}\sin(\omega t - 53.13°)\,A$$

$$i_V = 22\sqrt{2}\sin(\omega t - 53.13° - 120°) = 22\sqrt{2}\sin(\omega t - 173.13°)\,A$$

$$i_W = 22\sqrt{2}\sin(\omega t - 53.13° + 120°) = 22\sqrt{2}\sin(\omega t + 66.87°)\,A$$

2. 负载三角形联结的三相电路

图 2-25 为三相负载作三角形联结时的三相三线制电路。

由于三相电源是对称的，如果三相负载也对称，即 $Z = Z_{UV} = Z_{VW} = Z_{WU}$，则其电路的特点为：

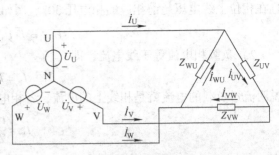

图 2-25　负载三角形联结的电路

1）负载相电压等于电源线电压，即

$$U_P = U_L \tag{2-72}$$

2）负载相电流对称，且可以用欧姆定律求解

$$\dot{I}_{UV} = \frac{\dot{U}_{UV}}{Z}$$

$$\dot{I}_{VW} = \frac{\dot{U}_{VW}}{Z}$$

$$\dot{I}_{WU} = \frac{\dot{U}_{WU}}{Z} \tag{2-73}$$

3）根据 KCL 可得线电流和相电流的关系式

$$\dot{I}_U = \dot{I}_{UV} - \dot{I}_{WU}$$

$$\dot{I}_V = \dot{I}_{VW} - \dot{I}_{UV}$$

$$\dot{I}_W = \dot{I}_{WU} - \dot{I}_{VW} \tag{2-74}$$

相量图如图 2-26 所示。

由图 2-26 可知，线电流也对称。线电流有效值是相电流有效值的 $\sqrt{3}$ 倍，即

$$I_L = \sqrt{3}\,I_P \tag{2-75}$$

且在相位上线电流滞后相应的相电流 30°。线电流用相量式表示可以写为

$$\dot{I}_L = \sqrt{3}\,\dot{I}_P \angle{-30°} \tag{2-76}$$

2.4.3 三相电路的功率

1. 三相负载的功率计算

在三相交流电路中，不论负载采用星形联结还是三角形联结，三相负载消耗的总功率等于各相负载消耗的功率之和。即

$$P = P_U + P_V + P_W \tag{2-77}$$

如果三相电路为对称的，则表明各相负载的有功功率相等，则有

$$P = 3U_P I_P \cos\varphi_P \tag{2-78}$$

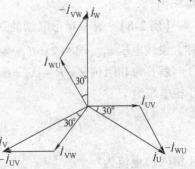

图 2-26　对称负载三角形联结时电流的相量图

由于负载为星形联结时有 $U_L = \sqrt{3}\,U_P$，$I_P = I_L$；负载为三角形联结时有 $U_L = U_P$，$I_L = \sqrt{3}\,I_P$，因此可得

$$P = \sqrt{3}\,U_L I_L \cos\varphi_P \tag{2-79}$$

同单相交流电路一样，三相负载中既有耗能元件，也有储能元件。因此，三相交流电路中除了有有功功率外，也有无功功率和视在功率。在对称三相电路中，三相负载的无功功率和视在功率分别为

$$Q = 3U_P I_P \sin\varphi_P = \sqrt{3}\,U_L I_L \sin\varphi_P$$

$$S = 3U_P I_P = \sqrt{3}\,U_L I_L = \sqrt{P^2 + Q^2} \tag{2-80}$$

2. 三相负载的功率测量

在三相三线制电路中，可以用两个功率表来测量三相负载的功率，常称为二表法。这是用单相功率表测量三相三线制电路功率的最常用的方法，如图2-27所示。每个功率表都将显示出一个读数，但是，单独就每个功率表的读数来说并没有什么意义，把两个功率表的读数加起来才是三相负载的总功率。实际工程中也可以采用一块三相功率表对三相负载的功率进行测量。

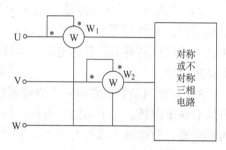

图 2-27　两表法测三相负载功率

2.5　实验

2.5.1　荧光灯电路的连接及功率因数的提高

1. 实验目的

1）掌握荧光灯电路的组成及连接方法。

2）了解荧光灯的工作原理，加深理解交流电路中电压与电流的相量关系。

3）理解功率因数的意义，掌握提高功率因数的方法。

2. 实验设备（见表2-4）

表2-4　实验设备

序　号	名　称	型号与规格	数　量
1	荧光灯管	30W	1
2	镇流器、辉光启动器	与30W灯管配用	各1
3	交流电压表	0~500V	1
4	交流电流表	0~5A	1
5	单相功率表		1
6	电容	1μF、2.2μF、4.2μF	各1
7	导线		若干

3. 实验原理

（1）荧光灯电路的组成　荧光灯电路由荧光灯管、镇流器、辉光启动器及开关组成，如图 2-28 所示。

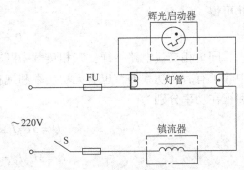

图 2-28　荧光灯电路的组成

1）荧光灯管：是一个在真空情况下充有一定数量的氩气和少量水银的玻璃管，管的内壁涂有荧光材料，两个电极用钨丝绕成，上面涂有一层加热后能发射电子的物质。管内氩气既可帮助灯管点燃，又可延长灯管寿命。

2）镇流器：又称限流器，是一个带有铁心的电感线圈，其作用是：①在灯管启辉瞬间产生一个比电源电压高得多的自感电压帮助灯管启辉。②灯管发光后限制通过灯管的电流不致过大而烧毁灯丝。

3）辉光启动器：它由一个启辉管（氖泡）和一个小容量的电容组成。氖泡内充有氖气，并装有两个电极，一个是固定电极，另一个是用膨胀系数不同的双金属片制成的倒"U"形可动电极，两电极上都焊有触头。倒"U"形可动电极内层金属片热膨胀系数大，在两电极间加上电源电压时，管内气体电离产生辉光放电而发热，倒"U"形可动电极因受热而伸直，使触头闭合，这时两电极间的电压降为零，辉光放电停止，几秒钟内双金属片冷却后回到原来位置，两触头分开，辉光启动器在电路中起自动开关作用。电容是防止触头断开而产生火花将触头烧坏以及灯管启辉时对无线设备产生干扰。

（2）荧光灯的工作原理　当接通电源瞬间，由于辉光启动器没有工作，电源电压都加在辉光启动器内氖泡的两电极之间，电极瞬间被击穿，管内的气体导电，使倒"U"形的双金属片受热膨胀伸直而与固定电极接通，这时荧光灯的灯丝通过电极与电源构成一个闭合回路。灯丝因有电流（称为启动电流或预热电流）通过而发热，从而使灯丝上的氧化物发射电子。

同时，辉光启动器两端的电极接通后电极间电压为零，辉光启动器停止放电。由于接触电阻小，双金属片冷却，当冷却到一定程度时，双金属片恢复到原来状态，与固定片分开。

在此瞬间，回路中的电流突然断电，于是镇流器两端产生一个比电源电压高得多的感应电压，连同电源电压一起加在灯管两端，使灯管内的惰性气体电离而产生弧光放电。随着管内温度的逐步升高，水银蒸气游离，并猛烈的碰撞惰性气体而放电。水银蒸气弧光放电时，辐射出紫外线，紫外线激励灯管内壁的荧光粉后发出可见光。

在正常工作时灯管两端电压较低（30W 灯管的两端电压约 80V 左右），即辉光启动器两端电压低于电源电压，不足以使辉光启动器放电，所以辉光启动器的触头不再闭合。这时荧光灯处于正常工作状态。

（3）交流电路中的功率因数　在交流供电系统的负载中，多为感性负载，其电流是滞后电压的，所以在计算交流电路的平均功率时要考虑到电流与电压的相位差 φ。即

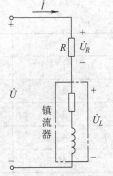

$$P = UI\cos\varphi$$

式中，$\cos\varphi$ 称为功率因数。图 2-29 是荧光灯的等效电路，因为电路中

图 2-29　荧光灯的等效电路

串联着一个镇流器，它是个电感量 L 较大的电感，所以整个电路的功率因数较低，约 0.5 左右。

（4）提高功率因数方法　通常是在负载两端并联电容，产生一个超前电压 90° 的容性电流来补偿原负载中的感性电流，使传输电流减小，线路损耗降低。

4. 实验内容

（1）实验电路　实验电路如图 2-30 所示。

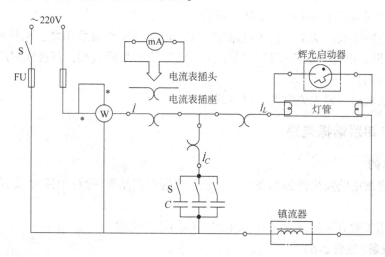

图 2-30　荧光灯的实验电路

（2）实验步骤

1）按图 2-30 接好电路，经老师检查无误后方可进行实验。

2）在未并入电容时，合上电源开关按表 2-5 测量各个数据，并记入表中。

3）逐次增加电容量，分别测出并联电容后的各个数据，并记入表中。

表 2-5

内容 电路状态	测量数据							计算数据	
	电源电压/V	灯管两端电压/V	镇流器两端电压/V	线路总电流/A	灯管支路电流/A	电容器支路电流/A	电路的有功功率/W	电路的视在功率/V·A	电路的功率因数($\cos\varphi$)
不并电容器时									
并 1μF 电容									
并 3.2μF 电容 (1+2.2)μF									
并 7.4μF 电容 (1+2.2+4.2)μF									

（3）荧光灯的一般故障

1）灯管出现的故障：灯不亮而且灯管两端发黑，用万用表的电阻档测量一下灯丝是否断开。

2）镇流器故障：一种是镇流器线匝间短路，其电感减小，致使感抗 X_L 减小，使电流过大而烧毁灯丝，另一种是镇流器断路使电路不通、灯管不亮。

3）辉光启动器故障：荧光灯接通电源后，只见灯管两头发亮，而中间不亮，这是由于辉光启动器两电极碰粘在一起分不开或是辉光启动器内电容被击穿（短路）。重新换辉光启动器即可。

5. 注意事项

1）线接好后一定经老师检查认可后，方能合闸通电。

2）所有的仪表选用的量程大于使用量程。

3）功率表的接线：功率表接入电路时，应将电流线圈与负载串联，电压线圈与负载并联。功率表面板上带有"U^*""I^*"的字样，"$*$"表示是同名端，在接线时应先将两"$*$"点连接起来（短路）。

4）做完实验后，要先关电源，再拆线。

2.5.2　*RLC* 串联谐振电路

1. 实验目的

1）加深理解电路发生谐振的条件、特点，掌握电路品质因数（电路 Q 值）的物理意义及测定方法。

2）学习用实验方法绘制 *RLC* 串联电路的幅频特性曲线。

2. 实验设备（见表2-6）

表2-6　实验设备

序　号	名　　称	型号与规格	数　量
1	函数信号发生器		1
2	交流毫伏表	$0 \sim 600\text{V}$	1
3	双踪示波器		1
4	频率计		1
5	谐振电路实验板	$R = 200\Omega$、$1\text{k}\Omega$ $C = 0.01\mu\text{F}$、$0.1\mu\text{F}$	

3. 实验原理

1）在图2-31a所示的 *RLC* 串联谐振电路中，当正弦交流信号源的频率 f 改变时，电路的感抗、容抗随之改变，电路中的电流也随 f 改变。而取电阻 R 上的电压 u_o 作为响应，当输入电压 u_i 的幅值维持不变时，在不同频率的信号激励下，测出 U_o 的值，然后以 f 为横坐标，以 U_o/U_i 为纵坐标（因 U_i 值不变，故也可直接以 U_o 为纵坐标），绘出光滑的曲线，即为幅频特性曲线，也称谐振曲线，如图2-31b所示。

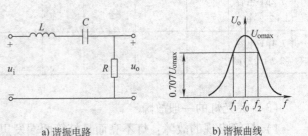

a) 谐振电路　　　　b) 谐振曲线

图2-31　RLC 串联谐振电路

2）在 $f = f_0 = 1/2\pi\sqrt{LC}$ 处，即幅频特性曲线尖峰所在的频率点称为谐振频率。此时，$X_L = X_C$，电路呈纯阻性，电路阻抗的模最小。在输入电压 u_i 为定值时，电路中的电流达到最大值，且与输入电压 u_i 同相。从理论上讲，此时 $U_i = U_R = U_o$，$U_L = U_C = QU_i$，式中 Q 称为电路的品质因数。

3）品质因数 Q 值的两种测量方法：一是根据公式 $Q = U_L/U_o = U_C/U_o$ 测定，U_L、U_C 分别为谐振时 L 和 C 上的电压；另一种方法是通过测量谐振曲线的通频带宽度 $\Delta f = f_2 - f_1$，再根据 $Q = f_0/(f_2 - f_1)$ 求出 Q 值。式中 f_0 为谐振频率，f_2 和 f_1 是失谐时，即输出电压幅度下降到最大值的 $1/\sqrt{2}$（= 0.707）倍时的上、下频率点。Q 值越大，曲线越尖锐，通频带越窄，电路的选择性越好。

4. 实验内容

1）按图 2-32 组成监视、测量电路。先选用 C_1（0.01μF）、R_1（200Ω）。用交流毫伏表测电压，用示波器监视信号源输出。令信号源输出电压 $U_i = 4V_{P-P}$，并保持不变。

2）找出电路的谐振频率 f_0。方法是：将毫伏表接在 R 两端，令信号源的频率由小逐渐变大（注意要维持信号源的输出幅度不变），当 U_o

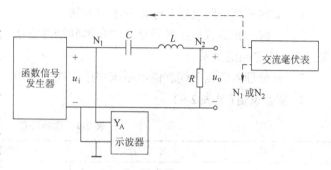

图 2-32 　*RLC* 串联谐振实验电路

的读数为最大时，读得频率计上的频率值即为谐振频率 f_0，并测量 U_L 与 U_C 之值（注意及时更换毫伏表的量程）。

3）在谐振点两侧，按频率递增或递减 500Hz 或 1kHz，并依次取 8 个测量点，逐点测出 U_o、U_L、U_C 值，记入表 2-7。

表 2-7

f/kHz								
U_o/V								
U_L/V								
U_C/V								

$U_i = 4V_{P-P}$，$C_1 = 0.01\mu F$，$R_1 = 200\Omega$，$f_0 = $　　　，$f_2 - f_1 = $　　　，$Q = $

4）将电阻改为 R_2（1kΩ），重复 2）、3）的测量过程。数据记入表 2-8。

表 2-8

f/kHz								
U_o/V								
U_L/V								
U_C/V								

$U_i = 4V_{P-P}$，$C_1 = 0.01\mu F$，$R_2 = 1k\Omega$，$f_0 = $　　　，$f_2 - f_1 = $　　　，$Q = $

5）选 C_2（0.1μF），重复 2）~4）的测量过程（自制表格）。

5. 注意事项

1）测试频率点的选择应在靠近谐振频率附近多取几点。在变换频率测试前，应调整信号输出幅度(用示波器监视输出幅度),使其维持在$4V_{\text{P-P}}$。

2)测量U_L与U_C数值前,应将毫伏表的量程改大,而且在测量U_L与U_C时毫伏表的"+"端应接L与C的公共点,其接地端应分别触及L和C的近地端N_2与N_1。

3)实验中,函数信号发生器的外壳应与毫伏表的外壳绝缘(不共地)。

2.5.3　三相负载的连接及三相电路电压、电流的测量

1. 实验目的

1)掌握三相电路电压、电流的测量方法。

2)掌握三相负载作星形联结、三角形联结的方法,验证这两种接法对应线、相电压及线、相电流之间的关系。

3)充分理解三相四线制供电系统中中性线的作用。

2. 实验设备(见表2-9)

表2-9　实验设备

序　号	名　　称	型号与规格	数　量
1	交流电压表	0~500V	1
2	交流电流表	0~5A	1
3	指针式万用表	MF30型	1
4	三相自耦调压器		1
5	三相灯组负载	220V/15W	9
6	电灯插座		9

3. 实验原理

三相负载有两种连接方法:当三相负载的额定电压等于电源的相电压时,应接成星形;当三相负载的额定电压与电源的线电压相同时,应接成三角形。

(1) 三相负载的星形联结

1)对称负载的特点:相位关系为线电压超前相应相电压30°;数值关系为$U_L = \sqrt{3}U_P$,$I_L = I_P$,$I_N = 0$。

2)不对称负载特点:$U_L = \sqrt{3}U_P$,$I_L = I_P$,$I_N \neq 0$。

3)中性线的作用:三相负载对称时,中性线电流$I_N = 0$,故中性线可以省掉,变为三相三线制供电系统。不对称三相负载作星形联结时,必须采用三相四线制接法,而且中性线必须牢固连接,以保证三相不对称负载的每相电压维持对称不变。

若中性线断开,会导致三相负载电压的不对称,致使负载轻的那一相相电压过高,使负载遭受损坏;负载重的一相相电压又过低,使负载不能正常工作,尤其是对于三相照明负载,无条件地一律采用三相四线制接法。

(2) 三相负载的三角形联结

1)对称负载的特点:数值关系为$U_L = U_P$,$I_L = \sqrt{3}I_P$;相位关系为线电流滞后相应相电流30°。

2）不对称负载特点：$U_L = U_P$，$I_L \neq \sqrt{3}I_P$

4. 实验内容

（1）三相负载星形联结（三相四线制供电）　按图 2-33 中电路连接实验电路，即三相灯组负载经三相自耦调压器接通三相对称电源，并将三相自耦调压器的旋钮置于三相电压输出为 0V 的位置（即逆时针旋到底的位置），经指导教师检查后，方可合上三相电源开关，然后调节调压器的输出，使输出的三相线电压为 220V，并按

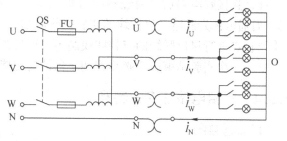

图 2-33　三相负载星形联结实验电路

以下的步骤完成各项实验，分别测量三相负载的线电压、相电压、线电流、相电流、中性线电流、电源与负载中间点的电压，将所测得的数据记入表 2-10 中，并观察各相灯组亮暗的变化程度，特别要注意观察中性线的作用。

表　2-10

实验数据 负载情况	开灯盏数			线电流/A			线电压/V			相电压/V			中性线电流 I_N/A	中点电压 U_{NO}/V
	U 相	V 相	W 相	I_U	I_V	I_W	U_{UV}	U_{VW}	U_{WU}	U_{UO}	U_{VO}	U_{WO}		
Y_0 接对称负载	3	3	3											
Y 接对称负载	3	3	3											
Y_0 接不对称负载	1	2	3											
Y_0 接 V 相断开	1		3											
Y 接 V 相断开	1		3											

注：表格中 Y_0 接指三相四线制供电，Y 接指三相三线制供电。

（2）三相负载三角形联结（三相三线制供电）　按图 2-34 接线，经指导教师检查后接通三相电源，并调节调压器，使其输出线电压为 220V，并按表 2-11 的内容进行测试。

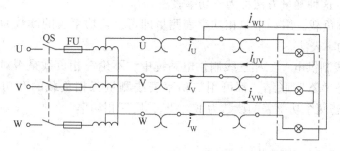

图 2-34　三相负载三角形联结实验电路

表　2-11

实验数据 负载情况	开灯盏数			线电压 = 相电压/V			线电流/A			相电流/A		
	U-V 相	V-W 相	W-U 相	U_{UV}	U_{VW}	U_{WU}	I_U	I_V	I_W	I_{UV}	I_{VW}	I_{WU}
对称负载	3	3	3									
不对称负载	1	2	3									

5. 注意事项

1）连接好电路后，需经指导教师同意后方可合上电闸；必须严格遵守先断电、再接线、后通电；先断电、后拆线的实验操作原则。

2）在进行星形联结的三相四线制不对称负载实验时，中性线要接牢。

3）每次实验结束后，必须将调压器的旋钮旋至零位。

2.5.4 三相电路功率的测量

1. 实验目的

1）学会用功率表测量三相电路功率的方法。

2）掌握功率表的接线和使用方法。

2. 实验设备（见表2-12）

表 2-12 实验设备

序　号	名　　称	型号与规格	数　量
1	交流电压表	0~500V	2
2	交流电流表	0~5A	2
3	指针式万用表	MF30 型	1
4	单相功率表		2
5	三相自耦调压器		1
6	三相灯组负载	220V/15W	9
7	三相电容负载	4.7μF/500V	3

3. 实验原理

（1）三相四线制供电，负载星形联结（即 Y_0 接法）　对于三相不对称负载，用三个单相功率表测量，测量电路如图2-35所示，三个单相功率表的读数为 W_1、W_2、W_3，则三相功率 $P = W_1 + W_2 + W_3$，这种测量方法称为三功率表法。

对于三相对称负载，用一个单相功率表测量即可，若功率表的读数为 W，则三相功率 $P = 3W$，称为一功率表法。

（2）三相三线制供电　三相三线制供电系统中，不论三相负载是否对称，也不论负载是"Y"联结还是"△"联结，都可用二功率表法测量三相负载的有功功率。测量电路如图2-36所示，若两个功率表的读数为 W_1、W_2，则三相功率

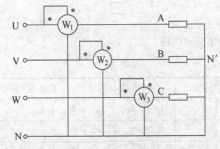

图 2-35　三功率表法测量电路

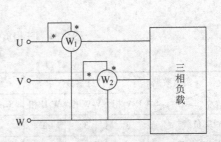

图 2-36　二功率表法测量电路

$$P = W_1 + W_2 = U_L I_L \cos(30° - \varphi) + U_L I_L \cos(30° + \varphi)$$

其中 φ 为负载的阻抗角(即功率因数角),两个功率表的读数与 φ 有下列关系:

1)当负载为纯电阻时,$\varphi = 0°$,$W_1 = W_2$,即两个功率表读数相等。

2)当负载功率因数 $\cos\varphi = 0.5$ 时,$\varphi = \pm 60°$,将有一个功率表的读数为 0。

3)当负载功率因数 $\cos\varphi < 0.5$ 时,$|\varphi| > 60°$,则有一个功率表的读数为负值,该功率表指针将反方向偏转,这时应将功率表电流线圈的两个端子调换(不能调换电压线圈端子),而读数应记为负值。对于数字式功率表将出现负读数。

(3)测量三相对称负载的无功功率 对于三相三线制供电的三相对称负载,可用一功率表法测得三相负载的总无功功率 Q,测量电路如图 2-37 所示。功率表读数 $W_1 = U_L I_L \sin\varphi$,其中 φ 为负载的阻抗角,则三相负载的无功功率 $Q = \sqrt{3} W_1$。

4. 实验内容

(1)三相四线制供电,测量负载星形联结(即 Y_0 接法)的三相功率

1)用一功率表法测定三相对称负载三相功率,实验电路如图 2-38 所示,电路中的电流表和电压表用以监视三相电流和电压,不要超过功率表电压和电流的量程。经指导教师检查后,打开三相电源开关,将三相自耦调压器的输出由 0 调到 380V(线电压),按表 2-13 的要求进行测量及计算,将数据记入表中。

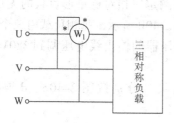

图 2-37 一功率表法测量电路

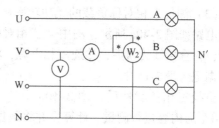

图 2-38 一功率表法测定三相对称负载三相功率的实验电路

2)用三功率表法测定三相不对称负载三相功率,本实验用一个功率表分别测量每相功率,实验电路如图 2-38 所示,步骤与 1)相同,将数据记入表 2-13 中。

表 2-13

负载情况	开灯盏数			测量数据			计算值
	A 相	B 相	C 相	P_A/W	P_B/W	P_C/W	P/W
Y 联结对称负载	3	3	3				
Y 联结不对称负载	1	2	3				

(2)三相三线制供电,测量三相负载功率

1)用二功率表法测量三相负载"Y"联结的三相功率,实验电路如图 2-39a 所示,图中"三相灯组负载"如图 2-39b 所示,经指导教师检查后,接通三相电源,调节三相调压器的输出,使线电压为 220V,按表 2-14 的内容进行测量计算,并将数据记入表中。

2)将三相灯组负载改成"△"联结,如图 2-39c 所示,重复 1)的测量步骤,数据记入表 2-14 中。

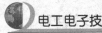

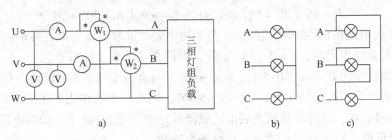

图 2-39　二功率表法测量三相负载功率的实验电路

表　2-14

负 载 情 况	开 灯 盏 数			测 量 数 据		计算值
	A 相	B 相	C 相	P_1/W	P_2/W	P/W
Y联结对称负载	3	3	3			
Y联结不对称负载	1	2	3			
△联结不对称负载	1	2	3			
△联结对称负载	3	3	3			

（3）测量三相对称负载的无功功率　用一功率表法测定三相对称星形负载的无功功率，实验电路如图 2-40a 所示，图中"三相对称负载"如图 2-40b 所示，每相负载由三个白炽灯组成，检查接线无误后，接通三相电源，将三相自耦调压器的输出线电压调到 380V，将测量数据记入表 2-15 中。

更换三相负载性质，图 2-40a 中的"三相对称负载"分别按图 2-40c、d 连接，按表 2-15 的内容进行测量、计算，并将数据记入表中。

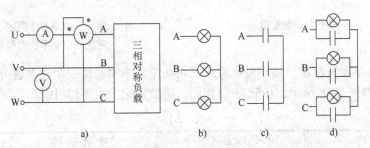

图 2-40　一功率表法测定三相对称星形负载的无功功率的实验电路

表　2-15

负 载 情 况	测 量 值			计 算 值
	U/V	I/A	W/var	$Q = \sqrt{3} W$
三相对称灯组（每相 3 盏）				
三相对称电容（每相 4.7μF）				
上述灯组、电容并联负载				

5. 注意事项

1）每次实验完毕，均需将三相自耦调压器旋钮调回零位。

2）如改变接线，均需断开三相电源，以确保人身安全。

本 章 小 结

1. 正弦交流电的三要素

正弦量的三要素是最大值、角频率和初相位。

市用照明电压为220V，指的是有效值，最大值为$220\sqrt{2}\,V = 311\,V$。电气设备铭牌标注的额定值也是指有效值。用交流电表测得的读数为交流电量的有效值。

2. 理想元件电路

（1）纯电阻电路 $\dot{U} = R\dot{I}$，电压与电流同相，电阻是耗能元件。

（2）纯电感电路 $\dot{U} = jX_L\dot{I}$，电压超前电流$90°$，$X_L = \omega L$。电感是储能元件。感抗X_L表示电感对交流具有阻碍作用，反映"通直阻交"的性能。

（3）纯电容电路 $\dot{U} = -jX_C\dot{I}$，电压滞后电流$90°$，$X_C = 1/\omega C$。电容是储能元件。感抗X_C表示电感对直流具有阻碍作用，反映"通交阻直"的性能。

3. RLC 串联电路

1）在RLC串联电路中，$\dot{U}_R$、$\dot{U}_X = \dot{U}_L + \dot{U}_C$和$\dot{U}$组成电压三角形，$R$、$X = X_L - X_C$和$|Z|$组成阻抗三角形，$P$、$Q$和$S$组成功率三角形。

2）正弦交流电路的有功功率$P = UI\cos\varphi$，是电阻消耗的功率；无功功率$Q = UI\sin\varphi$，表征了储能元件和电源交换能量的规模；视在功率$S = UI$，是交流电源和供电设备的容量。

4. 提高功率因数的意义

提高功率因数的意义在于提高电源设备的容量利用率和减少线路损耗。一般感性负载功率因数比较低，利用并联补偿电容器来提高线路的功率因数$\cos\varphi$。

5. 三相交流电路

1）三相对称电源是指三个同频率、等幅值、相位互差$120°$的正弦交流电源。三相四线制供电系统为外电路提供两种电压：相电压和线电压。线电压大小是相电压大小的$\sqrt{3}$倍，在相位上线电压超前相应相电压$30°$。

2）在对称负载三相电路中，当负载是星形联结时，线电压与相电压的关系为$\dot{U}_L = \sqrt{3}\dot{U}_P\,\underline{/30°}$，线电流等于相电流；当负载是三角形联结时，线电压等于相电压，线电流与相电流的关系为$\dot{I}_L = \sqrt{3}\dot{I}_P\,\underline{/-30°}$。在三相四线制中，当负载对称时，中性线可以省略，简化成三相三线制；当负载不对称时，中性线不可以省略，而且中性线上不能安装开关和熔断器等。

3）三相对称电路的功率包括有功功率、无功功率和视在功率。有功功率为：$P = 3U_PI_P\cos\varphi = \sqrt{3}U_LI_L\cos\varphi$。无功功率为：$Q = 3U_PI_P\sin\varphi = \sqrt{3}U_LI_L\sin\varphi$。视在功率为：$S = 3U_PI_P = \sqrt{3}U_LI_L$。

习 题 2

1. 填空题

（1）正弦量的三要素是_____、_____和_____。

（2）市用照明电的电压为_____，这里指的是_____值，它的最大值是_____。

（3）我国电力标准频率为_____，习惯上称为工频，其周期为_____，角频率为_____。

（4）交流电路中，表的读数为_____。

（5）直流电路中电感的感抗 $X_L = $_____，相当于_____；电容的容抗 $X_C = $_____，相当于_____。

（6）交流电路中，感抗 $X_L = $_____，容抗 $X_C = $_____；当频率增加时，感抗 X_L_____，容抗 X_C_____。

（7）在感性负载两端并联电容，是为了提高交流感性电路的_____。

（8）在三相电源电压正序时，如果 U 相初相角为 0°，则 V 相为_____，W 相为_____。

（9）三相四线制电源，相电压是_____线和_____线之间的电压；线电压是_____线和_____线之间的电压，且线电压的有效值是相电压有效值的_____倍，在相位上线电压_____相电压30°。

（10）负载星形联结的对称三相电路中，线电流与相电流_____；负载三角形联结的对称三相电路中，线电压与相电压_____。

2. 判断题

（1）最大值和有效值的关系是：有效值是最大值的 $\sqrt{2}$ 倍。　　　（　　）

（2）纯电感元件的正弦交流电路中，电压滞后电流90°。　　　（　　）

（3）三相电源相序为 U – W – V 时，称为负序。　　　（　　）

（4）交流电路中的三个相似三角形是电压三角形、阻抗三角形和功率三角形。　　　（　　）

（5）为了提高交流感性电路的功率因数，应在感性负载两端串联电容器。　　　（　　）

（6）交流电路中电感是储能元件，电容是耗能元件。　　　（　　）

（7）三相对称电路中，中性线里的电流等于0。　　　（　　）

（8）中性线的作用是使不对称的负载获得对称的相电流。　　　（　　）

（9）已知两个正弦电流瞬时值表达式分别为

$$i_1 = 15\sin(100\pi t + 45°)\,\text{A}, \quad i_2 = 10\sin(200\pi t - 30°)\,\text{A}$$

则两者相位关系是 i_1 超前 $i_2$75°。　　　（　　）

（10）任意两个同频率的正弦量，当初相角相差180°时，称为倒相。　　　（　　）

3. 选择题

（1）在 RL 串联交流电路中，选择下列关系式中正确的选项。

1）总电流：（　　）。

A. $i = \dfrac{u}{Z}$ 　　　 B. $I = \dfrac{U}{Z}$ 　　　 C. $\dot{I} = \dfrac{\dot{U}}{R - X_L}$ 　　　 D. $\dot{I} = \dfrac{\dot{U}}{R + jX_L}$

2）电压：（　　）。

A. $\dot{U} = \dot{U}_R - \dot{U}_L$ 　　 B. $\dot{U} = \dot{U}_R + j\dot{U}_L$ 　　 C. $U = U_R + U_L$ 　　 D. $U = \sqrt{U_R^2 + U_L^2}$

3）阻抗角：（　　）。

A. $\varphi = \arctan\dfrac{X_L}{R}$ 　　 B. $\varphi = \arctan\dfrac{L}{R}$ 　　 C. $\varphi = \arctan\dfrac{U_R}{U}$ 　　 D. $\varphi = \arctan\dfrac{U_R}{U_L}$

（2）已知一负载有功功率 $P=173\text{W}$，无功功率 $Q=100\text{var}$，则其视在功率 S 等于（　　）。

A. $141\text{V}\cdot\text{A}$　　　B. $200\text{V}\cdot\text{A}$　　　C. $273\text{V}\cdot\text{A}$　　　D. $73\text{V}\cdot\text{A}$

（3）在 RL 串联的正弦交流电路中，$R=40\Omega$，$X_L=30\Omega$，电路的无功功率 $Q=484\text{var}$，则视在功率 S 为：（　　）。

A. $866\text{V}\cdot\text{A}$　　　B. $800\text{V}\cdot\text{A}$　　　C. $600\text{V}\cdot\text{A}$　　　D. $700\text{V}\cdot\text{A}$

（4）对称三相电路中，三相正弦电压星形联结，已知 $\dot{U}_{UV}=380\underline{/0°}\ \text{V}$，则 $\dot{U}_U$ 应为：（　　）。

A. $380\underline{/-30°}\ \text{V}$　　　B. $220\underline{/30°}\ \text{V}$　　　C. $220\underline{/-30°}\ \text{V}$

（5）对称三相正弦电源接△对称负载，线电流有效值为 10A，则相电流有效值为：（　　）。

A. 10A　　　B. $10\sqrt{3}\,\text{A}$　　　C. $\dfrac{10}{\sqrt{3}}\text{A}$　　　D. 30A

4. 问答题

（1）根据已学的知识，说出在工业、交通、生活等方面哪些电气设备使用直流电？哪些使用交流电？

（2）已知正弦交流电压 $u=220\sqrt{2}\sin(314t+60°)\text{V}$，试回答：最大值、有效值、周期、频率、角频率和初相位，画出电压波形图。

（3）已知：$u=20\sqrt{2}\sin(\omega t+60°)\text{V}$，$i=10\sin(\omega t+30°)\text{A}$，现用交流电压表和交流电流表分别测量它们的电压和电流。问两电表的读数各是多少？

（4）某正弦交流电流的最大值、角频率和初相位分别是：14.1A、314rad/s 和 $-30°$，试写出它的三角函数式。

（5）已知：$u=15\sin(314t+45°)\text{V}$，$i=10\sin(314t-30°)\text{A}$，求：相位差 φ，并比较哪一个超前、哪一个滞后，画出 u、i 相量图。

5. 计算题

（1）已知：$i_1=11\sqrt{2}\sin(\omega t+90°)\text{A}$，$i_2=22\sin(\omega t-45°)\text{A}$，求：$i=i_1+i_2$。

（2）三个正弦电流 i_1、i_2 和 i_3 的最大值分别为 1A、2A、3A，已知 i_2 的初相为 $30°$，i_1 较 i_2 超前 $60°$，较 i_3 滞后 $150°$，试分别写出三个电流的瞬时值表达式。

（3）一个 100Ω 的电阻接到频率为 50Hz、电压有效值为 10V 的电源上，求电流 I？若电压值不变，而 $f=5000\text{Hz}$，再求 I？

（4）一个电感量 $L=70\text{mH}$ 的电感，接到 $u=311\sin(314t)\text{V}$ 的电源上，求：X_L、i、Q。

（5）一个电容量 $C=64\mu\text{F}$ 的电容器，接到 $u=220\sqrt{2}\sin(314t+30°)\text{V}$ 的电源上，求：X_C、i、Q。

（6）如图 2-41 所示，从下列电压、电流的值判断电路中的元件是电阻、电感还是电容，并求其参数值。

1）$u=80\sin(\omega t+40°)\text{V}$，$i=20\sin(\omega t+40°)\text{A}$。

2）$u=100\sin(377t+10°)\text{V}$，$i=5\sin(377t-80°)\text{A}$。

3）$u=300\sin(155t+30°)\text{V}$，$i=1.5\sin(155t+120°)\text{A}$。

（7）在图 2-42 所示电路中，电压表 V_1 和 V_2 的读数是 10V，电流表 A_1 和 A_2 的读数都是 10A。试求：两图中电压表 V 和电流表 A 的读数。

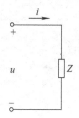

图 2-41　习题 5（6）和 5（8）图

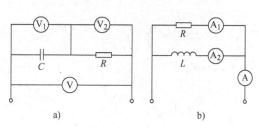

a)　　　　　　　　b)

图 2-42　习题 5（7）图

（8）在交流电路中，如图 2-41 所示，已知：$u = 220\sqrt{2}\sin(\omega t - 15°)\,\text{V}$，$\dot{I} = 4.4\,\underline{/\,-68.13°}\,\text{A}$。求：$Z$、$|Z|$、$\varphi$、$\cos\varphi$、$P$、$Q$、$S$。

（9）无源二端网络输入端的电压和电流为：$u = 220\sqrt{2}\sin(314t + 20°)\,\text{V}$，$i = 4.4\sqrt{2}\sin(314t - 33°)\,\text{A}$。试求此二端网络由两个元件串联的等效电路和元件的参数值，并求二端网络的功率因数及有功功率和无功功率。电路如图 2-43 所示。

（10）在图 2-44 所示电路中，已知：$u = 220\sqrt{2}\sin314t\,\text{V}$，$R = 5\Omega$，$X_L = 5\Omega$，$X_C = 10\Omega$。求：$i_1$、$i_2$、$i$、$P$、$Q$、$S$、$\cos\varphi$ 并画相量图。

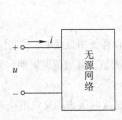

图 2-43　习题 5(9) 图

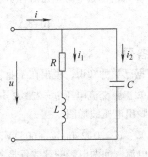

图 2-44　习题 5(10) 图

（11）三相交流电路，有一星形联结的三相负载，每相的电阻 $R = 6\Omega$，感抗 $X_L = 8\Omega$。电源电压对称，设 $u_U = 220\sqrt{2}\sin\omega t\,\text{V}$，试求：电流 i_U、i_V、i_W，三相有功功率 P，无功功率 Q 和视在功率 S。

（12）三相交流电路，对称的三相电源相电压 $u_U = 220\sqrt{2}\sin(\omega t - 30°)\,\text{V}$，对称的三相负载三角形联结，每相负载的复阻抗 $Z = (3 + j4)\Omega$，求负载的相电流，线电流及三相总功率 P、Q、S。

第3章 磁路与变压器

学习目标

1) 了解磁场的基本知识及磁路欧姆定律。
2) 掌握变压器的工作原理、结构、分类及用途。
3) 掌握变压器的空载及短路试验的原理及方法。

能力目标

1) 掌握变压器的使用方法。
2) 通过空载和短路实验测定变压器的变比，计算变压器的各项参数。

3.1 磁路的基本知识

3.1.1 磁场及磁场的基本物理量

1. 磁的基本知识

(1) 磁体与磁极 人们把物体能够吸引铁、镍、钴等金属及其合金的性质称为磁性。具有磁性的物体称为磁体。磁体分天然磁体(磁铁矿)和人造磁体两大类。磁体两端磁性最强的区域叫磁极，分别称为北极(用 N 表示)和南极(用 S 表示)。任何磁体都具有两个磁极，N 极和 S 极总是成对出现的。

磁极间存在着相互的作用力，且同极性互相排斥，异极性互相吸引。磁极间的这种相互作用力叫作磁力。

(2) 磁场与磁感应线 互不接触的磁体之间存在着相互的作用力，说明在磁体周围存在着一种特殊的物质——磁场。作用力就是通过磁场这一特殊物质进行传递的。磁场具有力和能的特性。

人们用一根根假想的磁感应线(也称磁力线)来表示磁场的强弱和方向，如图 3-1 所示。磁感应线是互不交叉的闭合曲线，在磁体外部由 N 极指向 S 极，在磁体内部由 S 极指向 N 极；磁感应线上任意一点的切线方向，就是该点的磁场方向，即 N 极的指向；磁感应线的疏密程度表示磁场的强弱。磁感应线均匀分布而又相互平行的区域，称为均匀磁场；反之称为非均匀磁场。

2. 电流的磁场

实验证明，电流周围存在着磁场，这种现象称为电流的磁效应。近代科学又进一步证明，产生磁场的根本原因是电流，而且电流越大，它所产生的磁场就越强。

电流产生的磁场方向可用安培定则(又称右手螺旋法则)来判断，一般分为如下两种情况。

(1) 直线电流的磁场 如图 3-2 所示，用右手握住

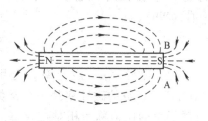

图 3-1 磁感应线

通电导体，以拇指指向表示电流方向，则弯曲的四指指向就是磁场方向。

（2）环形电流产生的磁场　如图3-3所示，用右手握住通电线圈，以弯曲的四指指向线圈电流方向，则拇指指向就是磁场方向。

3. 磁场对通电直导体的作用

如果把一根通电直导体放在磁场中，它也会受到磁力的作用。通电导体在磁场内的受力方向，可以用左手定则来判断，如图3-4所示，将左手伸平，拇指与四指垂直，磁感应线穿过手心，四指指向电流方向，则拇指的指向就是通电导体的受力方向。

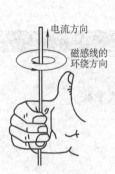

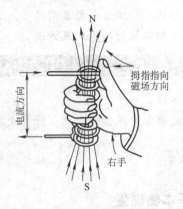

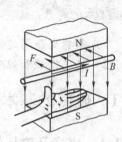

图3-2　直线电流磁场的判定　　　图3-3　环形电流磁场的判定　　　图3-4　左手定则

4. 感应电动势的产生及方向

电流能够产生磁场，一定条件下磁场也能产生电流。变动磁场在导体中可产生感应电动势。直线导体中感应电动势的方向，可用右手定则判断，如图3-5所示，平伸右手，拇指与其余四指垂直，让掌心正对磁场方向，用拇指指向表示导体运动方向，则其余四指的指向就是感应电动势的方向(从低电位指向高电位)。若导体闭合，即产生同方向的感应电流。

5. 磁场的基本物理量

磁场的特性主要用磁感应强度B、磁通Φ、磁场强度H、磁导率μ四个物理量来描述。

（1）磁感应强度B　磁感应强度B是表示磁场内某一点磁场强弱和方向的物理量。磁感应强度是一个矢量，其方向与磁场的方向一致，可用右手螺旋定则确定。磁感应强度B的大小等于通过垂直于磁场方向单位面积的磁力线数目。磁感应强度的单位为特斯拉，简称特(T)。

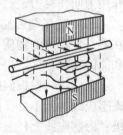

图3-5　右手定则

（2）磁通Φ　磁通是定量描述磁场在一定面积上的分布情况的物理量。均匀磁场中磁通Φ等于磁感应强度B与垂直于磁场方向的面积S的乘积，单位是韦[伯]（Wb）。

$$\Phi = BS \quad 或 \quad B = \frac{\Phi}{S}$$

（3）磁导率μ　磁导率μ是用来表示物质导磁性能的物理量，单位是亨[利]/米（H/m）。真空的磁导率是一个常数，用μ_0表示，$\mu_0 = 4\pi \times 10^{-7}$H/m。物质磁导率与真空磁导率的比值称为相对磁导率，用μ_r表示。非铁磁物质的磁导率与真空磁导率极为接近，相对磁导率 μ_r 近似为 1；铁磁物质的磁导率远大于真空的磁导率，相对磁导率 μ_r 远大于 1。

（4）磁场强度 H　磁场强度 H 是为了简化计算而引入的辅助物理量。磁场强度也是一个矢量，其方向与磁感应强度的方向一致，磁场强度 H 的大小为磁场中某点的磁感应强度 B 与媒介质的磁导率 μ 的比值。磁场强度只与产生磁场的电流以及这些电流的分布有关，而与磁介质的磁导率无关。磁场强度的单位是安［培］/米（A/m）。

3.1.2 铁磁性材料

铁磁性材料主要是指铁、镍、钴及其合金而言。它们都具有高导磁性、磁饱和性和磁滞性。

1. 高导磁性

铁磁性材料的磁导率很高，$\mu_r \gg 1$，可达 $10^2 \sim 10^4$ 数量级。这就使它们具有被强烈磁化的特性。因此铁磁性材料被广泛应用于电工设备中，例如电机、变压器及各种铁磁元件的线圈中都绕在铁磁性材料的铁心上，这样通入不大的励磁电流，便可产生足够大的磁通和磁感应强度，使线圈的体积和重量大大减少。

2. 磁饱和性

铁磁性材料磁化产生的内部磁场不会随外磁场的增强而无限增强。当外磁场增大到一定值时，磁感应强度达到饱和，不能继续增加，这就是铁磁材料的磁饱和性，如图 3-6 所示。

3. 磁滞性

当铁心线圈中通过交变电流时，铁心就会被反复磁化。电流变化一个周期，磁感应强度 B 与磁场强度 H 的变化关系曲线如图 3-7 所示。

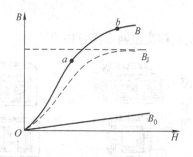

图 3-6　磁饱和性曲线

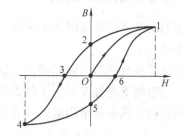

图 3-7　磁滞回线

由图 3-7 可见，当 H 已减到零值时，B 并未回到零值。磁感应强度 B 的变化总是滞后于磁场强度 H 的变化的性质称为磁性物质的磁滞性。

按磁滞性可把铁磁性物质分为三种类型：

（1）软磁材料　具有较窄的磁滞回线，适用于在交变磁场中工作。常用的软磁材料有硅钢、坡莫合金及铁氧体等。硅钢片常用来制造变压器、电动机的铁心，铁氧体常用来做计算机的磁心、磁鼓以及录音机的磁带、磁头。

（2）永磁材料　具有较宽的磁滞回线。常用的永磁材料有碳钢、钨钢及镍铝合金等，通常用来制造永久磁铁。

（3）矩磁材料　磁滞回线接近矩形，稳定性良好。常用的矩磁材料有镁锰铁氧体及铁镍合金等。通常在计算机和控制系统中用作记忆元件、开关元件和逻辑元件。

3.1.3 磁路及磁路欧姆定律

1. 磁路

磁感应线集中通过的磁通路径称为磁路。在电机、变压器及各种电磁设备中，为了使较小的励磁电流产生足够大的磁通，常用铁磁性材料做成一定形状的铁心。由于铁心的磁导率比周围空气或其他材料的磁导率大很多，从而可使磁感应线大部分从铁心通过而形成所需的闭合回路。

2. 磁路欧姆定律

磁路的欧姆定律与电路的欧姆定律相似：

$$\Phi = \frac{F}{R_{\mathrm{m}}}$$

式中，$R_{\mathrm{m}} = \dfrac{l}{\mu S}$，称为磁阻，它等于磁路长度 l 与磁导率 μ 及磁路横截面积 S 的比值，是表示磁路对磁通具有阻碍作用的物理量；$F = NI$，称为磁通势，相当于电路中的电动势 E，它是产生磁通的磁源，等于产生该磁通的线圈电流 I 与线圈的匝数之积。

3.2 变压器

变压器是一种改变电压高低的静止电器，它可以把一种电压的交流电能转换成频率相同的另一种电压的交流电能，它还具有变换电流和变换阻抗的多种功能，它是一种常见的电气设备，在电力系统和电子电路中应用广泛。

3.2.1 变压器的基本结构

变压器的基本结构如图 3-8 所示。变压器主要由铁心和绕组两大部分构成。

1. 铁心

铁心是构成变压器的磁路部分，既是磁通的闭合路径，又是绕组的支撑骨架。为了降低铁心中感应电流所产生的热损耗，铁心通常用硅钢片叠加而成，硅钢片间绝缘。

2. 绕组

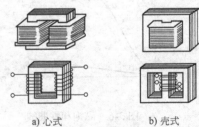

a) 心式   b) 壳式

图 3-8　变压器的基本结构

绕组构成变压器的电路部分，常用绝缘铜线或铝线绕制而成。与电源相连的绕组称为一次绕组；另一个绕组接负载，称为二次绕组。

3. 结构形式

根据变压器铁心和绕组的配置情况，变压器有心式（见图 3-8a）和壳式（见图 3-8b）两种形式。

3.2.2 变压器的工作原理及应用

变压器是利用电磁感应原理工作的，它可以根据需要将交流电压升高或降低。在改变电压的同时，频率保持不变。

1. 变压器的工作原理

如图3-9所示，由电磁感应定律可以看出，当在一次绕组两端加上合适的交流电源时，在电源电压 u_1 的作用下，一次绕组中就有交流电流流过，此电流在变压器铁心中将建立起交变磁通 Φ，它将同时与一、二次绕组相交链，于是在一、二次绕组中产生感应电动势 e_1、e_2。

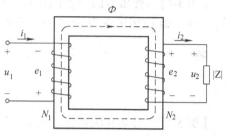

（1）变压原理　设一、二次绕组的匝数分别为 N_1 和 N_2，则由电磁感应定律可得

$$u_1 = -e_1 = N_1 \frac{\mathrm{d}\Phi}{\mathrm{d}t}$$

$$u_2 = -e_2 = N_2 \frac{\mathrm{d}\Phi}{\mathrm{d}t}$$

图3-9　变压器的原理图

忽略变压器绕组内部压降，$|u_1| \approx |e_1|$，$|u_2| \approx |e_2|$，则一、二次绕组电压有效值之比为

$$\frac{U_1}{U_2} \approx \frac{E_1}{E_2} = \frac{N_1}{N_2} = K$$

式中，K 为变压器的变比；U_1 为一次绕组交变电压的有效值；U_2 为二次绕组交变电压的有效值；N_1 为一次绕组的匝数；N_2 为二次绕组的匝数。

上式表明，变压器一、二次绕组的电压之比等于它们的匝数之比。只要改变一次或二次绕组的匝数，即可改变输出电压的大小。这就是变压器变压的基本工作原理。

（2）变流原理　在变压器的一次绕组上加上额定电压，二次绕组接上负载后，二次侧就会有电流产生。变压器从电网吸收能量并通过电磁形成的能量转换，以另一个电压等级把电能输给用电设备或下一级变压器。在这个过程中，变压器只起一个传递能量的作用。根据能量守恒定律，在忽略损耗时，变压器输出的能量应和变压器从电网中吸收的能量相等，于是就有下述关系：

$$I_1 U_1 = I_2 U_2$$

即

$$\frac{I_1}{I_2} = \frac{N_2}{N_1} = \frac{1}{K}$$

由此可见，在变压器工作时，其一、二次绕组电流与一、二次绕组电压或匝数成反比。

（3）阻抗变换原理　变压器除能改变交变电压、电流的大小外，还能变换阻抗。在实际工作中，总是希望负载获得最大功率，而负载得到最大功率的条件是负载电阻等于信号源内阻，即阻抗匹配。通常，采用变压器来获得所需要的等效阻抗，变压器的这种作用称为阻抗变换。

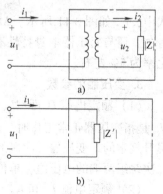

如图3-10所示，图3-10a 中的负载 $|Z|$ 接在变压器的二次侧，图中虚线框部分的总阻抗可以用图3-10b 中的等效阻抗 $|Z'|$ 来代替，即图3-10a 和图3-10b 电路的电压、电流均相同。得出如下关系式：

$$|Z'| = \frac{U_1}{I_1} = \frac{K U_2}{\frac{1}{K} I_2} = K^2 \frac{U_2}{I_2} = K^2 |Z|$$

图3-10　阻抗变换

上式说明，一个变压器的二次侧接上负载 $|Z|$ 后，对电源来说，相当于接上阻抗为 $K^2|Z|$ 的负载。当 $|Z|$ 为固定值时，只要改变变压器一、二次绕组的匝数比就可以改变 $|Z'|$，获得所需要的阻抗。

【例 3-1】 变压器的一次侧接在 10kV 的高压输电线上，要求二次侧能输出 400V 的电压，如果一次绕组匝数为 1000 匝，求此变压器的变比 K 和二次绕组的匝数 N_2 各为多少。

解：

$$K = \frac{U_1}{U_2} = \frac{N_1}{N_2} = \frac{10000}{400} = 25$$

$$N_2 = \frac{N_1}{K} = \frac{1000}{25} = 40 \text{ 匝}$$

【例 3-2】 已知变压器的变比 $K = 5$，其二次电流 $I_2 = 60\text{A}$，二次绕组匝数为 60 匝。试计算一次电流和匝数。

解： 因为

$$\frac{I_1}{I_2} = \frac{N_2}{N_1} = \frac{1}{K}$$

所以

$$I_1 = \frac{60}{5}\text{A} = 12\text{A}$$

$$N_1 = N_2 K = 60 \times 5 = 300 \text{ 匝}$$

【例 3-3】 阻抗为 8Ω 的扬声器，通过一个理想变压器接到信号源上，设变压器的一次绕组为 500 匝，二次绕组为 100 匝。求扬声器折合到一次侧的阻抗。

解：

$$K = \frac{N_1}{N_2} = \frac{500}{100} = 5$$

$$|Z'| = K^2|Z| = 5^2 \times 8\Omega = 200\Omega$$

2. 变压器的特性

（1）变压器的外特性　由于变压器一次、二次绕组内部分别存在阻抗 Z_1、Z_2，当有电流流过时，将产生电压降，因此，二次绕组端电压将随负载电流的变化而变化。当电源电压 U_1 和负载功率因数为常数时，U_2 和 I_2 的变化关系可用变压器的外特性曲线 $U_2 = f(I_2)$ 来表示，对电阻和感性负载而言，电压 U_2 随电流 I_2 的增加而下降，如图 3-11 所示。

（2）电压变化率　通常希望电压 U_2 的变动越小越好。电压 U_2 的变化程度用电压变化率 ΔU 来表示，即

$$\Delta U = \frac{U_{20} - U_2}{U_{20}} \times 100\%$$

式中，U_{20} 如图 3-11 所示。ΔU 不仅与负载的大小及性质有关，还与变压器本身特性有关。一般变压器的电压变化率为 5% 左右。

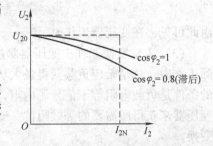

图 3-11　变压器的外特性曲线

3. 变压器的参数

（1）额定电压 U_{1N} 和 U_{2N}　变压器一次侧的额定电压 U_{1N} 是指变压器正常工作时，加在一次绕组上的电压值。它是根据变压器的绝缘强度和允许温升规定的。变压器二次侧的额定电压 U_{2N} 是指变压器空载、一次绕组加上额定电压 U_{1N} 时，二次绕组两端的电压值，单位为 V 或 kV。对三相变压器，额定电压指线电压。

（2）额定电流 I_{1N} 和 I_{2N}　变压器的额定电流是指在额定电压和额定环境温度下，一、二次绕组长期允许通过的线电流，单位为 A 或 kA。

（3）额定容量 S_N　变压器的额定容量 S_N 是指变压器在额定工作状态下，二次绕组输出的视在功率，单位为 kV·A。

额定电压 U_{1N} 和 U_{2N} 与额定容量 S_N 的关系为：

单相变压器
$$S_N = U_{2N}I_{2N} = U_{1N}I_{1N}$$

三相变压器
$$S_N = \sqrt{3}U_{2N}I_{2N} = \sqrt{3}U_{1N}I_{1N}$$

4. 变压器的试验

（1）变压器的空载试验　如图 3-12 所示，空载试验可以测定变压器的变比 K、空载电流 I_0 和空载损耗 P_0 等。在变压器一次绕组接入可调电压的交流电源，二次绕组开路（有些情况下也可采用低压绕组接入额定电压，高压绕组开路）。当一次绕组加上额定电压 U_1 时，测量二次绕组空载电压 U_{20}，此时，变压器的变比 $K = U_1/U_{20}$。电流表的读数为空载电流 I_0，功率表的读数为空载损耗 P_0。

空载试验时，所用的仪表准确度等级不应低于 0.5 级，因为空载时功率因数很低，约为 0.2，为了减少测量误差，应采用低功率因数功率表测量空载功率 P_0。

（2）变压器的短路试验　短路试验是为了测定短路电压和短路损耗，如图 3-13 所示。短路试验时，调节调压变压器，使一次绕组中的电流从零开始达到额定值 I_{N1} 时为止，通过电压表测出一次绕组电压 U_K、功率表测出输入功率 P_K。

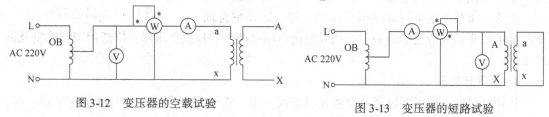

图 3-12　变压器的空载试验　　　　图 3-13　变压器的短路试验

由于二次绕组短路，负载阻抗为零，输出功率为零，电源输出的功率完全为变压器本身所损耗，因此，短路试验时的输出功率 P_K 几乎完全供给了绕组的铜损 P_{Cu}，即

$$P_K \approx P_{Cu}$$

短路试验时，一次绕组所加的电压 U_K 为变压器的短路电压，它标志着额定电流时变压器阻抗压降的大小。通常用 U_K 与额定电压之比的百分数 U_K^* 来表示短路电压的大小，即

$$U_K^* = \frac{U_K}{U_{1N}}100\%$$

变压器的短路电压应有一个合适的数值，以适应正常运行和事故运行两方面的不同要求。一般短路电压 U_K^* 约为 5%~10%。变压器容量越大，额定电压越高，U_K^* 也越大。

注意：做短路实验时，一定要缓慢地调节调压变压器，使电压自零上升，直接观察电流表指针的偏转限度。

3.2.3　其他用途变压器

1. 三相电力变压器

在电力系统中做输、配电之用时，应用最广的是心式变压器。它是整个电力系统中容量最大、应用最多的电气设备，因此除了保证能安全可靠地运行外，人们对它最关注的是效率问题。

　　由于三相电力变压器容量大、电压高、电流大、体积也大，而且地位十分重要（它往往是整个电力系统正常运行的关键部分），因而它的结构也是各种变压器中最为复杂的，必须要有一套有效的散热装置以及安全保护措施。

　　在使用三相电力变压器时必须熟悉其铭牌上标示的各参数，在标示的各参数范围内运行，以确保变压器的安全供电。

2. 小功率电源变压器

　　这是最常见的一种变压器，也是比较容易损坏和经常需要修理或更换的变压器。作为电器维修人员来讲应会对这类小功率变压器进行修理。

3. 自耦变压器

　　自耦变压器的结构特点是二次绕组是一次绕组的一部分，如图 3-14 所示。一、二次绕组不但有磁的联系，也有电的联系。一、二次绕组电压之比和电流之比仍然是

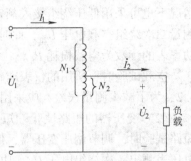

$$\frac{U_1}{U_2} = \frac{N_1}{N_2} = K \qquad \frac{I_1}{I_2} = \frac{N_2}{N_1} = \frac{1}{K}$$

　　自耦变压器是一、二次绕组共用同一绕组的变压器，这是它与其他变压器的主要区别。它的一、二次绕组中电压、电流、匝数关系也与双绕组变压器一样。如果把自耦

图 3-14　自耦变压器

变压器的抽头做成滑动的触头，就构成输出电压可调节的自耦变压器，广泛用于实验室及试验部门。

4. 仪用互感器

　　仪用互感器分电压互感器和电流互感器两大类，它们的工作原理与双绕组变压器一样，主要用于测量较大的交流电压及交流电流。使用时必须注意安全及正确的使用方法。

　　（1）电压互感器　电压互感器的一次绕组匝数很多，并联于待测电路两端；二次绕组匝数较少，与电压表、电度表、功率表、继电器的电压线圈并联，如图 3-15 所示。用于将高电压变换成低电压。使用时二次绕组不允许短路。

　　由于二次绕组接在高阻抗的仪表上，因而二次电流 I_2 很小。如果忽略漏阻抗压降，则有

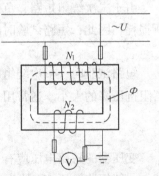

$$\frac{U_1}{U_2} = \frac{N_1}{N_2} = K \qquad U_2 = \frac{U_1}{K}$$

即　　　　　　　被测电压 = 电压表读数 $\times \dfrac{N_1}{N_2}$

图 3-15　电压互感器的接线图

　　上式表明：利用一、二次侧不同的匝数比可将电路上的高电压转换成低电压。电压互感器二次侧的额定电压通常设计为 100V。

　　使用时注意：①二次侧不能短路，以防产生过电流；②铁心、低压绕组的一端接地，以防在绝缘层损坏时，在二次侧出现高电压。

　　（2）电流互感器　电流互感器实质上是一台二次绕组在短路状态下工作的双绕组变压器，它的一次绕组由一匝或几匝截面较大的导线构成，将其串接在需要测量电流值的电路

中。由于二次绕组的匝数较多，截面较小，它与阻抗很小的负载(电流表、瓦特表等的电流线圈)接成闭路，如图 3-16 所示。

由于二次侧的负载阻抗很小，所以说电流互感器是一个处于短路工作状态下的单相变压器。因而有

$$I_2 = \frac{N_1}{N_2}I_1 = KI_1$$

上式表明，利用一、二次绕组不同的匝数关系，可将被测电路的大电流 I_1 变换成检测仪表上显示出的小电流 I_2。

即
$$被测电流 = 电流表读数 \times \frac{N_2}{N_1}$$

使用时注意：①二次侧不能开路，以防产生高电压；②铁心、低压绕组的一端接地，以防在绝缘层损坏时，在二次侧出现过电压。

在实际工作中，为了方便检测带电现场电路中的电流，工程上常采用一种钳形电流表，其外形结构如图 3-17 所示，而工作原理和电流互感器相同。其结构特点是：铁心像一把钳子一样可以张合，二次绕组与电流表串联组成一个闭合回路。在测量导线中电流时，不必断开被测电路，只要压动手柄，将铁心钳口张开，把被测导线夹于其中即可，此时被测载流导线就充当一次绕组(只有一匝)，借助电磁感应作用，由二次绕组所接的电流表直接读出被测导线中电流的大小。一般钳形电流表都有几个量程，使用时应根据被测电流值选择适当量程。

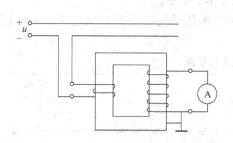

图 3-16　电流互感器的接线图

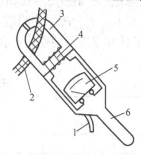

图 3-17　钳形电流表的外形结构
1—活动手柄　2—被测导线　3—铁心
4—二次绕组　5—表头　6—固定手柄

5. 电焊变压器

是交流弧焊机的主要组成部分，用来将 380V 的交流电压，降压为电焊所需的电压，为了适应电焊的工作需要，它的结构与一般的变压器又有所不同，它的二次绕组允许短暂的短路，它的外特性下降得很厉害，它的二次绕组输出的电流可以在大范围内调节以满足不同规格焊件的焊接需要。

3.3　实验：单相变压器的特性测试

1. 实验目的
通过空载和短路实验测定变压器的变比，计算变压器的空载及短路参数。

2. 实验设备(见表3-1)

表3-1　实验设备

序　号	名　　称	型号规格	数　量	序　号	名　　称	型号规格	数　量
1	交流电压表	0~500V	2	4	实验变压器	220/55V	1
2	交流电流表	0~5A	2	5	自耦调压器		1
3	单相功率表		1				

3. 实验内容

(1) 空载实验

1) 在断电的条件下，按图3-18单相变压器的特性测试实验电路接线。变压器的低压线圈 a、x 接电源，高压线圈 A、X 开路。

2) 选好所有电表量程。将自耦调压器的旋钮向逆时针方向旋转到底，即将其调到输出电压为零的位置。

3) 合上交流电源总开关，调节自耦调压器旋钮，使变压器空载电压 $U_0 = 1.2U_N$，然后逐次降低电源电压，在 $1.2 \sim 0.2U_N$ 的范围内测取变压器的 U_0、I_0、P_0，共测取5组数据，记录于表3-2中。

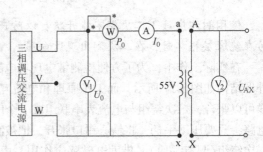

图3-18　单相变压器的特性测试实验电路

4) 为了计算变压器的变比，在 U_N 以下测取一次电压的同时测出二次电压数据也记录于表3-2中。

表3-2　变压器空载实验数据

序　号	实 验 数 据				计 算 数 据
	U_0/V	I_0/A	P_0/W	U_{AX}/V	变比 K
1					
2					
3					
4					
5					

(2) 短路实验

1) 切断三相调压交流电源，按图3-19接线(每次改接电路，都要关断电源)。将变压器的高压线圈接电源，低压线圈直接短路。

2) 选好所有电表量程，将自耦调压器旋钮调到输出电压为零的位置。

3) 接通交流电源，逐次缓慢增加输入电压，直到短路电流等于 I_N 为止，在 $(0.2 \sim 1.0)$ I_N 范围内测取变压器的 U_K、I_K、P_K，共测取数据5组记录于表3-3中。

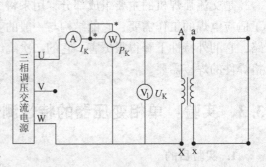

图3-19　变压器短路参数测试电路

表 3-3　变压器短路实验数据

序 号	实 验 数 据			计 算 数 据
	U_K/V	I_K/A	P_K/W	$U_K^*(I_1=I_N)$
1				
2				
3				
4				
5				

4. 注意事项

1）在变压器实验中，应注意电压表、电流表、功率表的合理布置及量程选择。

2）短路实验操作要快，否则线圈发热会引起电阻变化。

5. 实验报告要求

（1）计算变比　由空载实验测变压器的一、二次电压的数据，分别计算出变比，然后取其平均值作为变压器的变比 K。

$$K = \frac{U_{AX}}{U_{ax}}$$

（2）计算短路电压的大小　一次绕组中的电流达到额定值 I_N 时，通过电压表测出一次绕组电压 U_K，通常用 U_K 与额定电压之比的百分数 U_K^* 来表示短路电压的大小，即

$$U_K^* = \frac{U_K}{U_{1N}}100\%$$

6. 思考题

1）变压器的空载实验和短路实验各有什么特点？实验中电源电压一般加在哪一方较合适？

2）在空载实验中，各种仪表应怎样连接才能使测量误差最小？

本 章 小 结

1. 磁场是传递磁体间相互作用力的特殊物质，它的大小和方向通常用一根假想的曲线来描述，这就是磁感应线。电流是产生磁场的根本原因，电流越大，磁场越强。

2. 变化的磁场在导体中可产生感应电动势，它的方向可根据右手定则来判定。磁路欧姆定律：$\Phi = \dfrac{F}{R_m}$。

3. 变压器是利用电磁感应原理工作的，它可以把一种电压的交流电能转换成频率相同的另一种电压的交流电能，还具有变换电压和变换阻抗等多种功能。变压器主要由铁心和绕组两大部分构成。变压器的空载试验可以测定变压器的变比 K、空载电流 I_0 和空载损耗 P_0 等。变压器的短路试验可以测定短路电压和短路损耗。

4. 三相电力变压器容量大，电压高，电流大，是整个电力系统中容量最大、应用最多的电气设备。

5. 自耦变压器的结构特点是一、二次共用一个绕组，它广泛应用于实验室及试验部门。

6. 仪用互感器主要用于测量较大的交流电压及交流电流。使用时必须注意，电压互感器二次绕组不允许短路，电流互感器二次侧不能开路。

习 题 3

1. 填空题

（1）磁感应线上任意一点的_____方向，就是该点磁场的方向，磁感应线的疏密程度表示磁场的_____。

（2）_____导体在磁场中受到力的作用。此力称为_____。

（3）当线圈平面与磁感应线_____时，受到的转矩最大；当线圈平面与磁感应线_____时，受到的转矩最小。

（4）当导体在磁场中做_____运动，或线圈中的磁通_____时，在导体或线圈中都会产生电动势。

（5）变压器接电源的绕组称为_____，接负载的绕组称为_____。

（6）变压器能将某一等级的_____电压变换成同_____的另一等级所需的交流电压，以满足不同用电的需求。

（7）变压器的变比_____时，为升压变压器。变比_____时，为降压变压器。

2. 判断题

（1）磁场的方向总是从 N 极指向 S 极。　　　　　　　　　　　　　　　　　　　　（　　）

（2）在磁场中放入小磁针，它的 N 极指向可以认为是该磁场的磁感应强度的方向。　（　　）

（3）在电磁感应中，如果有感应电流产生，就一定有感应电动势。　　　　　　　　（　　）

（4）软磁性材料的特点是比较容易磁化，也容易退磁。　　　　　　　　　　　　　（　　）

（5）自耦变压器在一、二次绕组间，仅有磁的耦合，没有电的联系。　　　　　　　（　　）

（6）变压器既可以变换电压、电流和阻抗，又可以变换频率和功率。　　　　　　　（　　）

3. 选择题

（1）通电线圈插入铁心后，它的磁场将（　　）。

A. 增强　　　　　　　　B. 减弱　　　　　　　　C. 不变

（2）若将额定电压为 220V 的变压器接到了 220V 的直流电源上，其结果是（　　）。

A. 烧毁一次绕组　　　B. 烧毁一、二次绕组　　　C. 产生较小的励磁电流　　　D. 和接到交流上一样

（3）电流互感器的二次侧不允许（　　）。

A. 开路　　　　　　　　B. 短路　　　　　　　　C. 没有要求

4. 问答题

（1）额定电压为 220/36V 的单相变压器，如果不慎将低压端接到 220V 的电源上，将会产生什么后果？

（2）有一个 220V 直流电源，现因工作需要，需将其变成 36V 安全电源。能否用变比为 220/36V 的变压器进行变换？

5. 计算题

（1）额定容量为 560kV·A，额定电压为 10000/400V 的变压器，它的变比 K 是多少？二次侧的额定电流 I_{2N} 是多少？

（2）有一台单相照明变压器，容量为 2kV·A，电压为 220/36V，现在低压侧接上 $U = 36V$，$P = 20W$ 的白炽灯，使变压器在额定状态下工作，问能接多少盏灯？此时的 I_{1N} 及 I_{2N} 各为多少？

第4章 三相异步电动机

学习目标

1）掌握三相异步电动机的结构、铭牌数据及工作原理。

2）掌握三相异步电动机的起动、制动及调速的基本原理和方法。

3）了解单相异步电动机基本原理和特点。

能力目标

1）熟悉三相笼型异步电动机的结构和额定值。

2）会检验三相笼型异步电动机绝缘情况。

3）了解三相笼型异步电动机定子绕组首、末端的判别方法。

4.1 三相异步电动机的结构和铭牌

实现电能与机械能互相转换的电气设备称为电机。将电能转换为机械能的电机称为电动机，将机械能转换为电能的电机称为发电机。按用电性质的不同，电动机分为交流电动机和直流电动机。交流电动机又分为异步电动机和同步电动机。异步电动机按照所接电源相数的不同可分为单相异步电动机和三相异步电动机。由于三相异步电动机具有结构简单、制造方便、价格低廉、运行可靠等特点，因而在各种电力拖动装置中三相异步电动机占90%左右，在工农业生产及交通运输中得到了广泛的应用，特别在工业生产上被广泛地用来驱动各种金属切削机床、起重机、锻压机、传送带等。

4.1.1 三相异步电动机的结构

三相异步电动机是由固定不动的定子和可以旋转的转子两大部分组成，如图4-1所示。

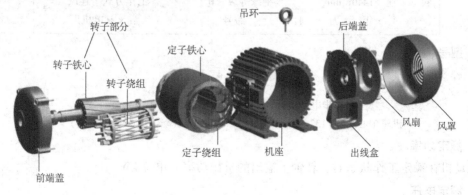

图4-1 三相异步电动机的结构

1. 定子(静止部分)

定子主要用来产生旋转磁场，它由机座、定子铁心、定子绕组等组成。

（1）机座　机座由铸铁或铸钢制成，主要用于固定和支撑定子铁心及固定端盖，并通过两侧端盖和轴承支撑转轴。为了加强散热能力，其外表面有散热筋。

（2）定子铁心　一般用 0.5mm 厚的硅钢片叠压而成，尽量减小铁心损耗。定子铁心是电动机主磁路的一部分。定子铁心内圆表面沿轴向有均匀分布的直槽，用于嵌放三相定子绕组。

（3）定子绕组　定子绕组是电动机的电路部分，它是一个对称的三相绕组，在空间互差 120°电角度，可以根据需要联结成星形或三角形。

2. 转子(转动部分)

电动机的转动部分，用来产生旋转力矩，拖动生产机械旋转。转子主要由转子铁心和转子绕组组成。

（1）转子铁心　既是磁路的一部分，又要用来安放转子绕组。也用 0.5mm 的硅钢片叠压而成。

（2）转子绕组　转子绕组是转子的电路部分，用以产生电动势和转矩，它可分为笼型绕组和绕线型绕组两种。其中笼型电动机结构简单、坚固可靠、使用维修方便、操作简便、价格便宜，应用更广泛。绕线型转子绕组一般为星形联结，通过集电环装置与外电路连接。这就可以在转子电路中串接电阻来改善电动机的运行性能。

3. 其他部分

其他部分有端盖、风扇、轴承等。

4.1.2 三相异步电动机的铭牌

三相异步电动机的机座上都有一块铭牌，看懂铭牌是正确使用电动机的先决条件。下面以 Y132M－4 型电动机为例，来说明铭牌数据的含义。

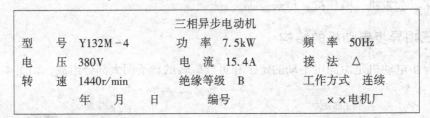

三相异步电动机		
型　　号　Y132M－4	功率　7.5kW	频率　50Hz
电　　压　380V	电　流　15.4A	接　法　△
转　　速　1440r/min	绝缘等级　B	工作方式　连续
年　月　日	编号	××电机厂

1. 型号

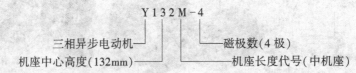

2. 额定功率

电动机在额定工作状态时，转轴上输出的机械功率，单位 kW。

3. 额定电压

额定电压指电动机定子绕组规定使用的线电压，单位是 V 或 kV。

4. 额定电流

额定电流指电动机在额定工作状况下运行时，电源输入电动机定子绕组的线电流，单位以 A 表示。

5. 额定频率

额定频率指输入电动机的交流电源的频率（即电网交流电的频率），单位是赫兹（Hz）。国际上有 50Hz 和 60Hz 两种标准，我国采用 50Hz 的频率。

6. 额定转速

额定转速为电动机在额定状态时的转速，单位为 r/min。

7. 接法

接法是指电动机定子绕组的联结方式，有星形联结或三角形联结，如图 4-2 所示。

除以上铭牌数据外，还有工作制、防护等级、绝缘等级等铭牌数据。

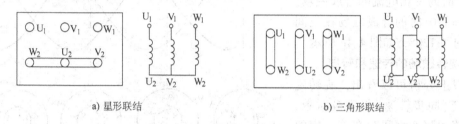

a) 星形联结 b) 三角形联结

图 4-2 三相异步电动机定子绕组的联结方法

4.2 三相异步电动机的工作原理

三相异步电动机是利用定子绕组中的三相交流电源所产生的旋转磁场与转子绕组内的感应电流相互作用而工作的。

4.2.1 旋转磁场

1. 旋转磁场的产生

三相异步电动机的定子铁心槽内放有对称的三相绕组。三相绕组星形联结，如图 4-3 所示，当三相定子绕组与三相交流电源接通时，则在三相定子绕组中便产生对称的三相交流电流。

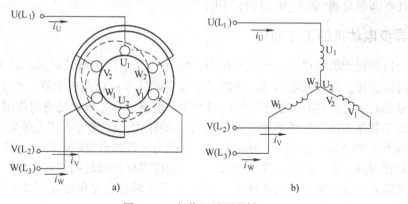

图 4-3 三相绕组星形联结

即
$$i_U = I_m \sin\omega t$$
$$i_V = I_m \sin(\omega t - 120°)$$
$$i_W = I_m \sin(\omega t + 120°)$$

下面以两极旋转磁场的产生为例来做一说明，如图 4-4 所示。在 $\omega t = 0$ 的瞬间，定子绕组中的电流方向如图 4-4a 所示。这时 $i_U = 0$；i_V 为负，其方向与参考方向相反；i_W 为正，其方向与参考方向相同。将每相电流所产生的磁场相加，便得出三相电流的合成磁场。其方向是自上而下。

图 4-4b 所示的是 $\omega t = 120°$ 时定子绕组中电流的方向和三相电流的合成磁场的方向。这时的合成磁场已在空间转过了 $120°$。同理可得在 $\omega t = 240°$ 时的三相电流的合成磁场，它比 $\omega t = 120°$ 时的合成磁场在空间上又转过了 $120°$，如图 4-4c 所示。

2. 旋转磁场的转速和转向

由以上分析可以看出，旋转磁场的转速（同步转速）与磁极对数、定子电流的频率之间存在着一定的关系。一对磁极的旋转磁场，电流变化一周时，磁场在空间转过 $360°$（1 转）；两对磁极的旋转磁场，电流变化一周时，磁场在空间转过 $180°$（1/2 转）；由此类推，当旋转磁场具有 p 对磁极时，电流变化一周，其旋转磁场就在空间转过 $1/p$ 转。改变电流频率可以改变磁场转速。

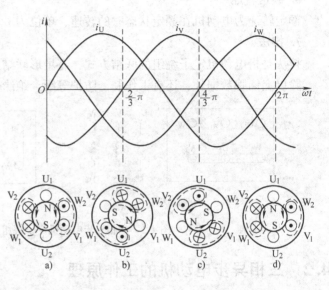

图 4-4 两极旋转磁场的产生

所以，同步转速 n_1 与磁场磁极对数 p 的关系为

$$n_1 = \frac{60 f_1}{p}$$

同时，磁场旋转方向与电流相序一致。电流相序为 U-V-W 时，磁场顺时针方向旋转；电流相序为 U-W-V 时，磁场逆时针方向旋转。若使旋转磁场逆时针方向旋转，只需把三根电源线的任意两根对调（如 V、W 对调）即可。

4.2.2 异步电动机的工作原理

当电动机的定子绕组通以三相交流电时，便在气隙中产生旋转磁场。设旋转磁场以 n_1 的速度顺时针旋转，假设磁场不动，则转子导体逆时针方向切割磁力线，产生感应电动势，其方向可根据右手定则判断。由于转子电路为闭合电路，在感应电动势的作用下，产生了感应电流。由于载流导体在磁场中要受到磁场力 F 的作用，因此可以用左手定则确定转子导体所受电磁力 F 的方向，如图 4-5 所示。这些电磁力对转轴形成电磁转矩，其作用方向同旋转磁场的旋转方向一致。这样，转子便以一定的速度沿旋转磁场的旋转方向转动起来。

转子转速 n 与旋转磁场的同步转速 n_1 同向，且其转速总是稍低于同步转速 n_1，故称为异步电动机。

异步电动机同步转速和转子转速的差值与同步转速之比称为转差率，用 s 表示，即

$$s = \frac{n_1 - n}{n_1}$$

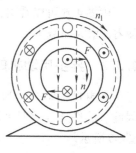

图4-5 转子转动原理

转差率是异步电动机的一个重要参数。在电动机起动瞬间，$n = 0$，$s = 1$；当电动机转速达到同步转速（为理想空载转速，电动机实际运行中不可能达到）时，$n = n_1$，$s = 0$。由此可见，异步电动机在运行状态下，转差率的范围为 $0 < s < 1$；在额定状态下运行时，s 为 $1\% \sim 9\%$。

例如二极电动机的 $n_1 = 3000\text{r/min}$，其同步转速 $n = 2930\text{r/min}$；四极电动机的 $n_1 = 1500\text{r/min}$，其转速 $n = 1460\text{r/min}$，六极电动机的 $n_1 = 1000\text{r/min}$，其转速 $n = 970\text{r/min}$。因此只要知道三相异步电动机的磁极数，就能估计出该电动机的转速，反之，知道三相异步电动机的转速，就可以确定该电动机的磁极数。

【例4-1】 一台四极三相异步电动机，电源频率为 50Hz，带负载运行时的转差率为 0.03，求同步转速 n_1 和电动机转速 n 各为多少。

解： 由已知可知，磁极对数 $p = 2$，则

$$n_1 = \frac{60 f_1}{p} = \frac{60 \times 50}{2} \text{r/min} = 1500\text{r/min}$$

电动机转速为

$$n = (1 - s) n_1 = (1 - 0.03) \times 1500 \text{r/min} = 1455 \text{r/min}$$

4.3 三相异步电动机的特性

4.3.1 三相异步电动机的电磁转矩特性

电磁转矩 T 是三相异步电动机的最重要的物理量之一。它是由旋转磁场的每极磁通 Φ 与转子电流 I_2 相互作用而产生的，它的大小与转子电流 I_2 及定子旋转磁场的每极磁通 Φ 成正比，由于转子有感抗，所以还与功率因数 $\cos\varphi_2$ 有关。即

$$T = K_T \Phi I_2 \cos\varphi_2$$

式中，K_T 是一个与电动机结构有关的常数。

用实验法和数学分析还可以得到三相异步电动机电磁转矩公式的另一个表达式，即

$$T = K \frac{s R_2 U_1^2}{R_2^2 + (s X_{20})^2}$$

式中，K 是一个常数；R_2 为转子电阻；s 为电动机的转差率；U_1 为定子电压；X_{20} 为电动机静止不动时，转子绕组每相的感抗。

可见，电源电压对转矩影响较大。同时还受到转子电阻 R_2 及转差率 s 的影响。

对于某台电动机而言，当定子绕组上的电压及频率一定时，转子电路等参数均为常数。此时，电动机的电磁转矩 T 仅与转差率 s 有关，它们之间的关系可用图4-6 中的电磁转矩特性曲线来描述。

由图4-6可以看出，当$s=0$时，$T=0$。随着s增大，T也开始增大，达到最大值T_m后，随着s增大而减小。

4.3.2 异步电动机的机械特性

在电机拖动中，为了便于分析，希望直接知道电动机的转速n与电磁转矩T的关系，因此，将图4-6顺时针转90°并将s换成n，即可得到电动机$n=f(T)$的机械特性曲线，如图4-7所示。

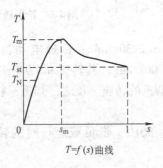

$T=f(s)$曲线

图4-6　电磁转矩特性曲线

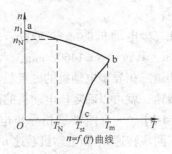

$n=f(T)$曲线

图4-7　机械特性曲线

从机械特性曲线我们可以看出，曲线描绘出了三个重要转矩和两个运行区域。

1. 三个重要转矩

（1）起动转矩　电动机刚起动$(n=0,s=1)$时的电磁转矩称为起动转矩。将$s=1$代入

$$T = K \frac{sR_2 U_1^2}{R_2^2 + (sX_{20})^2}$$

即得出

$$T_{st} = K \frac{R_2 U_1^2}{R_2^2 + X_{20}^2}$$

（2）额定转矩　电动机在额定负载下工作时的电磁转矩称为额定转矩。忽略空载损耗转矩，则额定转矩等于机械负载转矩，即

$$T_N = 9550 \frac{P_N}{n_N}$$

式中，P_N是电动机的额定功率，单位为kW；n_N是电动机的额定转速，单位是r/min。

（3）最大转矩　从机械特性曲线上看，电磁转矩有一个最大值，称为最大转矩或临界转矩。对应的最大转矩的转差率s_m可由$\dfrac{\mathrm{d}T}{\mathrm{d}s}=0$求得，即

$$s_m = \frac{R_2}{X_{20}}$$

最大转矩为

$$T_m = K \frac{U_1^2}{2X_{20}}$$

最大转矩也表示电动机短时容许过载能力，电动机的额定转矩T_N比T_m要小，两者之

比称为过载系数 λ，即

$$\lambda = \frac{T_m}{T_N}$$

2. 两个运行区域

（1）稳定运行区 在机械特性曲线上由 a 到 b 段的区域为电动机的稳定运行区。在该区域内，当负载变化时，转速变化很小，属于硬机械特性。

（2）非稳定运行区 在机械特性曲线上由 b 到 c 段的区域为电动机的不稳定运行区。在该区域内，当负载增大到超过电动机的最大转矩时，电动机的转速将急剧下降，直至停转。由于电动机有一定的过载能力，所以起动后会很快通过不稳定运行区而进入稳定运行区工作。

【例4-2】 Y112M-4 型三相异步电动机的技术数据见表4-1，试求：磁极对数 p、同步转速 n_1、额定转差率 s_N、额定电流 I_N、额定转矩 T_N、额定输入功率 P_1。

表4-1　Y112M-4型三相异步电动机的技术参数

功 率	转 速	电 压	效 率	功率因数	接 法	频 率
4kW	1440r/min	380V	$\eta = 84.5\%$	$cos\varphi = 0.82$	△联结	50Hz

解：由型号可知磁极对数 $p = 2$
则同步转速

$$n_1 = \frac{60f_1}{p} = \frac{60 \times 50}{2}r/min = 1500r/min$$

额定转差率为

$$s_N = \frac{n_1 - n_N}{n_1} = \frac{1500r/min - 1440r/min}{1500r/min} = 0.04 = 4\%$$

额定电流

$$I_N = \frac{P_N}{\sqrt{3} U_N cos\varphi \eta} = \frac{4 \times 10^3 W}{\sqrt{3} \times 380V \times 0.82 \times 0.845} = 8.77A$$

额定转矩

$$T_N = 9550\frac{P_N}{n_N} = 9550 \times \frac{4kW}{1440r/min} = 26.53N \cdot m$$

额定输入功率

$$P_1 = \frac{P_N}{\eta} = \frac{4kW}{0.845} = 4.74kW$$

4.4　三相异步电动机的运行

4.4.1　三相异步电动机的起动

电动机接通电源后，由静止逐步加速到稳定运行状态的过程称为起动。三相异步电动机起动有直接起动和减压起动两种。

1. 直接起动

直接起动是利用刀开关或接触器将电动机直接接到额定电压上的起动方式，又叫全压起动。这种起动方式优点是起动简单，缺点是起动电流较大，影响负载正常工作。适用于容量 10kW 以下的电动机，并且它的容量小于供电变压器容量的 20%。

2. 减压起动

如果电动机直接起动时所引起的电路电流较大，则必须采用减压起动，就是在起动时降低加在电动机定子绕组上的电压，以减小起动电流。笼型异步电动机的减压起动常用下面几种方法。

（1）星形-三角形（Y-△）减压起动　在起动时将定子绕组作星形联结，通电后电动机运转，当转速升高到接近额定转速时再换接成三角形联结。这种起动方式优点是起动电流为全压起动时的 1/3。缺点是起动转矩减小为直接起动时的 1/3。因此，这种方法只适合于正常运行时定子为三角形联结的三相笼型异步电动机在空载或轻载时的起动，如图 4-8 所示。

（2）自耦减压起动　自耦减压起动是利用三相自耦变压器将电动机在起动过程中的端电压降低，以达到减小起动电流的目的。自耦变压器备有 40%、60%、80% 等多种抽头，使用时要根据电动机起动转矩的要求具体选择。这种起动方式适用于容量较大的或正常运行时星形联结且不能采用星形-三角形减压起动的笼型异步电动机，如图 4-9 所示。

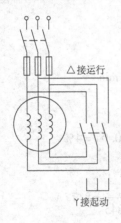

图 4-8　星形-三角形（Y-△）减压起动　　　图 4-9　自耦减压起动接线图

至于绕线型异步电动机的起动，只要在转子绕组串入附加电阻或电抗器，既可以降低起动电流，又可以增大起动转矩，如图 4-10 所示。

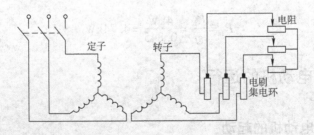

图 4-10　绕线式电动机起动时的接线图

4.4.2　三相异步电动机的制动

由于电动机转动部分的惯性作用，把电源切断后，电动机还会继续转动一定时间而后停止。为了缩短工时，提高生产效率和安全起见，往往要求电动机能够迅速停车，这就需要对电动机进行制动。还有对于负载转矩为位能转矩的负载（比如起重机下放重物），为了能使其匀速下落，也要采取制动措施。制动的目的是让电动机产生一个与转子转动方向相反的转矩，使电动机迅速停转或匀速下降，这时的转矩称为制动转矩。

三相异步电动机的制动常有下列几种方法。

1. 能耗制动

这种制动方法是将电动机的定子绕组切断三相电源后迅速接到直流电源上，同时应串联一个制动电阻以限制制动电流。这时旋转磁场消失，而直流电流将产生一个恒定磁场，由于惯性，电动机沿原方向继续旋转，切割恒定磁场而产生的感应电流与直流电产生的恒定磁场相互作用，电动机将产生一个与原来转向相反的转矩，使电动机迅速停下来，这种制动方式的特点是制动准确、平稳，但需要额外的直流电源，如图4-11所示。

2. 反接制动

电动机停车时将三相电源中的任意两相对调，使电动机产生的旋转磁场方向与原来的方向相反，电磁转矩方向也随之改变，由于电动机惯性大，其转动方向来不及改变，所以这时的电磁转矩成为制动转矩，使电动机转速很快下降。要注意的是当电动机转速接近为零时，要及时断开电源防止电动机反转。这种制动方式的特点是制动迅速，制动效果好。但由于反接时旋转磁场与转子间的相对运动加快，因而电流较大。对于功率较大的电动机制动时必须在定子电路（笼式）或转子电路（绕线式）中接入电阻，用以限制电流，如图4-12所示。

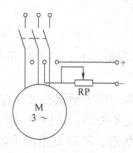

图4-11　能耗制动

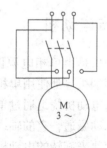

图4-12　反接制动

3. 回馈制动

处于电动状态运行的三相异步电动机，如在某种外加转矩的作用下，转子的转速反而大于旋转磁场的转速，于是电动机转子绕组切割旋转磁场的方向将与电动状态时相反。使电磁转矩与转子的运动方向相反，从而限制转子的转速，起到了制动作用。这种制动不但没有从电源吸收功率，反而向电网输出功率，所以称为回馈制动。实际上这时电动机已经由电动运行转为发电机运行，所以又称为发电制动。这种制动只能发生于位能负载下落时，其结果是使其能匀速下降。

4.4.3　三相异步电动机的调速

调速是指人为地改变电动机的转速。

由

$$n = (1 - s)n_1 = (1 - s)\frac{60f_1}{p}$$

可知，调速方法有如下几种。

1. 变极调速

通过改变电动机的定子绕组所形成的磁极对数 p 来调速。因磁极对数只能是按1、2、3、…的规律变化，所以用这种方法调速，电动机的转速不能连续、平滑地进行调节，是有级调速。

2. 变频调速

改变三相异步电动机的电源频率，可以得到平滑的调速。在进行变频调速时，往往要求在调速范围内保持电动机的电磁转矩不变，这就必须保证电动机内旋转磁场的磁通量不变。为此，必须同时相应成比例地调节电源电压，以保持电源电压与频率的比值不变，来实现恒转矩调速。

进行变频调速，需要一套专用的变频设备。将50Hz工频交流电变换为频率可调且电压与频率的比值保持不变的三相交流电，供给三相异步电动机。连续改变电源频率可以实现大范围的无级调速，而且电动机的机械特性的硬度基本不变，这是一种比较理想的调速方法，近年来发展很快，正得到越来越多的应用。

3. 变转差率调速

通过改变转差率达到调节转子转速的目的，调速方法有改变定子电压调速和转子绕组串电阻调速等。其中，改变定子电压调速又称变压调速，适合于笼型异步电动机；转子绕组串电阻调速又称变阻调速，适合于绕线转子异步电动机。

4.5 单相异步电动机

单相异步电动机是由单相电源供电的小功率异步电动机。日常生活中的电风扇、电冰箱、洗衣机和抽油烟机等都使用单相异步电动机。

由于单相异步电动机绕组通过单相交变电流，电动机定子铁心只具有单相绕组，所以产生的磁通是交变脉动磁通，它的轴线在空间上是固定不变的，这种磁通不能使转子自行起动旋转，但却可以使原来旋转的电动机继续维持运转状态，所以要想使单相异步电动机起动，必须采取另外的起动措施。下面介绍两种常用的单相异步电动机，它们都采用鼠笼式转子，但定子有所不同。

1. 电容分相式异步电动机

如图4-13所示，电容分相式异步电动机的定子有两个绕组：一个是工作绕组（主绕组）；另一个是起动绕组（副绕组），两个绕组在空间互成90°。起动绕组与电容 C 串联，使起动绕组电流 i_2 和工作绕组电流 i_1 产生90°相位差。在旋转磁场的作用下，电动机的转子就会沿旋转磁场方向旋转，有的单相异步电动机采用在起动绕组

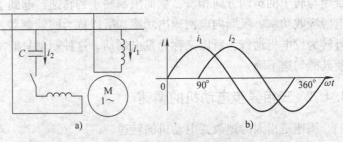

图4-13 电容分相式异步电动机原理图和波形图

中串入电阻的方法，使得两相绕组中的电流在相位上存在一定的电角度，也可以产生旋转磁场。

2. 罩极式单相异步电动机

罩极式单相异步电动机定子铁心做成凸极式，转子仍为笼式。在定子磁极上开一个槽，将磁柱分为两部分，在较小磁极上套一个短路铜环，称为罩极。在磁极上绕有单相绕组，通入单相交流电，铁心中便产生交变磁通，铜环中产生感应电流。感应电流产生的磁通将阻碍原磁场的变化，使罩极穿过的磁通滞后于未罩铜环部分穿过的磁通。总体上看，好像磁场在旋转，从而获得起动转矩。罩极式单相异步电动机如图 4-14 所示。

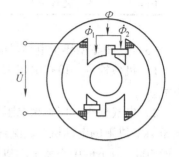

图 4-14 罩极式单相异步电动机

4.6 实验：三相笼型异步电动机

1. 实验目的

1）熟悉三相笼型异步电动机的结构和额定值。

2）学习检验三相笼型异步电动机绝缘情况的方法。

3）学习三相笼型异步电动机定子绕组首、末端的判别方法。

2. 实验设备（见表 4-2）

表 4-2 实验设备

序号	名　　称	型 号 规 格	数　量	序号	名　　称	型 号 规 格	数　量
1	三相笼型异步电动机	DJ24	1	4	交流电流表	0~5A	1
2	绝缘电阻表	500V	1	5	万用表		1
3	交流电压表	0~500V	1				

3. 实验内容

（1）三相笼型异步电动机的结构 异步电动机是基于电磁原理把交流电能转换为机械能的一种旋转电动机。三相笼型异步电动机的基本结构有定子和转子两大部分。

定子主要由机座、定子铁心、三相对称定子绕组等组成，是电动机的静止部分。定子绕组一般有六根引出线，出线端装在机座外面的接线盒内，如图 4-15 所示，根据三相电源电压不同，定子绕组可以是星形（Y）或三角形（△）联结，然后与三相交流电源连接。

转子主要由转子铁心和转子绕组组成，是电动机的转动部分。小容量笼型电动机的转子绕组大都采用铝浇铸而成，冷却方式一般采用扇冷式。

（2）三相笼型异步电动机的铭牌 三相异步电动机的额定值标记在电动机的铭牌上，实验装置三相笼型异步电动机的铭牌见表 4-3。

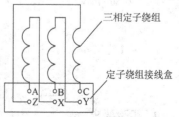

图 4-15 三相笼型异步电动机接线示意图

表 4-3　三相笼型异步电动机的铭牌

型　号	电　压	接　法	定　额	功　率	电　流	转　速
DJ24	380/220V	Ｙ-△	连续	180W	1.13/0.65A	1400r/min

（3）三相笼型异步电动机的检查　电动机使用前必须进行以下检查。

1）机械检查：检查引出线是否齐全、牢靠；转子转动是否灵活、匀称，有无异常响声等。

2）电气检查：用绝缘电阻表检查电动机绕组间及绕组与机壳之间的绝缘性能。对额定电压 1kV 以下的电动机，其绝缘电阻值最低不得小于 $1000\Omega/V$，测量接线图如图 4-16 所示。一般 500V 以下的中小型电动机最低应具有 $2M\Omega$ 的绝缘电阻。

（4）定子绕组首、末端的判别　异步电动机三相定子绕组的六个出线端有三个首端和三个末端。一般，首端标以 A、B、C（或 U、V、W），末端标以 X、Y、Z，在接线时如果没有按照首、末端的标记来接，则当电动机起动时磁场和电流就会不平衡，从而引起绕组发热、振动、有噪声，甚至电动机不能起动，因过热而烧毁。

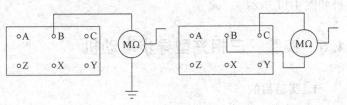

图 4-16　三相笼型异步电动机绝缘测量接线图

由于某种原因定子绕组六个出线端标记无法辨认，可以通过实验方法来判别其首、末端。方法如下：用万用表欧姆档从六个出线端确定哪一对引出线是属于同一相的，分别找出三相绕组，并标以符号，如 A、X；B、Y；C、Z。

将其中的任意两相绕组串联，如图 4-17 所示。调节交流电源的调压旋钮，使其绕组端电压为 80~100V，测出第三相绕组的电压，如测得的电压值有一定读数，表示两相绕组的末端与首端相连；反之，如测得的电压近似为零，则两相绕组的末端与末端（或首端与首端）相连。同样方法可测出第三相绕组的首末端。

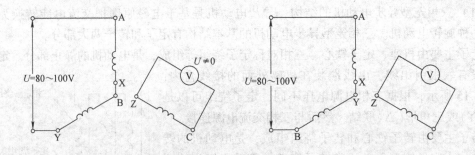

图 4-17　三相笼型异步电动机定子绕组首、末端判定接线图

4. 实验要求

1）抄录三相笼型异步电动机的铭牌数据，并观察其结构。

2）用万用表判别定子绕组的首、末端。

3）用绝缘电阻表测量电动机的绝缘电阻，填入表 4-4 和表 4-5。

表 4-4 各相绕组之间的绝缘电阻	
绕 组 名 称	所测电阻值/MΩ
A 相与 B 相	
A 相与 C 相	
B 相与 C 相	

表 4-5 绕组对地(机座)之间的绝缘电阻	
绕 组 名 称	所测电阻值/MΩ
A 相与地(机座)	
B 相与地(机座)	
C 相与地(机座)	

5. 实验注意事项

本实验在接线前、实验后都必须断开实验电路的电源,特别是在改接电路和拆线时必须遵守"先断电,后拆线"的原则。为了确保安全,学生应穿绝缘鞋进入实验室。接线或改接电路必须经指导教师检查后方可进行实验。

6. 思考题

如何判别三相笼型异步电动机的六个引出线,如何是丫形或△形联结?又根据什么来确定该电动机作丫形或△形联结?

本 章 小 结

1. 三相异步电动机是利用定子绕组中的三相交流电源所产生的旋转磁场与转子绕组内的感应电流相互作用而工作的。三相异步电动机的转子转速 n 与旋转磁场同步转速 n_1 同向,且其转速总是稍低于同步转速 n_1,故称为异步电动机。

2. 三相异步电动机同步转速和转子转速的差值与同步转速之比称为转差率。

$$s = \frac{n_1 - n}{n_1}$$

3. 三相笼型异步电动机的减压起动方法有:星形–三角形(丫-△)减压起动;自耦减压起动。

4. 三相异步电动机的制动常有:能耗制动;反接制动;回馈制动。

5. 三相异步电动机的调速方法有:变极调速、变频调速和变转差率调速。

6. 单相异步电动机是由单相电源供电的小功率异步电动机,在日常生活中使用较为广泛。如电风扇、电冰箱、洗衣机、抽油烟机等。

习 题 4

1. 填空题

(1) 三相异步电动机主要由＿＿＿＿和＿＿＿＿两大部分组成。

(2) 三相异步电动机的转子总是紧跟着旋转磁场以低于＿＿＿＿的转速而旋转。并由此而得名为＿＿＿＿。

(3) 三相异步电动机常用的制动方法有＿＿＿＿、＿＿＿＿和＿＿＿＿三种。

(4) 三相异步电动机的转差率是 s,当 $s=1$ 时,电动机处于＿＿＿＿状态,当 s 趋近于零时,电动机处于＿＿＿＿状态,电动机转速越高,则 s 值＿＿＿＿。

(5) 单相异步电动机,由于其定子绕组为单绕组,产生＿＿＿＿磁场,所以没有＿＿＿＿。为解决起动问题，单相异步电动机的定子一般有两套绕组，一组是_____绕组，另一组是_____绕组，它们在空间的位置互差_____电角度。

2. 判断题

(1) 在交流异步电动机的两相定子绕组中通入交流电流，便可产生定子旋转磁场。（　　）

(2) 旋转磁场转速的快慢，只取决于异步电动机的磁极对数。（　　）

(3) 三相笼型异步电动机采用Y-△减压起动，其起动电流和起动转矩均为直接起动的$\frac{1}{3}$。（　　）

(4) 把运行中的三相异步电动机定子绕组出线端的任意两相与电源接线对调，则电动机的运行状态立即变为反转运行。（　　）

(5) 单相异步电动机可自行起动。（　　）

3. 选择题

(1) 为使三相异步电动机能采用Y-△减压起动，电动机正常运行时，必须是（　　）。

A. Y联结　　　　B. △联结　　　　C. Y联结、△联结均可　　　　D. 与联结方式无关

(2) 如已知电动机的额定转速为2830r/min，则其对应的定子磁极对数为（　　）。

A. 1　　　　B. 2　　　　C. 3　　　　D. 不能确定

(3) 三相异步电动机要保持稳定运行，则其转差率应该（　　）。

A. 大于1　　　　B. 小于0　　　　C. 等于1　　　　D. $0 < s < 1$

(4) 三相异步电动机采用能耗制动时，给定子绕组通入（　　），从而产生一个与原转矩相反的电磁转矩，以实现制动。

A. 直流电　　　　B. 单相交流电　　　　C. 三相交流电　　　　D. 无法判断

4. 计算题

(1) 某台三相异步电动机额定数据为：$P_N = 7.5$kW，$U_N = 380$V，$n_N = 1440$r/min，$I_N = 14.5$A，$\cos\varphi = 0.85$，$f_1 = 50$Hz。求：该电动机的输入功率 P_1 及对应的效率 η、额定转差率 s_N、额定转矩 T_N 和定子绕组的磁极对数 p。

(2) 有一台三相异步电动机，其额定数据为：$P_N = 40$kW，$U_N = 380$V，三角形联结，$\eta = 90\%$，$\cos\varphi = 0.89$，$n_N = 1470$r/min，$\lambda = 1.8$，$f_1 = 50$Hz。试求：最大转矩 T_m、额定电流 I_N、额定转差率 s_N。

第5章　电气控制基础

1）掌握低压电器的结构、工作原理、用途、使用方法及其符号。

2）重点掌握常用基本电气控制电路。

3）掌握三相异步电动机的控制电路。

1）能识别各种低压电器。

2）掌握三相异步电动机的起动和运行的方法。

5.1　常用低压电器

低压电器是指在交流 1200V 以下或直流 1500V 以下的电路中起通断、保护、控制或调节等作用的电气设备。按它在电气线路中的地位和作用可分为低压配电电器和低压控制电器两大类。低压配电电器主要有刀开关、转换开关、熔断器和低压断路器等。低压控制电器主要有接触器、继电器等。

5.1.1　开关电器

1. 刀开关

刀开关是一种手动电器又叫闸刀开关，一般用于不频繁操作的低压电路中，用作接通和切断电源或用来使电路与电源隔离，有时也用来控制小容量电动机的直接起动与停止。刀开关主要由静插座、触刀片、操作手柄和绝缘底板组成。

刀开关种类很多。按极数分为单极、双极和三极；按结构分为平板式和条架式；按操作方式分为直接手柄操作式、杠杆操作机构式和电动操作机构式；按转换方向分为单投和双投等。还有些开关，如胶盖开关和铁壳开关，内装有熔断器，所以兼有短路保护功能。图 5-1 为 HK2 系列胶盖开关的结构及符号。

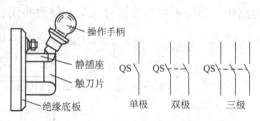

图 5-1　HK2 系列胶盖开关的结构及符号

刀开关一般与熔断器串联使用，以便在短路或过负荷时熔断器熔断而自动切断电路。刀开关额定电压通常为 250V 和 500V，额定电流在 1500A 以下。

刀开关结构简单，操作方便。垂直安装刀开关时，手柄向上合为接通电源，向下拉为断开电源，不能反装。如果倒装，拉闸后手柄可能因自重下落引起误合闸而造成人身和设备的安全事故。电源线应接在静插座上，负荷线接在与触刀相连的端子上。对装有熔丝（又称保险丝)的刀开关,负荷线应接在触刀下侧熔丝的另一端,以确保刀开关切断电源后触刀和熔丝不带电。

刀开关的选用主要考虑回路额定电压、长期工作电流以及短路电流所产生的动、热稳定性等因素。刀开关的额定电流应大于其所控制的最大负荷电流。用于直接起停三相异步电动机(只能是 3kW 及以下)时,刀开关的额定电流必须大于电动机额定电流的 3 倍。

2. 组合开关

组合开关又叫转换开关,是一种转动式的刀开关,一般刀开关的操作手柄是在垂直于安装平面的平面内向上或向下转动,而组合开关的操作手柄是在平行于安装平面的平面内向左或向右转动。组合开关主要用于接通或切断电路、换接电源、控制小型三相笼式异步电动机的起动、停止、正反转或局部照明。组合开关具有多触头、多位置、体积小、性能可靠、操作方便、安装灵活等特点。

常用的组合开关有 HZ10 系列,动触头安装在附加手柄的绝缘方轴上,方轴随手柄旋转,于是动触头随方轴转动来改变位置实现与静触头的分、合。组合开关的结构及符号如图 5-2 所示。

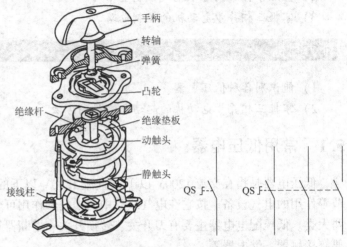

图 5-2 组合开关的结构及符号

3. 低压断路器

低压断路器又称自动空气断路器或称自动空气开关。它是低压配电网络和电力拖动系统中非常重要的一种电器,除能完成接通和分断电路外,还能对电路或电气设备发生的短路、过载、失电压和欠电压等进行保护,同时也可以用于不频繁地起停电动机。

图 5-3 为三极低压断路器的工作原理图及符号图。它的三个主触头串联在被控制的三相电路中,当按下接通按钮时,动、静触头闭合,锁扣锁住搭钩,使开关处于接通状态。正常

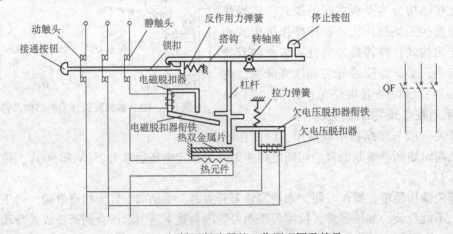

图 5-3 三极低压断路器的工作原理图及符号

分断时按下停止按钮即可。

非正常状态下的分断则是由电磁脱扣器、欠电压脱扣器和热脱扣器使搭钩与杠杆顶开而完成的。

电磁脱扣器的线圈与主电路串联，线路正常时，产生的电磁吸力不能将衔铁吸合，当电路发生短路或产生大的过电流时，产生的电磁吸力增大，使衔铁吸合，撞击杠杆，顶开搭钩，使触头断开，从而将电路分断。

欠压脱扣器的线圈并联在主电路上，当线路电压正常时，欠压脱扣器产生的电磁吸力将衔铁吸合，当线路电压降到某一值下时，衔铁被弹簧拉开，撞击杠杆使搭钩顶开，分断电路。

当线路过载且过载电流不能使电磁脱扣器动作时，双金属片受热向上弯曲，推动杠杆使搭钩与锁扣脱开将主触头分断。

在选用低压断路器时，其额定电压和额定电流应大于电路正常工作时的电压和电流。

5.1.2 按钮

按钮是一种手动且一般可以自动复位的主令电器，一般情况下，它不直接控制主电路，而是远距离控制接触器、继电器等电器，再由它们去控制主电路，也可用于电气联锁等电路中。

按钮一般由按钮帽、复位弹簧、桥式触头和外壳等部分组成。图5-4为按钮的结构与符号图。

按钮可以做成很多形式以满足不同的控制或操作的需要，结构形式有：钥匙型，按钮上带有钥匙以防止误操作；旋转式（又叫钮子开

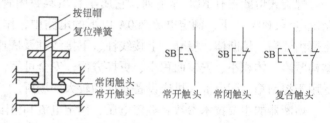

图5-4 按钮的结构与符号

关），以手柄旋转操作；紧急式，带蘑菇钮头突出于外，常作为急停用，一般采用红色；掀钮式，用手掀钮操作；保护式，能防止偶然触及带电部分。控制按钮的颜色可分为：红、黄、蓝、白、绿、黑等，操作人员可根据按钮的颜色进行辨别和操作。

选择按钮时应根据使用场合选择控制按钮的种类；根据用途选择控制按钮的结构形式；根据控制回路的要求确定控制按钮的数量；根据工作状态指示和工作情况要求选择控制按钮及指示灯的颜色。

5.1.3 熔断器

熔断器是一种用于过载与短路保护的电器。它具有结构简单、体积小、重量轻、工作可靠、价格低等优点，在强电、弱电系统中广泛应用。熔断器承受额定电流时不会发生熔断，而当发生短路或较大过电流的瞬间会熔断，从而保护电器设备的安全。

熔断器主要由熔体、放置熔体的熔断管、触头及绝缘底板（底座）等部分组成。熔断器的主要部件就是熔体。熔体的材料分为低熔点和高熔点材料。低熔点材料主要有铅锡合金、锌等，高熔点材料主要有铜、银、铝等。它通常制成丝状或片状。熔断管是由瓷质绝缘材料或硬质纤维制成的半封闭式管状外壳，熔体装在熔断管中。熔断管在熔体熔断时起灭弧作用。

熔断器按结构形式主要分为半封闭插入式、无填料密封管式、有填料密封管式和自复式

四种。按用途分为工业用熔断器、保护半导体器件用快速熔断器、具有两段保护特性及快慢动作的熔断器、特殊用途熔断器(如直流牵引、螺旋励磁以及自复熔断器)。

常见的熔断器有属于半封闭插入式的瓷插式熔断器和属于无填料密封管式的螺旋式熔断器,外形结构及符号如图5-5和图5-6所示,瓷插式熔断器有RC1、RC1A等系列。这种熔断器结构简单、更换方便、价格低。主要用于AC380V(或220V)50Hz的低压电路中,一般接在电路的末端,作为电气设备的短路保护。

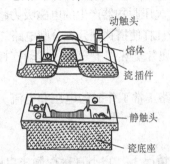

图 5-5　RC1A 系列瓷插式熔断器

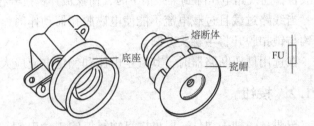

图 5-6　RL1 螺旋式熔断器及熔断器的符号

螺旋式熔断器有RL1等系列,它属于有填料封闭管式。主要用于AC50Hz或AC60Hz、额定电压500V以下、额定电流200A以下的电路中,作为短路或过载保护。螺旋式熔断器主要由瓷帽、熔断体、瓷套、上接线柱、下接线柱及底座组成。这种熔断器的分断能力强、结构紧凑、体积小、安装面积小、更换方便、安全可靠,熔丝熔断后有明显信号指示。它广泛用于控制箱、配电屏、机床设备及震动较大的场所。

熔断器的主要技术参数有额定电压、额定电流和极限分断能力。额定电压指熔断器长期工作时能够正常工作的电压。额定电流指熔断器长期工作时允许通过的最大电流。熔断器一般是起保护作用的,负载正常工作时,电流是基本不变的,熔断器的熔体要根据负载的额定电流进行选择,只有选择合适的熔体,才能起到保护电路的作用。极限分断能力指熔断器在规定的额定电压下能够分断的最大电流值。它取决于熔断器的灭弧能力,与熔体的额定电流无关。

熔断器在选择时一般应从以下几个方面考虑:熔断器的类型应根据电路的要求、使用场合及安装条件进行选择。熔断器的额定电压必须等于或高于熔断器的工作电压。熔断器的额定电流根据被保护的电路(支路)及设备的额定负载电流选择。熔断器的额定电流必须等于或高于所装熔体的额定电流。熔断器的极限分断能力必须大于电路中可能出现的最大故障电流。熔断器的选择需考虑电路中其他配电电器、控制电器之间的配合。应使上一级(供电干线)熔断器的熔体额定电流比下一级(供电支线)大1~2个级差。

5.1.4　交流接触器

1. 交流接触器的结构及参数

交流接触器是用来频繁地接通或分断带有负载的主电路或大容量的控制电路,并可实现远距离的自动控制。它的主要控制对象是电动机,也可以用于控制电热设备、电焊机、电容器组等其他负载。交流接触器不仅能实现远距离集中控制,而且操作频率高,控制容量大,并且具有欠电压、零电压释放保护，操作频率高、工作可靠、性能稳定，使用寿命长、维护方便等优点。

交流接触器主要由三部分组成，如图5-7所示。

1）触头系统：采用双断点桥式触头结构，一般有三对常开主触头，两对常开和两对常闭辅助触头。

2）电磁系统：包括动、静铁心，吸引线圈和反作用弹簧。

3）灭弧系统：大容量的接触器(20A以上)采用缝隙灭弧罩及灭弧栅片灭弧；小容量接触器采用双断口触头灭弧、电动力灭弧、相间弧板隔弧及陶土灭弧罩灭弧。

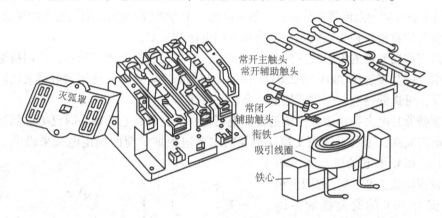

图5-7 交流接触器的外形与结构

根据用途不同，交流接触器的触头分主触头和辅助触头两种。主触头一般比较大，接触电阻较小，用于接通或分断较大的电流，常接在主电路中；辅助触头一般比较小，接触电阻较大，用于接通或分断较小的电流，常接在控制电路(或称辅助电路)中。有时为了接通和分断较大的电流，在主触头上装有灭弧装置，以熄灭由于主触头断开而产生的电弧，防止烧坏触头。

交流接触器的主要技术参数有极数、额定工作电压、额定工作电流(或额定控制功率)、线圈的额定电压、线圈的起动功率和吸持功率、额定通断能力、允许操作频率、机械寿命和电寿命、使用类别等。

交流接触器的极数指交流接触器主触头个数。极数有两极、三极和四极接触器。用于三相异步电动机的起停控制时一般选用三极接触器。

交流接触器的额定工作电压指主触头之间的正常工作电压，即主触头所在电路的电源电压。交流接触器额定工作电压有127V、220V、380V、500V、660V等。

交流接触器的额定工作电流指主触头正常工作的电流值。交流接触器的额定工作电流有10A、20A、40A、60A、100A、150A、400A、600A等。

交流接触器的线圈额定电压指电磁线圈正常工作的电压值。交流线圈有127V、220V、380V。

交流接触器的机械寿命为接触器在空载情况下能够正常工作的操作次数。交流接触器的电寿命为接触器有载操作次数。

2. 交流接触器的工作原理

交流接触器的工作原理是当吸引线圈两端加上额定电压时，动、静铁心间产生大于反作用弹簧弹力的电磁吸力，动、静铁心吸合，带动动铁心上的触头动作，即常闭触头断开，常开触头闭合；当吸引线圈端电压消失后，电磁吸力消失，触头在反弹力作用下恢复常态。

3. 交流接触器的选择

交流接触器的选择主要考虑主触头的额定电压、额定电流、辅助触头的数量与种类、吸引线圈的电压等级、操作频率等。

交流接触器的额定电压应等于或大于负载的额定电压。

交流接触器的额定电流应不小于负载电路的额定电流。也可根据所控制的电动机最大功率进行选择。如果交流接触器是用在控制电动机的频繁起动、正反转或反接制动等场合，应将交流接触器的主触头额定电流降低使用，一般可降低一个等级（即选额定电流较大的接触器）。

辅助触头的数量与种类应满足主电路和控制电路的需要。

在选择交流接触器的吸引线圈的额定电压时，如果控制电路比较简单，所用接触器的数量较少，则一般直接选用380V或220V。如果控制电路比较复杂，使用的电器又比较多，为了安全起见，可选低一些，但需要增加一台控制变压器。

交流接触器是电力拖动中最主要的控制电器之一。在设计它的触头时已考虑到接通负荷时的起动电流问题，因此，选用交流接触器时主要应根据负荷的额定电流来确定。如一台Y112M－4三相异步电动机，额定功率4kW，额定电流为8.8A，选用主触头额定电流为10A的交流接触器即可。除电流之外，还应满足交流接触器的额定电压不小于主电路额定电压。

图5-8是交流接触器的图形和文字符号。

图5-8　交流接触器的图形和文字符号

5.1.5　继电器

继电器是一种根据输入信号的变化来接通或断开电路，以实现对电路的控制和保护作用的自动控制电器。继电器一般不直接控制主电路，而实现控制逻辑。继电器的种类很多，根据动作原理可分为电磁式、感应式、电动式、电子式、机械式和热继电器；根据用途可分为控制继电器和保护继电器；根据反映的不同信号可分为电压继电器、电流继电器、中间继电器、时间继电器、速度继电器、温度继电器和压力继电器等。

1. 电磁式继电器

电磁式继电器是用较小电流控制较大电流的一种自动开关，它广泛应用于电力拖动系统中，起控制、放大、联锁、保护与调节作用，以实现控制过程的自动化。

电磁式继电器一般由电磁系统、触头系统、调节系统等组成。

电磁系统包括衔铁、铁心、轭铁、线圈等，是反映继电器输入量的结构系统。

触头系统包括动、静触头及其附件。触头一般为桥式触头，有常开和常闭两种形式，没有灭弧装置。触头系统是反映输出量的结构系统。

电磁式继电器中设有反作用弹簧，在继电器断电释放时使得触头复位。一般设有能改变反作用弹簧松紧程度的调节装置和能改变衔铁释放时初始状态磁路气隙大小的调节装置，如调节螺母和非磁性垫片等。

当电磁式继电器的线圈通电以后，铁心被磁化产生足够大的电磁力，吸动衔铁并带动簧片，使动触头和静触头闭合或分开；当线圈断电后，电磁力消失，衔铁依靠弹簧的反作用力返回原来的位置，动触头和静触头又恢复到原来闭合或分开的状态。应用时只要把需要控制的电路接到触头上，就可利用继电器达到控制的目的。

（1）电流继电器　电流继电器的线圈串接于电路中，根据线圈电流的大小而动作。这种继电器的线圈导线粗、匝数少、线圈阻抗小。电流继电器的图形和文字符号如图5-9所示。

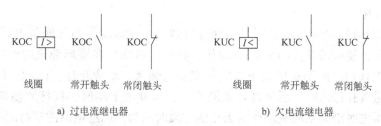

a) 过电流继电器　　　　　　　　b) 欠电流继电器

图5-9　电流继电器的图形和文字符号

（2）电压继电器　电压继电器线圈匝数多、导线细，工作时并联在回路中，根据线圈两端电压的大小来接通或断开电路。电压继电器的图形和文字符号如图5-10所示。

a) 过电压继电器　　　　　　　　b) 欠电压继电器

图5-10　电压继电器的图形和文字符号

（3）中间继电器　中间继电器通常用来传递信号和同时控制多个电路，也可用来直接控制小容量电动机或其他电气执行元件。中间继电器的结构和工作原理与交流接触器基本相同，与交流接触器的主要区别是触头数目多，且触头容量小，只允许通过小电流。在选用中间继电器时，主要是考虑电压等级和触头数目。中间继电器的图形和文字符号如图5-11所示。

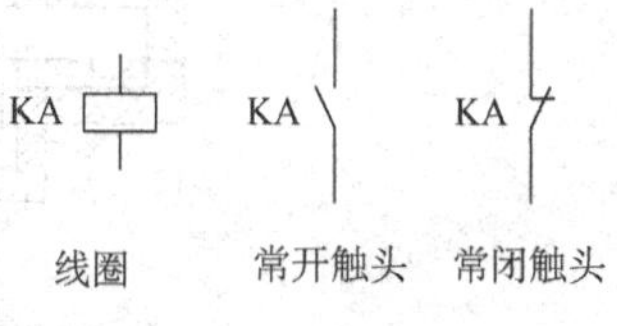

图5-11　中间继电器的图形和文字符号

2. 时间继电器

时间继电器用来按照所需的时间间隔，接通或断开被控制的电路，以协调和控制生产机械的各种动作，因此是按整定时间长短进行动作的控制电器。

时间继电器种类很多，按构成原理分：电磁式、电动式、空气阻尼式、电子式和数字式等。按延时方式分：通电延时型、断电延时型。

（1）直流电磁式时间继电器　这种继电器铁心上增加了一个阻尼铜（铝）套。由电磁感应定律可知在继电器通断电过程中铜套内将感生涡流，它将阻碍穿过铜（铝）套的磁通变化，因而对原吸合磁通起了阻尼作用。

当继电器吸合时，由于衔铁开始时处于释放位置，气隙大、磁阻大、磁通小、铜（铝）

套的阻尼作用相对也小，因此铁心闭合时的延时不显著。相反当继电器断电时，铜（铝）套的阻尼作用大，因此这种继电器仅用作断电延时。相应的触头也只有常开触头延时打开、常闭触头延时闭合两种。这种延时继电器的延时较短，而且准确度较低，一般只用于要求不高的场合，如电动机的延时起动。

（2）空气阻尼式时间继电器　空气阻尼式时间继电器又称气囊式时间继电器，如图5-12所示。它的延时范围宽，用作断电延时时，可以使常开触头延时断开、常闭触头延时闭合。用作通电延时时，可以使常开触头延时闭合、常闭触头延时断开。上述各种触头广泛地应用在交流控制电路中。

下面说明图5-12a所示通电延时型时间继电器的工作原理。当线圈得电后，吸引衔铁，同时使推板上移，使微动开关（16）瞬时动作。此时，活塞杆在塔形弹簧的作用下，带动活塞及橡皮膜向上移动，由于橡皮膜下方空气室空气稀薄，形成负压，因此，活塞杆上升缓慢，当空气由进气孔进入时，活塞杆才逐渐上移，移到最上端时，杠杆才使微动开关（15）动作。由线圈得电时刻起到触头动作时为止的这段时间为时间继电器的延时时间。延时时间的长短可以通过调节螺栓调节进气孔的空隙来加以调整。当线圈失电时，活塞在复位弹簧的作用下迅速复位，这时空气室内的空气可由出气孔及时排出。

将电磁机构翻转180°安装后，可得到图5-12b所示的断电延时型时间继电器。其工作原理与通电延时型相似，微动开关（15）是在吸引线圈断电后延时动作的。而在线圈通电时，微动开关（15、16）是瞬时动作的。

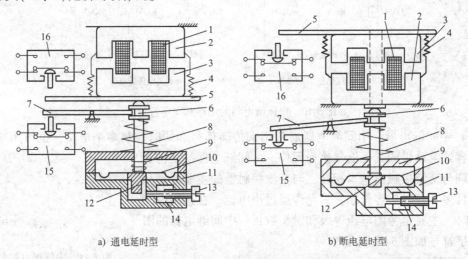

a) 通电延时型　　　　　　　b) 断电延时型

图5-12　空气阻尼式时间继电器的工作原理图
1—线圈　2—铁心　3—衔铁　4—复位弹簧　5—推板　6—活塞杆　7—杠杆
8—塔形弹簧　9—弱弹簧　10—橡皮膜　11—空气室壁　12—活塞
13—调节螺栓　14—进气孔　15，16—微动开关

空气阻尼式时间继电器的触头系统共有延时闭合常开、延时闭合常闭、延时断开常闭、延时断开常开、常开瞬动、常闭瞬动六种。不同型号的时间继电器具有不同的延时触头。

（3）电子式时间继电器　随着电子技术的发展，出现了电子式时间继电器。这类继电器机械结构简单、延时范围宽、经久耐用，正在日益得到广泛应用。

常用的时间继电器有JS14A系列、JS20系列电子式时间继电器、JS14P系列数字式时间继电器等。它具有体积小、重量轻、延时精度高、寿命长、工作稳定可靠、安装维修方便、触头输出容量大和产品规格全等优点，可广泛应用于电力拖动、自动顺序控制以及各种生产过程的自动控制中，起时间控制作用。

图5-13为时间继电器图形及文字符号。

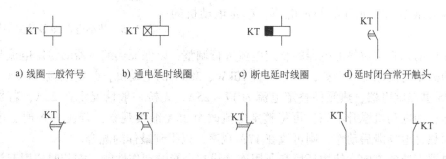

a) 线圈一般符号　　b) 通电延时线圈　　c) 断电延时线圈　　d) 延时闭合常开触头

e) 延时断开常闭触头　f) 延时断开常开触头　g) 延时闭合常闭触头　h) 瞬时常开触头　i) 瞬时常闭触头

图5-13　时间继电器图形及文字符号

3. 热继电器

电动机工作时，正常的温升是允许的，但是如果电动机在过载情况下工作，就会过度发热造成绝缘材料迅速老化，使电动机寿命大大缩短。为了防止上述情况产生，常采用热继电器作电动机的过载保护。

热继电器是利用电流的热效应来推动动作机构使触头系统闭合或分断的保护电器。主要用于电动机的过载保护、断相保护、电流不平衡运行的保护及其他电气设备发热状态的控制。

热继电器有多种形式，其中常用的有如下几种。

1）双金属片式：利用双金属片受热弯曲去推动杠杆使触头动作。图5-14为双金属片式热继电器结构原理图。它主要由热元件、双金属片和触头及动作机构等部分组成。双金属片中下层金属膨胀系数大，上层的膨胀系数小。热元件与双金属片串联在主电路中，而动、静触头接于控制电路中。当主电路中电流超过容许值而使双金属片受热时，双金属片的自由端便向上弯曲，并推动导板向右移动，导板又推动温度补偿片与推杆，使动、静触头分断。控制电路断开便使接触器的线圈断电，从而断开电动机的主电路。

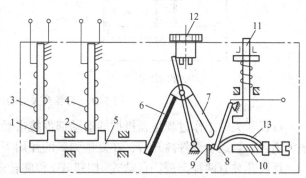

图5-14　双金属片式热继电器结构原理图
1、2—主双金属片　3、4—热元件　5—导板　6—温度补偿片
7—推杆　8—动触头　9—静触头　10—螺钉
11—复位按钮　12—凸轮　13—弓簧

2）热敏电阻式：利用电阻值随温度变化而变化的特性制成的热继电器。

3）易熔合金式：利用过载电流发热使易熔合金达到某一温度值时，合金熔化而使继电器动作。

热继电器图形及文字符号如图5-15所示。

热继电器在选用时应按电动机的具体工作情况确定。对于长期稳定工作的电动机可按电动机的额定电流选用热继电器。即

$$I_{eR} \geq I_{ed}$$

式中，I_{eR} 是热继电器热元件的额定电流，I_{ed} 是电动机的额定电流。

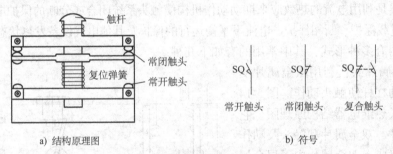

热元件　　常开触头　　常闭触头

图 5-15　热继电器图形及文字符号

投入使用前，必须对热继电器的整定电流进行调整，以保证热继电器的整定电流与被保护电动机的额定电流匹配。例如，对于一台 10kW、380V 的电动机，额定电流 19.9A，可使用 JR20-25 型热继电器，热元件整定电流为 17~25A，先按一般情况定在 21A，若发现经常提前动作，而电动机温升不高，可将整定电流改至 25A 继续观察；若在 21A 时，电动机温升高，而热继电器滞后动作，则可改在 17A 观察，以得到最佳的配合。

热继电器安装的方向、使用环境和所用连接线都会影响动作性能，安装时应引起注意。

5.1.6　行程开关

行程开关也称为位置开关，主要是利用生产设备上某些运动部件的机械位移而碰撞行程开关，使其触头动作，将机械信号变为电信号，接通或关断某些控制电路，以实现对机械运动的电气控制。若将行程开关安装于生产机械行程的终点处，用以限制其行程，则称为限位开关。行程开关的结构与符号如图 5-16 所示。

触杆

常闭触头

复位弹簧

常开触头

SQ　　SQ　　SQ

常开触头　　常闭触头　　复合触头

a) 结构原理图　　　　　　　　　　　b) 符号

图 5-16　行程开关的结构与符号

行程开关的工作过程是当机械的运动部件撞击触杆时，触杆下移使常闭触头断开，常开触头闭合；当运动部件离开后，在复位弹簧的作用下，触杆回到原来的位置，各触头恢复常态。行程开关有两种类型：直动式(按钮式)和旋转式。其结构基本相同，由操作头、传动系统、触头系统和外壳组成，主要区别在传动系统。

5.2　常用基本电气控制电路

机床的电气控制电路各不相同，但都是由一些比较简单的基本环节按需要组合而成的。下面介绍几种典型的基本环节。

5.2.1　点动控制电路

所谓点动，即按下按钮时接触器线圈得电，松开按钮时接触器线圈失电。图 5-17 是基本的点动控制电路。

点动控制电路动作原理为：按住按钮 SB→接触器 KM 线圈得电，电路被接通；松开按钮 SB→接触器 KM 线圈失电，电路被断开。

点动控制电路是用按钮和接触器组成的最简单的控制电路。点动控制电动机多用于车床刀架、横梁、立柱等快速移动和机床对刀等场合。

5.2.2 自锁控制电路

所谓自锁控制，即松开起动按钮后接触器能够自己保持通电的控制。这种电路是在点动控制电路中增加了一个常闭按钮，在常开起动按钮的两端并联接触器的一对辅助常开触头。

图 5-18 是基本的自锁控制电路。

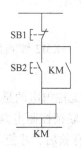

图 5-17　点动控制电路　　　　图 5-18　自锁控制电路

电路接通时，自锁控制电路的动作原理如下：

按下 SB2──KM 线圈得电──→KM 主触头闭合──→接触器得电并自锁。
　　　　　　　　　　　　└→KM 辅助常开触头闭合

松开 SB2，其常开触头恢复分断后，因为接触器 KM 的辅助常开触头闭合使控制电路仍保持接通状态，所以接触器 KM 继续通电。电路的自锁控制功能是由与起动按钮并联的接触器辅助常开触头完成的，故该触头称为自锁触头。

电路断开时，自锁控制电路的动作原理如下：

按下 SB1──KM 线圈失电──→KM 主触头分断──→解除自锁。
　　　　　　　　　　　　└→KM 辅助常开触头分断

松开 SB1，其常闭触头恢复闭合后，因为接触器 KM 的自锁触头在切断控制电路时已经分断，接触器 KM 仍不能通电。要使线圈重新得电，只有进行第二次起动。

自锁控制电路还可以实现失电压保护。实现失电压(或欠电压)保护的是接触器 KM 本身，当电源暂时断电或电压严重下降时，接触器 KM 线圈的电磁吸力不足，衔铁自行释放，使主、辅触头自行复位，线圈失电，同时解除自锁。

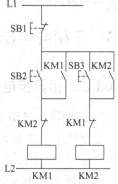

5.2.3 联锁控制电路

所谓联锁控制，即两接触器相互制约，保证不会同时通电的控制。

1. 接触器联锁控制电路

如图 5-19 所示，把接触器 KM1 的辅助常闭触头串联在接触　图 5-19　联锁控制电路

KM2 线圈的电路中，把接触器 KM2 的辅助常闭触头串联在接触器 KM1 线圈的电路中。KM1、KM2 的这两个常闭辅助触头在电路中所起的作用称为联锁或互锁，这类触头称为联锁触点或互锁触点。

联锁控制电路动作原理如下。

KM1 得电控制：

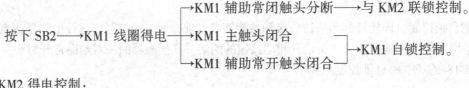

KM2 得电控制：

按下 SB3 ——→ KM2 线圈得电
→ KM2 辅助常闭触头分断 ——→ 与 KM1 联锁控制。
→ KM2 主触头闭合
→ KM2 辅助常开触头闭合 ——→ KM2 自锁控制。

按下 SB1，无论得电的是 KM1 还是 KM2，线圈都失电。

这种接触器联锁控制电路的缺点是操作不方便，要改变得电线圈，必须先按停止按钮 SB1，待接触器释放后，才能起动另一接触器。

2. 双重联锁控制电路

如图 5-20 所示，将起动按钮 SB2、SB3 换用复合按钮，用复合按钮的常闭触头来断开另一个接触器线圈的通电回路。当按下 SB2（或 SB3）时，首先是按钮的常闭触头断开使 KM2（或 KM1）线圈断电释放，然后是按钮的常开触头闭合使 KM1（或 KM2）线圈通电吸合。

显然这种控制电路，既操作方便，又安全可靠，在生产机械的电气控制电路中得到广泛应用。

需指出采用复合按钮也起到联锁作用，但只用按钮联锁而不用接触器常闭触点进行联锁是不可靠的。因为当接触器主触头被强烈的电弧"烧焊"在一起或者接触器机构失灵使衔铁卡死在吸合状态时，如果另一接触器动作，就会造成电源短路事故。若用接触器常闭触头联锁，则只要一个接触器处在吸合状态位置时，其常闭触头必然将另一个接触器线圈电路切断，故能避免电源短路事故的发生。

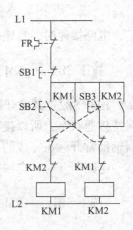

图 5-20 双重联锁控制电路

5.3 三相异步电动机的控制电路

5.3.1 三相异步电动机的起动控制电路

1. 三相异步电动机的直接起动控制电路

通常规定：电源容量在 180kV·A 以上，电动机容量在 7kW 以下的三相异步电动机可采用直接起动。图 5-21 为接触器控制电动机直接起动的主电路和控制电路。

电动机直接起动的控制电路有多种方式，图 5-21a 所示为点动控制直接起动电路；图5-21b 为自锁控制直接起动电路；图 5-21c 和图 5-21d 分别为由手动开关控制和复合按钮控

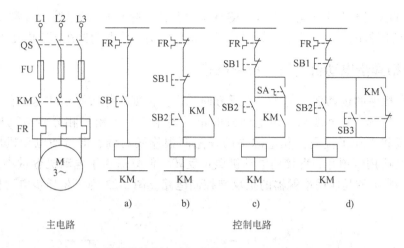

主电路   控制电路

a)   b)   c)   d)

图 5-21　接触器控制电动机直接起动的主电路和控制电路

制实现的既可点动，又可自锁的直接起动控制电路。电路均可实现短路和过载保护。起短路保护的是串联在主电路中的熔断器 FU。一旦电路发生短路故障，熔体立即熔断，电动机停转。起过载保护的是热继电器 FR。当过载时，热继电器的热元件发热，将其常闭触头断开，使接触器 KM 线圈断电，串联在电动机回路中的 KM 的主触头断开，电动机停转。同时 KM 辅助触头也断开，解除自锁。故障排除后若要重新起动，需按下 FR 的复位按钮，使 FR 的常闭触头复位(闭合)。

2. 三相异步电动机的丫-△减压起动控制电路

三相笼型异步电动机减压起动的方法有多种，例如：丫-△减压起动；定子绕组串电阻 (电抗)起动；延边三角形减压起动；自耦变压器减压起动等。减压起动的实质是，起动时减小加在电动机定子绕组上的电压，以减小起动电流；而起动后再将电压恢复到额定值，电动机进入正常工作状态。

星形-三角形(丫-△)减压起动是指电动机起动时，把定子绕组接成星形，以降低起动电压，减小起动电流；待电动机起动后，再把定子绕组改接成三角形，使电动机全压运行。丫-△起动只能用于正常运行时为△联结的电动机。

图 5-22 所示为有三个接触器换接的三相异步电动机星形-三角形减压起动的主电路和控制电路。起动时，按下 SB2，接触器 KM1、KM3 线圈得电，KM1、KM3 主触头把定子绕组连接成星形，电动机减压起动。同时通电延时时间继电器 KT 线圈得电，待电动机转速稳定达到额

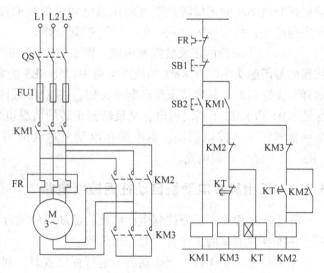

图 5-22　三相异步电动机的丫-△
减压起动的主电路和控制电路

定值时，KT 的延时断开常闭触头断开，KM3 失电复位，同时 KT 的延时闭合常开触头闭合，接触器 KM2 线圈得电，电动机定子绕组接成三角形联结，使电动机在额定电压下正常运行。

5.3.2 三相异步电动机的运行控制电路

很多生产机械的运动部件都要求正反方向工作。例如工作台要求往返运动、铣床的主轴要求正反旋转等，这些要求可由电动机的正反转来实现。由三相异步电动机的工作原理可知，只要将电动机接到三相电源中的任意两根连线对调，即可使电动机反转。简单的控制电路是应用倒顺开关直接使电动机做正反转，但只适用于电动机容量小、正反转不频繁的场合。常见的是应用接触器的正反转控制电路。图 5-23 为三相异步电动机的正反转控制电路。

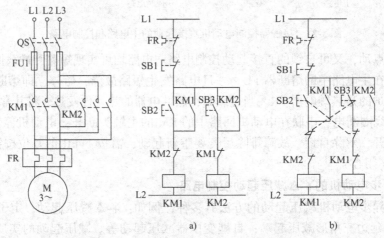

图 5-23 三相异步电动机的正反转控制电路

（1）接触器联锁的正反转控制 图 5-23a 所示的控制电路中，由两个接触器 KM1、KM2 联锁控制电动机的正反转。该电路在做电动机的换向操作时，必须先按停止按钮 SB1 才能反方向起动，故常称为"正—停—反"控制电路。

（2）双重联锁的正反转控制电路 图 5-23b 所示的控制电路中，采用复合按钮，将 SB2 按钮的常闭触头串联在 KM2 的线圈电路中；将 SB3 的常闭触头串联在 KM1 的线圈电路中；这样，无论何时，只要按下反转起动按钮，在 KM2 线圈通电之前就首先使 KM1 断电，从而保证 KM1 和 KM2 不同时通电；从反转到正转的情况也是一样。这种由机械按钮实现的联锁也叫机械联锁或按钮联锁。本电路在电动机运转时可按反转起动按钮直接换向，常称为"正—反—停"控制电路。

5.3.3 三相异步电动机自动往返控制电路

在生产过程中经常要控制生产机械的运动部件的行程，并使其在一定范围内自动往返循环，例如导轨磨床的工作台、龙门刨床等。

电动机拖动工作台，当运动到一定行程位置时，利用挡块按压行程开关的操作部分（代替人按按钮）可实现自动的往返正反转。如图 5-24 所示，在工作台上装有四个行程开关：SQ1、SQ2 和 SQ3、SQ4 分别为工作台右行、左行限位和极限位开关，SB1 为电动机停止按钮，SB2 与 SB3 分别为电动机正转与反转起动按钮。往返行程可通过移动挡块在工作台上的位置来调节。

按下正转起动按钮 SB2，接触器 KM1 线圈通电并自锁，电动机正转，工作台右移。当运行到 SQ1 位置时，挡块压下 SQ1，接触器 KM1 断电释放，KM2 通电吸合，电动机反向起动运行，使工作台左移。工作台运行到 SQ2 位置时，挡块压下 SQ2，KM2 断电释放，KM1 通电吸合，电动机又正向起动运行，工作台又向右移，如此一直循环下去，直到需要停止时按下 SB1，KM1 和 KM2 线圈同时断电释放，电动机脱离电源停止转动。

在控制电路中串接的 SQ3、SQ4 的常闭触头，起超限急停作用。

本控制电路由于工作台往返一次，电动机要进行两次反接制动和起动，将

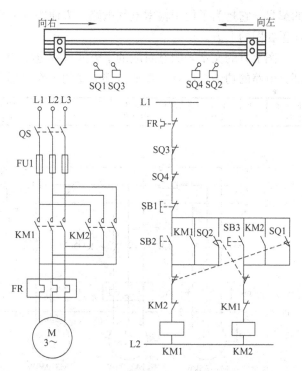

图 5-24 三相异步电动机的自动往返控制电路

出现较大的制动电流和机械冲击，因此只适用于往返运动周期较长且电动机轴有足够强度的传动系统中。

5.4 电气原理图的阅读

电气控制系统中各电器元件及其连接线路，可以用一定的图形表示出来，这就是电气控制系统图。电气控制系统图包括电气原理图、电气元件布置图和电气安装接线图等。

5.4.1 图形符号和文字符号

在电气图中，电气元件和器件是以图形符号和文字符号形式出现。图形符号和文字符号是根据国家标准规定用来表示电气设备、装置和元件的符号。一个电气系统或一种电气装置总是由各种元器件组成的，多数情况下，同一个电气图上有两个以上作用不同的同一类型电器，为了区别他们，通常在图形符号旁标注不同的文字以区别其名称、功能、状态、特征及安装位置等。

5.4.2 电气原理图的组成

电气原理图分主电路和辅助电路两部分。主电路是电气控制电路中大电流通过的部分。辅助电路是电气控制电路中除主电路以外的电路，其流过的电流比较小，辅助电路包括控制电路、照明电路、信号电路和保护电路。

图 5-25 所示为 CA6140 型车床的电气控制电路图，图下方的 1、2、3……等数字是图区

的编号，它是为了便于检索电气电路，方便阅读分析，从而避免遗漏设置的。图区编号也可设置在图的上方。

图上方的文字表明它对应的下方元件或电路的功能，使读者能清楚地知道某个元件或某部分电路的功能，以利于理解全部电路的工作原理。

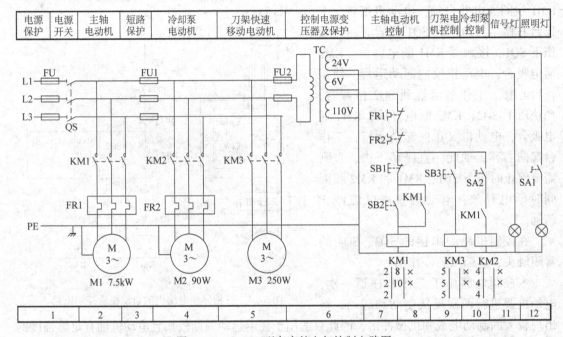

图 5-25　CA6140 型车床的电气控制电路图

5.4.3　电气原理图的绘制

电气原理图中元器件的布局，应根据便于阅读的原则安排。主电路安排在图面左侧，辅助电路安排在图面右侧。无论主电路还是辅助电路，均按功能布置，尽可能按动作顺序从左到右排列。

电气原理图中，当同一器件的不同部件(如线圈、触头)分散在不同位置时，为了表示是同一器件，要在器件的不同部件处标注统一的文字符号。对于同类器件，要在其文字符号后加数字序号来区别，如两个接触器，可用 KM1、KM2 文字符号区别。

电气原理图中，对于继电器、接触器的触头，按其线圈不通电时的状态画出，控制器按手柄处于零位时的状态画出；对于按钮、行程开关等触头按未受外力作用时的状态画出。

电气原理图中，应尽量减少线条和避免线条交叉。各导线之间有电联系时，在导线交点处画实心圆点。根据图面布置需要，可以将图形符号旋转绘制，一般逆时针方向旋转90°，但文字符号不可倒置。

5.4.4　识读电气原理图

识读电气原理图一般先看标题栏，了解电气原理图的名称及标题栏中的有关内容，对电气原理图有个初步认识。然后看主电路，了解主电路控制的电动机有几台，各具有什么功能，如何与机械配合。最后看控制电路，了解用什么方法来控制电动机，与主电路如何配合，属哪一种典型电路。

5.5 实验

5.5.1 三相异步电动机的起动控制

1. 实验目的

1）了解并掌握异步电动机的点动及自锁两种控制电路。

2）掌握异步电动机的直接起动控制电路的工作原理及接线方法。

3）掌握异步电动机的Y-△减压起动控制电路的工作原理及接线方法。

4）了解上述电路的故障分析及故障排除方法。

2. 实验设备（见表5-1）

表5-1 实验设备

序 号	型 号	名 称	数 量	备 注
1	220V	三相交流电源		
2	DJ24	三相异步电动机 M	1	
3	CJ10 – 10	交流接触器 KM	3	D61 – 2
4		按钮 SB	3	D61 – 2
5	D9305d	热继电器 FR	1	D61 – 2
6	JS7 – 1A	时间继电器 KT	1	D61 – 2
7	0 ~ 500V	交流电压表	1	
8		连接导线	40 根	
9		万用表	1	

3. 实验电路

图 5-26 为几种三相异步电动机直接起动控制电路。

图 5-27 为三相异步电动机Y-△减压起动控制电路。

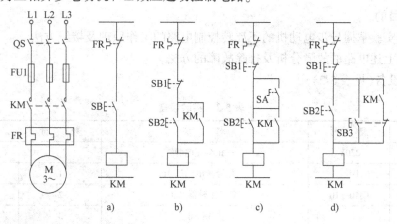

图 5-26 几种三相异步电动机直接起动的控制电路

4. 实验方法

1）使用万用表检查各元器件的质量情况，了解其使用方法。

2）按图 5-26 正确连接电路。按先主电路，后控制电路顺序接线。

3）控制电路按图 5-26a 接线，操作点动按钮，观察电动机运行状态。

4）按图 5-26b 改接控制电路。

5）操作起动、停止按钮，观察电动机运行状态。

6）按图 5-26c 及图 5-26d 改接控制电路并观察电动机运行。

7）观察上述不同接线方式时电动机运行状态的区别。

8）按图 5-27 接电路。

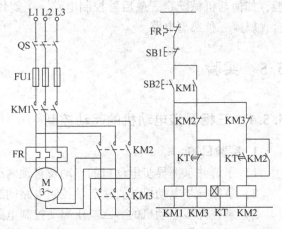

图 5-27　三相异步电动机丫-△减压起动控制电路

9）操作起动、停止按钮，观察电动机的起动及运行状态。

10）调节时间继电器的延时，观察时间继电器的动作时间对电动机起动过程的影响。

5. 实验注意事项

1）实验中接好电路并请指导教师检查无误后方可通电操作。

2）实验中若出现不正常现象时，应立即断开电源，然后分析原因。

6. 思考题

1）三相异步电动机直接起动的条件是什么？

2）什么情况下，何种三相异步电动机可采用丫-△减压起动？

3）丫-△减压控制电路中的一对互锁触头有何作用？若取消这对触头对丫-△减压起动有何影响。

5.5.2　三相异步电动机的正反转控制

1. 实验目的

1）通过实验掌握异步电动机的正反转控制电路的工作原理及接线方法。

2）熟悉上述电路的故障分析及排除故障的方法。

2. 实验设备（见表 5-2）

表 5-2　实验设备

序　号	型　号	名　称	数　量	备　注
1	220V	三相交流电源		
2	DJ24	三相异步电动机 M	1	
3	CJ10 – 10	交流接触器 KM	2	D61 – 2
4		按钮 SB	3	D61 – 2

（续）

序　号	型　号	名　称	数　量	备　注
5	D9305d	热继电器 FR	1	D61-2
6	0~500V	交流电压表	1	
7		连接导线	40 根	
8		万用表	1	

3. 实验电路

图 5-28 为三相异步电动机正反转控制电路。

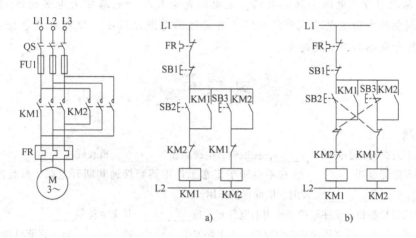

图 5-28　三相异步电动机的正反转控制电路

4. 实验方法

1）使用万用表检查各元器件的质量情况，了解其使用方法。

2）按图 5-28a 正确连接电路。按先主电路，后控制电路的顺序接线。

3）操作起动和停止按钮，观察电动机单方向起停情况。

4）按图 5-28b 改接控制电路。

5）操作起动按钮，待电动机正常运转后，直接按下反方向起动按钮，使电动机反方向运转。

6）观察电动机运转状态的变化过程，分析原因。

5. 思考题

1）在控制电路中，短路、过载、失电压保护是如何实现的？在实际运行过程中，这几种保护有何意义？

2）在实验中为什么必须保证两个接触器不能同时工作？采用哪些措施可解决此问题，这些方法有何利弊，最佳方案是什么？

本 章 小 结

1. 低压电器是指在交流1200V以下或直流1500V以下的电路中起通断、保护、控制或调节等作用的电气设备。它可分为低压配电电器和低压控制电器两大类。低压配电电器主要有刀开关、转换开关、熔断器和低压断路器等。低压控制电器主要有接触器、继电器等。

2. 几种典型的基本控制电路有：点动控制电路、自锁控制电路和联锁控制电路。这些基本控制电路是构成机床电气控制电路的基础。

3. 为确保电力控制系统中电动机、各种电器及控制电路的正常运行，控制电路设有必要的联锁和保护环节，以保障人员和设备的安全。

4. 电气原理图分主电路和辅助电路：主电路是电气控制电路中大电流通过的部分。辅助电路是控制电路中除主电路以外的电路，其流过的电流比较小，辅助电路包括控制电路、照明电路、信号电路和保护电路等。

习 题 5

1. 填空题

（1）安装刀开关时，手柄要_____，接线时，电源线在_____，负载线在_____。

（2）低压断路器也叫_____，它不但用于正常工作不频繁接通和断开电路，而且当电路发生_____、_____或_____故障时，能起保护作用。

（3）实现位置控制和自动往返控制所用的电气元件是_____，其文字符号_____。

（4）熔断器_____联在所保护的电路中，当电路发生_____或_____时，它能自动熔断，从而切断电路。

（5）按住按钮电动机就运转，松开按钮电动机就停转，这样的控制电路称为_____。

（6）当正转交流接触器的常闭辅助触头_____联接在反转接触器线圈电路中，而反转交流接触器的常闭辅助触头_____联接在正转接触器线圈电路中时，两个接触器相互制约，这一作用称为_____。

2. 判断题

（1）热继电器在电路中只能作过载保护，不能作短路保护。 （　　）

（2）按下复合按钮时，常闭触头先闭合，常开触头再断开。 （　　）

（3）低压断路器不具备失电压保护的功能。 （　　）

（4）按钮可以接在控制电路中，也可以接在主电路中。 （　　）

（5）交流接触器的自锁触头与起动按钮相并联。 （　　）

（6）若时间继电器的线圈通电时触头经延时然后闭合，线圈断电时触头立即断开，则该触头称为延时闭合的常闭触头。 （　　）

（7）热继电器是利用电流的热效应原理工作的。 （　　）

3. 问答题

（1）试分析图5-29中各控制电路能否实现正常起动。并指出各控制电路存在的问题，并加以改正。

（2）电器控制电路常用的保护环节有哪些？各采用什么元器件？

（3）常开触头串联或并联，在电路中起什么样的控制作用？常闭触头串联或并联起什么控制作用？

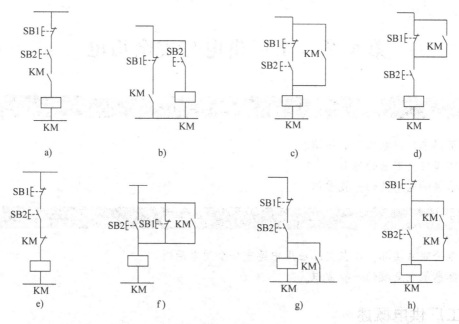

图 5-29　习题 3（1）图

4. 设计题

（1）画出带有热继电器过载保护的三相异步电动机起动、停止控制电路，包括主电路。

（2）某机床主轴由一台笼型电动机拖动。润滑油泵由另一台笼型电动机拖动。均采用直接起动，工艺要求为：①主轴必须在油泵起动后，才能起动；②主轴正常为正向运转，但为调试方便，要求能反向点动；③主轴停止后，才允许油泵停止；④有短路、过载及失电压保护。试设计主电路及控制电路。

（3）某水泵由笼型电动机拖动。采用减压起动，要求在三处都能控制起停。试设计主电路与控制电路。

（4）设计一小车运行的控制电路，小车由异步电动机拖动，其动作过程如下：①小车由原位开始前进，到终端后自动停止。②在终端停留 2min 后自动返回原位停止。③要求能在前进或后退过程中的任意位置都能停止或起动。

第6章 工厂供电与安全用电

1）了解工厂供电的基本知识。
2）掌握安全用电的原则。
3）掌握触电急救的一般常识。

1）理论联系实际，能在实际应用中遵守安全用电原则。
2）熟悉触电急救的一般常识。

6.1 工厂供电概述

6.1.1 工厂供电的基本要求

工厂供电是指工厂所需电能的供应和分配，也称工厂配电。

众所周知，电能是现代工业生产的主要能源和动力，应用极为广泛。电能在工业生产中的重要性，并不在于它在产品成本中或投资总额中所占比重多少，而是在于工业生产实现电气化后，可以大大增加产量，提高产品质量，提高劳动生产率，降低生产成本，减轻工人的劳动强度，改善工人的劳动条件，有利于实现生产过程自动化。另外，如果工厂供电突然中断，可能使工业生产造成重大的损失。

为了更好地为工业生产服务，切实保证工业生产和生活用电的需要，做好节能和环保工作，工厂供电就必须达到以下基本要求：

（1）安全 在电能的供应分配和使用中，要注意保护环境，防止发生人身和设备事故。

（2）可靠 应满足电能用户对供电的可靠性即连续供电的要求。

（3）优质 应满足电能用户对电压和频率的质量要求。

（4）经济 供电系统投资要少，运行费用要低，并尽可能地节约电能和有色金属消耗量。

此外，在供电工作中，应合理地处理局部和全部、当前和长远的关系，既要照顾局部和当前利益，又要顾全大局，适应发展的要求。

6.1.2 工厂供电系统的组成

1. 中型工厂供电系统

一般中型工厂的电源进线电压是 6～10kV。电能先经高压配电所集中，再由高压配电线路将电能分送到各车间变电所，或由高压配电线路直接供给高压用电设备。车间变电所内装设有配电变压器，将 6～10kV 的高压降为一般低压用电设备所需的电压，然后由低压配电线路将电能分送给低压用电设备使用。图 6-1 是一个比较典型的中型工厂供电系统简图。

2. 大型工厂供电系统

对于大型工厂及某些电源进线电压为 35kV 及以上的中型工厂，一般经两次降压，也就是电源进厂以后，先经总降压变电所，其中装有较大容量的电力变压器，将 35kV 及以上的电源电压降为 6～10kV 的配电电压，然后通过高压配电线将电能送到各个车间变电所，也有的中间经高压配电所再送到车间变电所，最后由车间变电所经配电变压器降为一般低压用电设备所需的电压。其简图如图 6-2 所示。

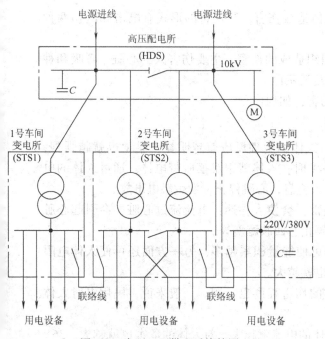

图 6-1 中型工厂供电系统简图

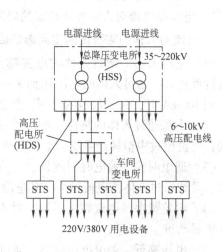

图 6-2 具有总降压变电所的
工厂供电系统简图

3. 小型工厂供电系统

对于小型工厂，由于其容量一般不大于 1000kV·A，因此通常只设一个降压变电所，将 6～10kV 降为低压用电设备所需的电压，如图 6-3 所示。如果工厂所需容量不大于 160kV·A，一般采用低压电源进线，直接由公共低压电网供电，工厂只需设一个低压配电间即可，如图 6-4 所示。

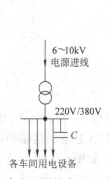

图 6-3 装有一台变压器的小型工厂供电系统简图

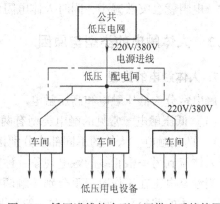

图 6-4 低压进线的小型工厂供电系统简图

6.2 安全用电常识

6.2.1 电流对人体的伤害

1. 触电及其伤害形式

所谓触电是指电流流过人体时，会对人体造成伤害。其伤害的形式有电击和电伤两种类型。

1）电击指电流通过人体内部，对内部组织造成的伤害。主要伤害人的心脏、呼吸和神经系统（如使人出现窒息、心颤、心跳骤停乃至死亡）。

2）电伤指电流对人体外部造成的局部伤害，如灼伤。

2. 电流对人体伤害程度的主要影响因素

（1）电流大小　通过人体的电流越大，人体的生理反应就越明显，感觉也就越强烈，危险性就越大。通过人体的电流达到 8～10mA 时，人体就很难摆脱带电体；通过人体的电流达到 100mA 时，只要很短的时间，就会使人窒息，心跳停止，发生触电事故。

（2）电流通过人体的路径　电流流过头部，会使人昏迷；电流流过心脏，会引起心脏颤动；电流流过中枢神经系统，会引起呼吸停止、四肢瘫痪等。

（3）通电时间　通电时间越长，一方面可使能量积累越多，另一方面还可使人体电阻下降，导致通过人体的电流增大，其危险性也就越大。

（4）电流频率　电流频率不同，对人体的伤害程度也不同。一般来说，民用电对人体的伤害最严重。

（5）电压高低　触电电压越高，通过人体的电流就越大，对人体的危害也就越大。36V 及以下电压称为安全电压，在一般情况下对人体无伤害。

（6）人体状况　电流对人体的危害程度与人体状况有关，即与性别、年龄、健康状况等因素有很大的关系。通常，女性较男性对电流的刺激更为敏感，感知电流和摆脱电流的能力要低于男性。此外，人体健康状态也是影响触电时受到伤害程度的因素。

（7）人体电阻　人体对电流有一定的阻碍作用，这种阻碍作用表现为人体电阻，而人体电阻主要来自于皮肤表层。起皱和干燥的皮肤电阻很大，皮肤潮湿或接触点的皮肤遭到破坏时，电阻就会突然减小，同时人体电阻将随着接触电压的升高而迅速下降。

6.2.2 人体触电的类型与原因

1. 人体触电的类型

触电常分为低压触电和高压触电。

（1）低压触电　常见的触电类型有两相触电和单相触电。

1）两相触电。人体的不同部位分别接触到同一电源的两根不同的相线，电流由一根相线经人体流到另一根相线的触电现象，称为两相触电，也称双线触电。这是最危险的触电方式，当维修电工在工作时双手分别接触两根电线会造成触电，如图6-5所示（箭头所示为电流流过人体的路径），所以电工在一般情况下不允许带电作业。

2）单相触电。人体的某一部位碰到相线或绝缘性能不好的电器设备外壳时，电流由相线经人体流入大地的触电现象，称为单相触电。这是最常见的触电方式，如人站在地上手接触绝缘破损的家用电器造成触电，如图 6-6 所示（箭头所示为电流流过人体的路径）。

图 6-5　两相触电

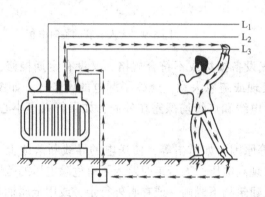

图 6-6　单相触电

（2）高压触电　高压触电比低压触电危险得多，常见的类型有高压电弧触电和跨步电压触电。

1）高压电弧触电。人体靠近高压线，因空气弧光放电造成的触电。

2）跨步电压触电。人走进高压线掉落处，前后两脚电压超过 36V 造成的触电，如图 6-7 所示。一般在 20m 之外，跨步电压就降为零。如果误入接地点附近，应双脚并拢或单脚跳出危险区。

2. 人体触电的原因

（1）电工违规操作　如电气线路、设备安装不符合安装安全规程，人碰到导线或由跨步电压造成触电；在维护检修时，不严格遵守电工操作规程，麻痹大意，造成事故；现场临时

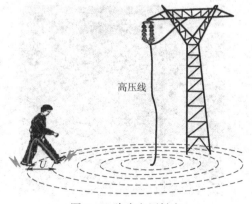

图 6-7　跨步电压触电

用电管理不善等。如图6-8所示为电线盒中的电线头裸露在外面，如果带电，这样的线头外露就非常可能造成触电事故。

（2）用电人员安全意识淡薄　如由于用电人员缺乏用电知识或在工作中不注意，不遵守有关安全规程，直接触碰上了裸露在外面的导电体；在高压线下违章施工或在高压线下施工时不遵守操作规程，使金属构件等接触高压线路而造成触电；操作漏电的机器设备或使用漏电电动工具等。如图6-9所示为一只没有柜门的临时电柜上正插着一台电焊机，里面的插座全部裸露在外，现场也没专人看管，这样也容易发生触电事故。

图6-8　电线盒中裸露的电线头

图6-9　无人看管的临时电柜

（3）电气设备绝缘受损　如由于电气设备损坏或不符合规格，又没有定期检修，以致绝缘老化、破损而漏电，人员没有及时发现或疏忽大意，触碰了漏电的设备等。如图6-10所示为路边的灯箱，外箱已经破烂不堪，电线和灯管均裸露在外面，如果行人不小心碰到，很可能发生触电事故，后果不堪设想。

（4）其他原因　如由于外力的破坏等原因，如雷击等，使送电的导线断落地上，导线周围将有大量的扩散电流向大地流入，出现高电压，人行走时跨入了有危险电压的范围，造成跨步电压触电；雷雨时，在树下或高大建筑物下躲雨，或在野外行走，或用金属柄伞，则容易遭受雷击，引起电损伤；在电线上晒衣服或大风把电线吹断形成跨步电压等。如图6-11所示，居民小区的箱式变压配电站和变压器之间有一道狭窄的空间，电力部门为安全起见用铁护栏将其围住，但有的居民对上面标注的"有电危险，请勿靠近"的警示语视而不见，有人翻越护栏在检修梯下晾晒衣物，如果发生触电事故，后果将不堪设想。

图6-10　路边破损的灯箱

图6-11　变压器边晾晒的衣服

6.2.3　触电的现场处理

触电处理的基本原则是动作迅速、救护得法、不惊慌失措、束手无策。当发现有人触电时，必须使触电者迅速脱离电源，然后根据触电者的具体情况，进行相应的现场急救。

1. 使触电者脱离电源

1）迅速拉开闸刀或拔去电源插头，如图6-12所示。

2）用不导电物体如干燥木棒、竹竿等将电线从触电者身上挑开，如图6-13所示。

图6-12　迅速拉开闸刀或拔去电源插头　　　　图6-13　用绝缘棒将电线从触电者身上挑开

3）用手头的刀、斧、钳等带绝缘柄的工具，将电线砍断或夹断，如图6-14所示。

4）如果触电现场远离开关或不具备关断电源的条件，救护者可站在干燥木板上，用一只手抓住触电者衣服将其拉离电源，如图6-15所示。

图6-14　用带绝缘柄的工具砍断或夹断电线　　　　图6-15　救护者站在干燥木板上急救

2. 现场诊断

当触电者脱离电源后，除及时拨打"120"联系医疗部门外，还应进行必要的现场诊断和抢救。对触电者进行现场诊断的方法如图6-16所示。

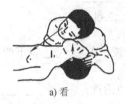
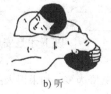

a) 看　　　　　　　b) 听　　　　　　　c) 摸

图6-16　触电现场诊断方法

3. 现场急救

触电的现场急救方法有口对口人工呼吸抢救法和人工胸外挤压抢救法。

（1）口对口人工呼吸抢救法　若触电者呼吸停止，但心脏还有跳动，应立即采用口对口人工呼吸抢救法，如图6-17所示。

a) 消除口腔杂物　　b) 鼻子朝天头后仰　　c) 深呼吸后紧贴嘴吹气　　d) 放松换气

图6-17　口对口人工呼吸抢救法

（2）人工胸外挤压抢救法　若触电者虽有呼吸但心脏停止跳动，应立即采用人工胸外挤压抢救法，如图6-18所示。

a) 找准位置　　b) 挤压姿势　　c) 向下挤压　　d) 迅速放松

图6-18　人工胸外挤压抢救法

本 章 小 结

1. 工厂供电是指工厂所需电能的供应和分配，也称工厂配电。工厂供电应达到：安全、可靠、优质和经济的基本要求。

2. 人体触电常分为低压触电和高压触电。常见的低压触电类型有两相触电和单相触电。高压触电比低压触电危险得多，常见的类型有高压电弧触电和跨步电压触电。

3. 触电的现场急救方法有口对口人工呼吸抢救法和人工胸外挤压抢救法。

习 题 6

1. 填空题

（1）工厂供电是指工厂所需电能的_____和_____，也称_____。

（2）工厂供电应达到的基本要求是_____、_____、_____和_____。

（3）人体触电分为_____触电和_____触电。

（4）一般认为通过人体的电流值在_____以下才是安全电流，在_____以下的电压称为安全电压。

（5）一般在_____之外，跨步电压就降为零。如果误入接地点附近，应双脚_____或_____跳出危险区。

（6）常见的低压触电可分为_____触电和_____触电。

（7）触电的现场急救方法有_____和_____。

2. 判断题

(1) 因为人体电阻为800Ω，所以36V工频电压能绝对保证人身安全。　　　　　　（　　）

(2) 只要人体不接触带电体，就不会触电。　　　　　　　　　　　　　　　（　　）

(3) 一旦触电者心脏停止跳动，即表示死亡。　　　　　　　　　　　　　　（　　）

3. 选择题

(1) 为保证机床操作者的安全，机床照明灯的电压应选择_____。

A. 380V　　　　　　B. 220V　　　　　　C. 110V　　　　　　D. 36V 以下

(2) 常见的触电方式中，危害最大的是_____。

A. 两相触电　　　　B. 单相触电　　　　C. 接触触电　　　　D. 跨步电压触电

(3) 人体触电伤害的首要因素是_____。

A. 电压　　　　　　B. 电流　　　　　　C. 功率　　　　　　D. 电阻

第7章　半导体二极管

1) 掌握 PN 结的单向导电性。
2) 熟悉二极管的基本结构、工作原理、特性曲线及主要参数。

能力目标

1) 具有利用万用表对二极管的质量及极性进行简单判断的能力。
2) 对于包含二极管的电路具有独立分析和计算的能力。

7.1　半导体的基本知识

自然界中的物质，按其导电能力可分成导体、半导体和绝缘体三大类。金、银、铜、铁、铝等金属材料是导体，其电阻率为 $10^{-6} \sim 10^{-4} \Omega \cdot cm$；塑料、陶瓷、橡胶等材料是绝缘体，其电阻率为 $10^{10} \sim 10^{12} \Omega \cdot cm$，导电能力很弱；还有一些物质如硅、锗及有些化合物等，它们的导电能力介于导体和绝缘体之间，称为半导体，其电阻率为 $10^{-3} \sim 10^{9} \Omega \cdot cm$。现代电子产品中用得最多的半导体材料是硅(Si)和锗(Ge)。

7.1.1　半导体的导电特性

科学家们通过实验研究发现，半导体材料具有一些独特的导电特性。

1. 热敏特性

所谓热敏特性是指半导体的电阻率随温度升高而显著减小的特性，即随着温度升高其导电能力大大加强。温度对半导体材料的导电性能影响很大，例如纯锗，当温度从20℃升高到30℃时，其电阻率约降低一半，也就是导电能力增加一倍。硅在200℃时的导电能力要比室温时增强几百甚至几千倍。利用半导体的热敏特性，可以制造自动控制中常用的热敏电阻及其他热敏元器件用于检测温度的变化。当然，这种特性对半导体器件的其他工作性能也有许多不利的影响，在应用中必须加以克服。

2. 光敏特性

有的半导体材料在无光照时电阻率很高，而一旦受到光线照射后电阻率显著下降。例如硫化镉材料在一般灯光照射下，它的电阻率是无灯光照射时电阻率的几十分之一或几百分之一。利用这种特性可以制成光敏元器件，如光敏电阻、光敏二极管等，从而实现对路灯、航标灯的自动控制或制成火灾报警装置、光控开关等。

3. 掺杂特性

在纯净的半导体材料中掺入某种微量的元素(如硼和磷等)后，其导电能力将猛增几万倍甚至百万倍。这是半导体最显著、最突出的特性。例如在纯硅中掺入 $1/10^6$ 的硼，即可使

其电阻率从 $0.214 \times 10^6 \Omega \cdot cm$ 下降到 $0.4\Omega \cdot cm$，其导电能力增强10^6倍。掺入的微量元素称为"杂质"。利用掺杂的方法，能制造出各种不同性能、不同用途的半导体器件。

7.1.2 本征半导体

常用的半导体材料有硅(Si)和锗(Ge)以及化合物砷化镓(GaAs)、碳化硅(SiC)和磷化铟(InP)等，其中以硅(Si)和锗(Ge)最为常用。所谓本征半导体，就是纯净的、不含"杂质"的，而且具有完整晶体结构的半导体。例如纯净的硅(Si)和纯净的锗(Ge)就是本征半导体材料。

1. 本征半导体的结构模型

硅和锗都是四价元素，即最外层轨道上的电子都是4个。当它们形成晶体时，其原子排列就由杂乱无章的状态变成非常整齐的状态，每个原子最外层的四个价电子，不仅受自身原子核的束缚，而且还与相邻的四个原子发生联系。每两个相邻的原子都有一对共有的价电子，形成共价键，共价键结构使原子最外层的电子数达到八个，满足了稳定条件。图7-1所示为硅单晶体的共价键结构。

在绝对零度时，如果没有外界激发，硅原子的所有价电子都被共价键束缚，不会形成自由电子，此时本征半导体中没有可以自由运动的带电粒子，因此不会形成传导电流，如同绝缘体一样。

2. 本征激发

由于半导体材料中的价电子受共价键的束缚力较小，在一定的温度下或在一定强度光的照射下，少数价电子可以获得足够的能量而挣脱共价键的束缚，成为自由电子，这种物理现象称为本征激发，如图7-2所示。温度越高，晶体中产生的自由电子便越多。

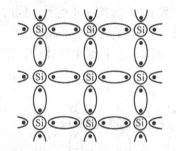

图7-1 硅单晶体的共价键结构

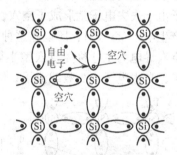

图7-2 本征激发

在价电子挣脱共价键的束缚成为自由电子后，共价键中就留下一个空位，称为空穴。在一般情况下，原子是中性的，价电子挣脱共价键的束缚成为自由电子的同时形成了一个空穴，故可以认为空穴带正电。有空穴的原子可以吸引相邻原子中的价电子填补这个空穴，同时在这个相邻原子中出现另一个空穴，如此继续下去，就如同一个空穴在运动。即空穴和自由电子一样，是可以通过定向移动参与导电的带电粒子，称为载流子。

自由电子和空穴总是成对出现的，称为电子-空穴对。同时自由电子在运动的过程中由于失去能量可能被具有空穴的原子俘获，使电子-空穴对消失，这种现象称为复合。也就是说在晶体内部这种电子-空穴对在不断地产生又在不断地复合，在一定的外界条件下将达到动态平衡。晶体内部电子-空穴对的数量取决于外界条件，外界温度越高、光照越强，电子-空穴对的数量就越多，导电能力就越强。

当在半导体两端加上外电场时，半导体中的自由电子和空穴都将定向移动，在晶体内部将出现两种类型的电流：一是自由电子定向运动所形成的电子电流；一是空穴定向运动所形成的空穴电流。所以在半导体中，不仅有电子载流子，还有空穴载流子，这是半导体导电的一个重要特征，也是半导体和金属导体在导电机理上的本质区别。在常温下，本征半导体中虽然存在着自由电子、空穴两种载流子，但数目很少，因此导电性能很差。

7.1.3　杂质半导体

在本征半导体中有控制、有选择地掺入微量的有用杂质，就能制成具有特定导电性能的杂质半导体，下面就来讨论两种常用的杂质半导体。

1. N 型半导体

在本征半导体硅(或锗)中掺入微量的五价元素，例如磷(P)，由于掺入的数量极少，所以本征半导体的晶体结构不会改变，只是晶体结构中某些位置上的硅原子被磷原子取代。当这些磷原子与相邻的四个硅原子组成共价键时，将多余一个电子，如图 7-3 所示。这个电子受到的束缚力很小，更容易脱离原子核的束缚而成为自由电子，使自由电子数目显著增加。同时本征激发仍然会形成电子-空穴对，所以在这种半导体中自由电子的数量远大于空穴的数量。这种半导体以自由电子导电为主，称为电子型半导体，简称 N 型半导体。在 N 型半导体中，自由电子为多数载流子，空穴为少数载流子。

2. P 型半导体

在本征半导体中掺入微量的三价元素，例如硼(B)，由于掺入的数量极少，所以不会改变硅的晶体结构，只是晶体结构中某些位置上的硅原子被硼原子取代。当这些原子与相邻的四个硅原子组成共价键时，将少一个电子，为了达到最稳定状态就要夺取相邻原子的电子，相邻原子由于失去电子就形成了空穴，使空穴的数目显著增加，如图 7-4 所示。同时本征激发也要产生电子-空穴对，所以在这种半导体中空穴的数量远大于自由电子的数量。这种半导体以空穴导电为主，称为空穴型半导体，简称 P 型半导体。在 P 型半导体中，空穴为多数载流子，自由电子为少数载流子。

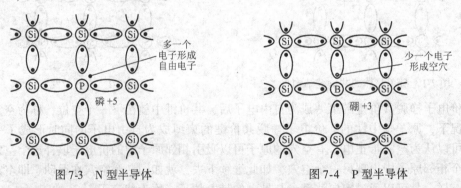

图 7-3　N 型半导体　　　　图 7-4　P 型半导体

无论是 N 型半导体还是 P 型半导体，都是呈现电中性的。半导体中多数载流子的浓度取决于掺入杂质的多少，少数载流子的浓度与温度有密切的关系。

7.1.4　PN 结的形成和特性

P 型或 N 型半导体的导电能力虽然比本征半导体大大增强，但仅用其中一种材料并不能直接制成半导体器件。通常是在一块晶片上，采取一定的掺杂工艺措施，在两边分别形成 P 型半导体和 N 型半导体，在两者的交界处就形成一种特殊的薄层，这种薄层就称为 PN 结。PN 结是现代半导体工业和电子技术的基础，半导体二极管、半导体三极管、晶闸管、集成电路等各种半导体器件都是基于 PN 结制成的。

1. PN 结的形成

在一块完整的本征硅(或锗)片上，两边分别形成 P 型和 N 型半导体。由于 P 区和 N 区之间存在着载流子浓度的显著差异，即 P 区空穴多、自由电子少，N 区自由电子多、空穴少，于是在交界面处发生多数载流子的扩散运动，如图 7-5 所示。扩散的结果使交界面附近的 P 区出现一层不能移动的带负电荷的离子区，N 区出现一层不能移动的带正电荷的离子区。于是，在交界面附近形成一个空间电荷区，这个空间电荷区就是 PN 结，如图 7-6 所示。

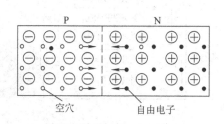

图 7-5 载流子的扩散运动

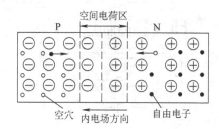

图 7-6 PN 结的形成

正负电荷在交界面两侧形成一个内电场，方向由 N 区指向 P 区。内电场对多数载流子的扩散运动起阻挡作用，但对少数载流子(P 区的自由电子和 N 区的空穴)来说，则推动它们越过 PN 结，进入对方。这种少数载流子在内电场作用下有规则的运动称为漂移运动。

扩散运动和漂移运动是互相联系，又是互相矛盾的。开始时扩散运动占优势，随着扩散运动的进行，内电场逐步加强。内电场的加强使扩散运动逐步减弱，漂移运动逐渐加强，最后，扩散运动和漂移运动达到动态平衡，这时，空间电荷区的宽度基本上稳定下来。

2. PN 结的单向导电性

PN 结具有什么特性呢？如果在电源和灯泡所组成的电路中，接入一个 PN 结，如图7-7a 所示，电源正极与 P 型半导体连接，灯泡亮，说明通过 PN 结的电流较大。如果调换电源极性，如图 7-7b 所示，电源负极与 P 型半导体连接，此时灯泡不亮，说明通过 PN 结的电流很小或没有电流通过 PN 结。这说明 PN 结具有单向导电的特性。PN 结之所以具有这样的特性，是由它的内部结构所决定的。

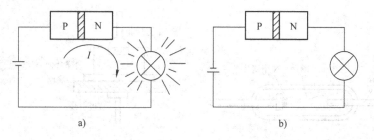

a)   b)

图 7-7 PN 结的单向导电性

当给 PN 结加正向电压(正向偏置),即外电源的正极接 P 区,负极接 N 区,如图 7-8 所示,这时外加电场与内电场方向相反,使 PN 结变窄因而削弱了内电场,这将有利于扩散运动的进行,从而使多数载流子顺利通过 PN 结,形成较大的正向电流。这时在 PN 结中有大量的载流子运动,所以 PN 结呈低电阻状态。

如果给 PN 结加反向电压,即外电源的正极接 N 区,负极接 P 区如图 7-9 所示。外加电场和内电场方向相同,结果使 PN 结变宽,内电场增强,多数载流子的扩散运动更难以进行,但加强了少数载流子的漂移运动。由于少数载流子数量很少,所以仅能形成很小的反向电流,PN 结呈高电阻状态。应当注意,反向电流不受外加电压的影响,但温度对其影响很大。

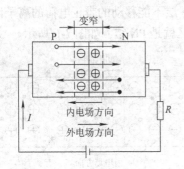
图 7-8　PN 结正向偏置

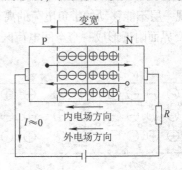
图 7-9　PN 结反向偏置

由以上分析可知,PN 结正向偏置时,有较大的正向电流流过,这种情况称为"导通";反向偏置时,通过的反向电流很小(工程上常常略去),这种情况称为"截止"。PN 结所具有的这种特性称为单向导电性。

7.2　二极管

7.2.1　二极管的结构

二极管是由 PN 结加上相应的电极引线和管壳做成的。P 区引出的电极称为正极(阳极),N 区引出的电极称为负极(阴极)。

二极管按结构可分为点接触型二极管和面接触型二极管两种。点接触型二极管的结构如图 7-10a 所示。它的特点是 PN 结的面积非常小,因此不能通过较大电流,但高频性能好,

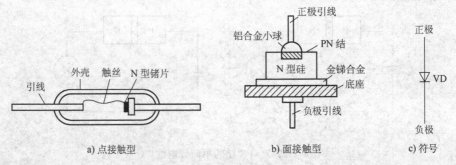
图 7-10　二极管的结构和符号

适用于高频和小功率工作，一般用于检波或脉冲电路。面接触型二极管的结构如图 7-10b 所示，它的主要特点是 PN 结的结面积很大，故可通过较大的电流，但工作频率较低，一般用作整流。二极管的符号如图 7-10c 所示。

7.2.2 二极管的伏安特性

二极管既然是由 PN 结做成的，那么它一定具有单向导电性。二极管的伏安特性是指其两端的电压与流过它的电流之间的关系曲线，可以用实验来测定，如图 7-11 所示。伏安特性包括正向特性和反向特性两部分。

1. 正向特性

当外加正向电压很小时，正向电流很小，几乎为零，这一段称为死区。当正向电压超过一定数值后，电流增长很快。这个数值的电压称为死区电压，其大小与管子的材料及环境温度有关。一般硅管的死区电压约为 0.5V，锗管约为 0.2V。二极管正向导通后，电流上升很快，但管压降变化很小，硅管的正向压降约为 0.6 ~ 0.8V（通常取 0.7V），锗管约为 0.2 ~ 0.3V（通常取 0.3V）。

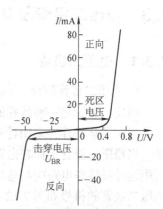

图 7-11 二极管的伏安特性

2. 反向特性

在给二极管加反向电压时，由少数载流子的漂移运动形成很小的反向电流。随着反向电压的增大，反向电流基本不变，且数值很小，称为反向饱和电流。小功率硅管的反向电流一般小于 0.1μA，锗管反向电流比硅管大，受温度影响较明显。当反向电压增加到一定数值时，反向电流将急剧增加，使二极管失去单向导电性，这种现象称为反向击穿，使用时应以避免。

综上所述，二极管的伏安特性是非线性的，二极管是一种非线性器件。在实际工程估算中，若二极管的正向压降比外加电压小很多时（一般按 10 倍来衡量），常可忽略不计，并将此时的二极管称为理想二极管。

7.2.3 二极管的主要参数

二极管的特性除用伏安特性曲线表示外，还可以用一些数据来说明，这些数据就是二极管的参数，在工程上必须根据二极管的参数，合理地选择和使用管子，才能充分发挥每个管子的作用。

1. 最大整流电流 I_{FM}

最大整流电流是指二极管长期工作，允许通过的最大正向平均电流。若超过此值，二极管会因过热而损坏。一般点接触型二极管的最大整流电流在几十毫安以下；面接触型二极管的最大整流电流可达数百安培以上，有的甚至可达几千安培以上。

2. 最高反向电压 U_{RM}

最高反向电压是保证二极管不被击穿而给出的最高反向工作电压，通常是反向击穿电压的一半或三分之二，以保证二极管在使用中不致因反向过电压而损坏。点接触型二极管的最大反向电压一般为数十伏以下，面接触型二极管的最大反向电压一般可达数百伏。

3. 最大反向电流 I_{RM}

最大反向电流是指给二极管加最大反向电压时的反向电流值。反向电流大，说明管子的单向导电性能差，并且受温度的影响大。硅管的反向电流一般在几个微安以下；锗管的反向电流较大，为硅管的几十到几百倍。

在选用二极管时，要根据管子的参数去选择，既要使管子能得到充分利用，又要保证管子能够安全工作。此外还要注意通过较大电流的二极管一般都需要加散热器，散热器的面积必须符合要求，否则也会损坏二极管。

7.3 稳压二极管及其稳压电路

7.3.1 稳压二极管

1. 稳压二极管简介

稳压二极管是一种特殊的二极管，特殊之处在于它工作在反向击穿状态下。它利用 PN 结的反向击穿特性，采用特殊的工艺方法制造，使其在规定的反向电流范围内可以重复击穿。当稳压二极管工作在击穿状态时微小的端电压变化就会引起通过其中电流的急剧变化，利用这种特性在电路中与适当的电阻配合就能起到稳定电压的作用，故称其为稳压二极管。稳压二极管的符号如图 7-12 所示。

2. 稳压二极管的伏安特性

稳压二极管的伏安特性与普通二极管基本相似，其主要区别是稳压二极管的反向特性曲线比普通二极管更陡，如图 7-13 所示。

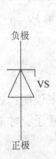

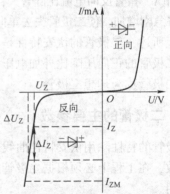

图 7-12 稳压二极管的符号　　　　　　图 7-13 稳压二极管的伏安特性

从反向特性曲线上可以看出，当反向电压比较小时，反向电压在一定范围内变化，反向电流很小且基本不变；当反向电压增高到击穿电压时，反向电流突然剧增，稳压二极管反向击穿。此后，电流虽然在很大范围内变化，但稳压二极管两端的电压变化很小。利用这一特性，稳压二极管在电路中能起稳压作用。但使用时要注意，由"击穿"转化为"稳压"的决定条件是外电路中必须有限制电流的措施，使稳压二极管不会因过热而损坏。

3. 稳压二极管的主要参数

（1）稳定电压 U_Z　稳定电压就是稳压二极管在正常工作时管子两端的电压。手册中所列的都是在一定条件(工作电流、温度)下的数值,对于同一型号的稳压二极管来说,其稳压值也有一定的离散性,例如:2CW19 的稳定电压为 11.5 ~ 14V,如果把一只 2CW19 稳压二极管接到电路中,它可能稳压在 12V;如再换一只相同型号的稳压二极管,则可能稳压在 13V。

(2) 稳定电流 I_Z　稳定电流是指稳压二极管在正常工作情况下的电流。

(3) 最大稳定电流 I_{ZM}　最大稳定电流是稳压二极管允许通过的最大反向电流。稳压二极管工作时的电流应小于这个电流,若超过这个值管子会因电流过大造成热击穿而损坏。

(4) 动态电阻 r_Z　动态电阻是指稳压二极管在正常工作时,其电压的变化量与相应电流变化量的比值,即

$$r_Z = \frac{\Delta U_Z}{\Delta I_Z}$$

如果稳压二极管的反向伏安特性曲线越陡,则动态电阻 r_Z 就越小,稳压性能也就越好。

(5) 最大允许耗散功率 P_{ZM}　管子不会发生热击穿而损坏的最大功率损耗,它等于最大稳定电流与相应稳定电压的乘积。

7.3.2　稳压二极管稳压电路

1. 稳压电路的工作原理

稳压二极管稳压电路如图 7-14 所示,由稳压二极管 VS 和限流电阻 R 组成,稳压二极管在电路中应为反向连接,它与负载电阻 R_L 并联后,再与限流电阻串联。下面简单分析电路的工作原理。

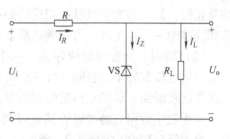

图 7-14　稳压二极管稳压电路

(1) 负载电阻 R_L 不变、输入电压 U_i 波动时当负载电阻不变,输入电压 U_i 增大时,必将引起输出电压 $U_o(U_Z)$ 的增加。由稳压二极管的伏安特性可知,当 U_Z 稍有增加时,稳压二极管的电流 I_Z 就会显著增加,结果使通过限流电阻 R 的电流 I_R 增大,导致 R 上的压降增加,从而使增大了的负载电压 U_o 的数值有所减小。同理,如果 U_i 减小时,负载电压 U_o 也减小,因此 I_Z 显著减小,使 I_R 减小,导致 R 上的压降也减小,使 U_o 的数值近似不变。

(2) 输入电压 U_i 不变、负载电阻 R_L 变化时　假设输入电压 U_i 保持不变,负载电阻 R_L 变小,U_o 因而下降。只要下降一点,稳压二极管的电流 I_Z 显著减小,通过限流电阻 R 的电流 I_R 和电阻上的压降 U_R 就减小,使已经降低的负载电压 U_o 回升而基本保持不变。当负载电阻增大时,稳压过程相反,读者可自行分析。

由以上分析可知,稳压电路是由稳压二极管 VS 的电流调节作用和限流电阻 R 的电压调节作用互相配合实现稳压的。

2. 稳压电路元器件的选择

根据负载的要求组成稳压电路时,主要是选择稳压二极管 VS 和限流电阻 R。

稳压二极管 VS 的选择主要从电路的输出电压值和负载电流的大小两方面进行考虑:稳压二极管的稳定电压等于电路的输出电压;稳压管的稳定电流应是电路负载电流的 2 ~ 3 倍。满足这两个条件,再根据电路要求的稳压精度来选择稳压二极管。

限流电阻 R 在电路中起到保护稳压二极管和调整电压的作用,选择时要从它的阻值和

额定功率两方面来考虑。

在输出电压不需调节，负载电流比较小的情况下，硅稳压二极管稳压电路的效果较好。但是这种稳压电路还存在两个缺点：首先，输出电压不可调，电压的稳定度也不够高；其次，受稳压二极管最大稳定电流的限制，负载取用电流不能太大。为了克服稳压二极管稳压电路的缺点，可采用串联型晶体管稳压电路。目前主要使用的是三端集成稳压器。

7.4 实验：常用半导体器件的识别

使用指针式万用表的欧姆档可以对二极管进行简单判别。测试时要注意，红表笔接在万用表内电池负端(表笔插孔标" + "号)，而黑表笔接在正端(表笔插孔标" − "号)。

二极管管脚极性、质量的判别如下：

二极管由一个 PN 结组成，具有单向导电性，其正向电阻小(一般为几百欧)而反向电阻大(一般为几十千欧至几百千欧)，利用此特点可进行判别。

(1) 管脚极性判别　将万用表置 $R \times 100$(或 $R \times 1k$)的欧姆档，用万用表的两个表笔分别连接二极管的两只管脚。如果测出的电阻较小(约几百欧)，则与万用表黑表笔相接的一端是正极，另一端就是负极；相反，如果测出的电阻较大(约百千欧)，那么与万用表黑表笔相连接的一端是负极，另一端就是正极。

(2) 判别二极管质量的好坏　一个二极管的正、反向电阻差别越大，其性能就越好。如果双向电值都较小，说明二极管质量差，不能使用；如果双向阻值都为无穷大，则说明该二极管已经断路；如果双向阻值均为零，说明二极管已被击穿。

利用数字万用表的二极管档也可判别正、负极，此时红表笔(插在"V·Ω"插孔)带正电，黑表笔(插在"COM"插孔)带负电。用两支表笔分别接触二极管两个电极，若显示值在1V 以下，说明管子处于正向导通状态，红表笔接的是正极，黑表笔接的是负极。若显示溢出符号 "1"，表明管子处于反向截止状态，黑表笔接的是正极，红表笔接的是负极。

本 章 小 结

1. 半导体的导电性受外界条件(特别是温度和光照)的影响，利用这些特点可以制造许多元器件，但是也给半导体器件工作的稳定带来影响。

2. 二极管(PN 结)具有单向导电性，加正向电压时导通，可以通过很大的电流，加反向电压时截止，仅有很小的反向电流通过。

3. 稳压二极管工作于反向击穿区，须与电阻配合起到稳定电压的作用，使用时要参考其主要参数。

习 题 7

1. 填空题

(1) 半导体的导电能力介于 ＿＿＿＿ 和 ＿＿＿＿ 之间。用得最多的半导体材料是 ＿＿＿＿和＿＿＿＿。

(2) 半导体中的两种载流子分别是_____和_____。其中，_____带正电，_____带负电。

(3) P型半导体中的多子是_____，少子是_____，主要靠_____导电。

(4) 硅二极管的正向导通压降约为_____V；锗二极管的正向导通压降约为_____V。

(5) 二极管的实质是一个_____，其正向电阻_____，反向电阻_____，具有_____性。

(6) 稳压二极管工作在_____状态，其稳压电路必须有_____以限制电流，且稳压二极管应与负载电阻_____。

2. 判断题

(1) 在N型半导体中如果掺入足够量的三价元素，可将其改型为P型半导体。　　　　　（　　）

(2) 因为N型半导体的多子是自由电子，所以它带负电。　　　　　　　　　　　　（　　）

(3) 杂质半导体中的多数载流子主要由掺杂产生，少数载流子主要由本征激发产生。（　　）

(4) 二极管加正向电压时，其正向电流是由多数载流子的扩散运动形成的。　　　　（　　）

3. 选择题

(1) 二极管在正向工作区，正向电流在10mA的基础上增加一倍，它两端的压降将_____。

A. 减小　　　　　　　B. 略有增加　　　　　　C. 增加一倍　　　　　　D. 无法确定

(2) 二极管的正向电压在0.6V的基础上增加10%，二极管的电流_____。

A. 基本不变　　　　　B. 增加10%　　　　　　C. 增加10%以上

(3) 二极管在反向截止时，反向电压在5V的基础上增加一倍（小于反向击穿电压），反向电流将_____。

A. 基本不变　　　　　B. 增加一倍　　　　　　C. 增加一倍以上

(4) 稳压二极管的稳压区是在_____区。

A. 正向导通　　　　　B. 反向截止　　　　　　C. 反向击穿

4. 综合题

(1) 如何用万用表判断二极管质量的好坏，确定二极管的极性？

(2) 设二极管的正向压降可不计，反向击穿电压为25V，反向电流为0.1mA。求图7-15所示的电路中电阻上流过的电流。

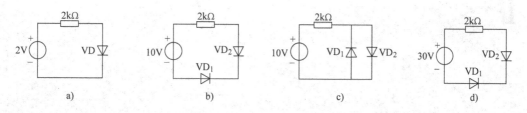

图7-15　习题4(2)图

(3) 电路如图7-16所示，已知输入信号 $u_i = 6\sin\omega t$ V，试画出输出电压的波形（设二极管为理想元件）。

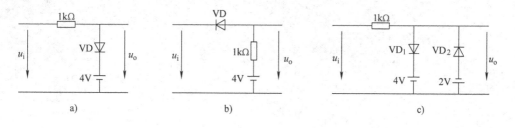

图7-16　习题4(3)图

5. 计算题

（1）求图7-17所示各电路的输出电压值，设二极管的正向压降为0.7V。

（2）一硅稳压二极管稳压电路如图7-18所示。其中未经稳压的直流输入电压 $U_i = 18V$，$R = 1k\Omega$，$R_L = 2k\Omega$，硅稳压二极管的稳定电压 $U_Z = 10V$，反向电流可忽略。

1）求 U_o、I_o、I、I_Z 的值。

2）求 R_L 降到多大时，电路的输出电压将不再稳定。

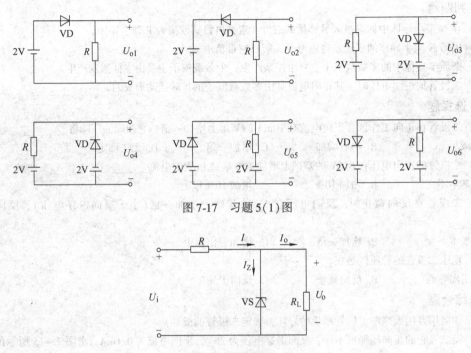

图7-17　习题5（1）图

图7-18　习题5（2）图

第 8 章　半导体三极管及基本放大电路

　　半导体三极管具有电流放大作用，其应用极为广泛。按照工作时的导电机理可分为双极型三极管和单极型三极管两大类。双极型三极管(BJT)通常简称为晶体管或晶体三极管，其内部有自由电子和空穴两种载流子参与导电；单极型三极管通常称为场效应晶体管(EET)，其内部只有一种载流子(自由电子或空穴)参与导电。

8.1　晶体管

8.1.1　晶体管的结构

　　晶体管是在一小块硅(或锗)上利用光刻、扩散等工艺制成，晶体管的结构和符号如图 8-1 所示。

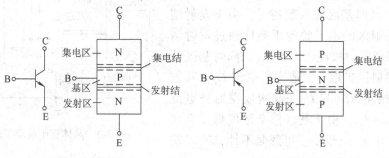

a) NPN 型晶体管　　　　　　　　　　b) PNP 型晶体管

图 8-1　晶体管的结构和符号

晶体管有三个区：集电区、基区和发射区。从三个区各引出一个电极，称为集电极（C）、基极（B）和发射极（E）。晶体管有两个 PN 结，发射区和基区间的 PN 结称为发射结，集电区和基区间的 PN 结称为集电结。这种两边是 N 型半导体中间夹着一块 P 型半导体的管子称为 NPN 型晶体管，符号如图 8-1a 所示，其中带箭头的表示发射极，箭头方向表示当发射结加正向电压时，电流流动的方向。还有一种 PNP 型晶体管，它的发射区和集电区是 P 型半导体，基区是 N 型半导体，其结构和符号如图 8-1b 所示。

晶体管制造工艺的特点是：发射区掺杂浓度高，基区很薄一般为一至几微米，且掺杂浓度低，集电结面积大。这样的特点能保证晶体管具有电流放大作用。

晶体管的种类很多，按结构分，有 NPN 型晶体管和 PNP 型晶体管；按半导体的材料分，有硅晶体管和锗晶体管；按功率大小分，有大、中、小功率晶体管；按工作频率分，有高频管和低频管；按作用分，有放大管和开关管等。

8.1.2　晶体管的电流分配与放大作用

晶体管在结构上具有了发射区掺杂浓度高、基区很薄且掺杂浓度低、集电结面积大这些特点，这只是晶体管具有电流放大作用的内部条件，要使晶体管具有电流放大作用还必须满足发射结正向偏置、集电结反向偏置的外部条件。

晶体管有三个电极，它在放大电路中有三种连接方式，即共发射极、共基极、共集电极，如图 8-2 所示。

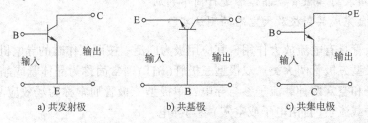

a) 共发射极　　　　　b) 共基极　　　　　c) 共集电极

图 8-2　放大电路的三种连接方式

下面以 NPN 型晶体管为例，介绍晶体管的电流放大作用，其结论对 PNP 管同样适用。

图 8-3 所示是一个共发射极放大电路的晶体管中载流子的运动，其中电源 V_{BB} 和 V_{CC} 保证了发射结正向偏置和集电结反向偏置。

1. 载流子的运动

（1）发射区向基区注入载流子　由于发射结正向偏置，发射区的电子源源不断地通过发射结到达基区，形成发射极注入电流 I_{EN}，同时基区的空穴也要向发射区扩散，形成空穴电流 I_{EP}，其方向与 I_{EN} 方向相同。I_{EN} 和 I_{EP} 一起构成发射极电流 I_E，即 $I_E = I_{EN} + I_{EP}$，由于基区掺杂浓度低，空穴数目少，空穴电流 I_{EP} 很小，可忽略不计，所以发射极电流为，$I_E \approx I_{EN}$。

（2）电子在基区扩散和复合　注入基区的载流子电子在靠近发射结一侧有所积累，在

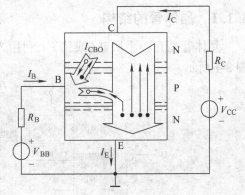

图 8-3　晶体管中载流子的运动

基区形成一定的浓度梯度，靠近发射结附近浓度最高，离发射结越远浓度越低。浓度差使电子向集电结方向继续扩散。在扩散过程中，有一部分电子与基区的空穴复合，形成基极复合电流 I_{BN}。由于基区很薄，且掺杂浓度低，电子与空穴复合的机会少，所以复合电流 I_{BN} 很小。由于基区的空穴是电源 V_{BB} 提供的，故复合电流 I_{BN} 是基极电流 I_B 的一部分。

（3）电子被集电结收集　由于集电结反向偏置，有利于电子的漂移，所以，基区扩散到集电结边缘的电子，几乎全部漂移过集电结，到达集电区，形成集电极电子电流 I_{CN}，其方向由集电极流入。另外，在反向电场作用下，集电区的少子空穴要向基区漂移，基区内的少子电子也要向集电区漂移，它们形成反向饱和电流 I_{CBO}，其方向由集电区指向基区，与集电极电子电流方向一致。I_{CN} 和 I_{CBO} 一起构成集电极电流，即 $I_C = I_{CN} + I_{CBO}$。I_{CBO} 的大小取决于少子的浓度，因而很小。I_{CBO} 受温度影响很大，容易使管子工作不稳定，制造晶体管时应设法减小 I_{CBO}。

综上所述，三个电极的电流分别为

$$I_E \approx I_{EN} = I_{CN} + I_{BN} \tag{8-1}$$

$$I_C = I_{CN} + I_{CBO} \tag{8-2}$$

$$I_B \approx I_{BN} - I_{CBO} \tag{8-3}$$

2. 晶体管的电流分配关系

（1）电流 I_E、I_C、I_B 间的关系　将式(8-2)、式(8-3)代入式(8-1)得

$$I_E = (I_C - I_{CBO}) + (I_B + I_{CBO}) = I_C + I_B$$

即

$$I_E = I_C + I_B \tag{8-4}$$

发射极电流 I_E 等于集电极电流 I_C 与基极电流 I_B 之和。若将晶体管看作一个大节点，I_E、I_C、I_B 的关系也符合基尔霍夫电流定律。

（2）集电极电流 I_C 与基极电流 I_B 的关系　上述载流子的运动过程可知，发射区注入基区的电子，绝大部分扩散到集电区，形成集电极电子电流 I_{CN}，只有很小一部分与基区的空穴复合，形成基极复合电流 I_{BN}。扩散和复合的比例，即 I_{CN} 和 I_{BN} 的比例，由晶体管内部结构所决定，管子制成后，这个比例就确定了。

通常将 I_{CN} 和 I_{BN} 的比值，称为晶体管共发射极直流电流放大系数，用 $\bar{\beta}$ 表示，即

$$\bar{\beta} = \frac{I_{CN}}{I_{BN}} \approx \frac{I_C}{I_B} \tag{8-5}$$

式(8-5)表明了晶体管内部固有的电流分配规律，即发射区每向基区注入一个复合用的载流子，就要向集电区供给 $\bar{\beta}$ 个载流子，即晶体管内若有一个单位的基极电流，就必然有 $\bar{\beta}$ 倍的集电极电流，也表示了基极电流对集电极电流的控制能力，这就是以小的 I_B 来控制大的 I_C 的过程，所以说，晶体管是一个电流控制型器件。

将式(8-5)代入式(8-4)可得

$$I_E = I_C + I_B = \bar{\beta} I_B + I_B = (1 + \bar{\beta}) I_B$$

即

$$I_E = (1 + \bar{\beta}) I_B \tag{8-6}$$

3. 晶体管的放大作用

当发射结两端电压的变化引起了发射极电流的变化时，集电极电流和基极电流也会发生变化，它们的变化量分别用 ΔI_C 和 ΔI_B 表示。ΔI_C 和 ΔI_B 的比值称为共发射极交流电流放大系数，用 β 来表示，即

$$\beta = \frac{\Delta I_C}{\Delta I_B} \qquad (8\text{-}7)$$

实际上，晶体管导通时，在 I_E 的一个相当大的范围内，$\overline{\beta}$ 基本上不变，由于 β 和 $\overline{\beta}$ 相当接近，我们对它们不再区分，视为 $\beta \approx \overline{\beta}$。

为了将电流的放大作用转化为电压的放大作用，可在集电极回路中接入了集电极的负载电阻 R_C。

由以上分析可知，共发射极电路既具有电流放大作用又具有电压放大作用，它在电子电路中得到广泛的应用。但应注意的是：晶体管放大电路具有的电流、电压放大作用，其能量都来自外加的直流电源，晶体管本身是不能产生能量的，它只是起了"以小控大"的能量控制作用。

8.1.3 晶体管的特性曲线

晶体管的极间电压和各电极电流之间的关系通常用输入和输出两组特性曲线来表示。

1. 输入特性曲线

晶体管的发射极输入特性曲线是指 U_{CE} 为一定值时，输入电流 I_B 与输入电压 U_{BE} 的关系曲线，函数表达式为

$$I_B = f(U_{BE})\big|_{U_{CE}=\text{常数}} \qquad (8\text{-}8)$$

晶体管共发射极输入特性曲线的测试电路如图 8-4 所示。当 $U_{CE} = 0V$ 时，测试电路的等效电路图如图 8-5 所示，晶体管 C、E 两极间短路，发射结和集电结均正向偏置，相当于正向接法的两个二极管并联，

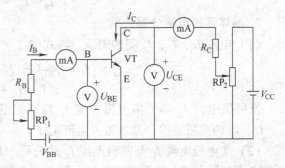

图 8-4　晶体管共发射极输入特性曲线的测试电路

这时晶体管的输入特性曲线类似于二极管的正向伏安曲线；当 U_{CE} 增加时，由于集电结收集电子的能力增强，相同 U_{BE} 下 I_B 减小，特性曲线右移；当 $U_{CE} \geqslant 1V$ 后，集电结收集载流子的能力已接近极限，所以 U_{CE} 再增加，I_B 也不再明显增加，输入曲线基本上不再右移，所以只画 $U_{CE} \geqslant 1V$ 的一条输入曲线。

晶体管共发射极输入特性曲线如图 8-6 所示。

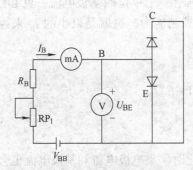

图 8-5　$U_{CE} = 0V$ 时，晶体管共发射极
输入特性测试电路的等效电路

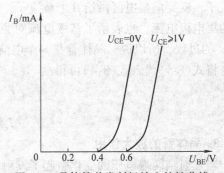

图 8-6　晶体管共发射极输入特性曲线

如图8-6所示，晶体管的输入曲线也有一段"死区"，只有在发射结的外加电压大于死区通电压后，晶体管才有电流 I_B，硅管的死区电压为0.5V（锗管为0.1V），晶体管导通后，硅管的 U_{BE} 约为 $0.6 \sim 0.7V$（一般取0.7V），锗管的 U_{BE} 为 $0.2 \sim 0.3V$（一般取0.3V）。

2. 输出特性曲线

晶体管的发射极输出特性曲线是指 I_B 为一定值时，输出电流 I_C 与输出电压 U_{CE} 的关系曲线，函数表达式为

$$I_C = f(U_{CE}) \mid_{I_B = 常数} \tag{8-9}$$

图8-7是晶体管共发射极输出特性曲线，从图中可得出，晶体管的输出曲线可以划分为三个区域（截止区、放大区、饱和区），分别对应晶体管的三种工作状态（截止状态、放大状态、饱和状态）。

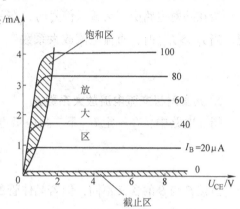

（1）截止区 一般习惯上把 $I_B = 0$ 的那条曲线以下的部分称为截止区。这个区域，晶体管发射结、集电结均反向偏置，$I_B = 0$，$I_C = I_{CEO} \approx 0$，晶体管呈截止状态。

（2）放大区 发射结正向偏置、集电结反向偏置的区域称为放大区。这个区域，I_C 的大小受 I_B 的控制，$I_C = \beta I_B$，即具有电流放大作

图8-7 晶体管共发射极输出特性曲线

用。由于在放大区特性曲线平坦、间隔均匀，所以放大区也称为线性区。NPN型晶体管处于放大状态时，三个极的电位关系是 $V_C > V_B > V_E$；PNP型晶体管处于放大状态时，三个极的电位关系是 $V_E > V_B > V_C$。

（3）饱和区 当 U_{CE} 减少到 $U_{CE} < U_{BE}$ 时，晶体管发射结、集电结均处于正向偏置，集电结内电场减弱，不利于集电区收集载流子，在 I_B 相同的条件下，I_C 减少，I_C 不再受 I_B 控制，即 $I_C \neq \beta I_B$。深度饱和下，U_{CE} 很小，小功率管通常小于0.3V。

为了便于调试和判断晶体管的工作状态，在此给出三种工作状态的条件和特点，见表8-1。

表8-1 晶体管的三种工作状态（硅NPN型晶体管）

项目	截 止 状 态	放 大 状 态	饱 和 状 态
偏置	发射结反偏 集电结反偏	发射结正偏 集电结反偏	发射结正偏 集电结正偏
特点	$U_{BE} \leqslant 0$ $U_{CE} \approx V_{CC}$ $I_C = I_{CEO} \approx 0$ $I_B = 0$	$U_{BE} = 0.6 \sim 0.7V$ $U_{CE} = V_{CC} - I_C R_C$ $I_C = \beta I_B$	$U_{BE} \geqslant 0.7 \sim 0.8V$ $U_{CES} \approx 0.3V$ $I_C = I_{CS} \approx \dfrac{V_{CC}}{R_C}$

3. 温度对晶体管特性的影响

和二极管一样，温度对晶体管特性的影响在实际使用时是不可忽视的。温度升高时，晶

体管的输入特性曲线左移，说明在 I_B 相同的条件下，U_{BE} 将减小；温度升高时，晶体管的输出曲线向上移动，是反向电流 I_{CBO} 和 I_{CEO} 随温度升高而增大的缘故；温度升高，晶体管的 β 会增大，温度每升高 $1℃$，β 值会增大 $0.5\% \sim 1\%$，在输出特性曲线上表现为各条曲线间的距离随温度升高而增大。

8.1.4 晶体管的参数

1. 共发射极直流电流放大系数 $\bar{\beta}$

指在共射电路中，无输入信号时，在一定 U_{CE} 下，晶体管的集电极电流与基极电流的比值。当 $I_C \gg I_{CEO}$ 时，直流电流放大系数

$$\bar{\beta} = \frac{I_C}{I_B}$$

2. 共发射极交流电流放大系数 β

指在电路中，在一定 U_{CE} 下，集电极电流变化量 ΔI_C 与基极电流变化量 ΔI_B 的比值，即

$$\beta = \frac{\Delta I_C}{\Delta I_B}$$

虽然 β 与 $\bar{\beta}$ 的含义不同，但若晶体管的输出特性曲线比较平坦，各条曲线间隔相等，且晶体管工作在输出特性曲线的线性区时，可认为 $\beta = \bar{\beta}$。

3. 集电极-基极反向饱和电流 I_{CBO}

指发射极断路时，集电极、基极间的反向饱和电流。

4. 集电极-发射极反向饱和电流 I_{CEO}

指基极断路时，集电极、发射极间的穿透电流，它是 I_{CBO} 的 $(1+\bar{\beta})$ 倍，即 $I_{CEO} = (1+\bar{\beta})I_{CBO}$。反向电流是少子形成的，受温度的影响比较大，选择管子时，一般希望极间反向电流尽量小些，以减小温度的影响。小功率硅管的 I_{CEO} 在几微安以下，锗管约为几十微安至几百微安。

极间反向饱和电流是衡量晶体管质量好坏的重要参数，其值越小，受温度影响越小，管子工作越稳定。所以硅管比锗管稳定性好。

5. 集电极最大允许功耗 P_{CM}

这个参数决定于管子的温升，使用时不能超过，而且要注意散热条件。硅管最高允许温度为 $150℃$，锗管最高允许温度只能达到 $70℃$。若一个管子的 P_{CM} 已确定，则由 $P_{CM} = I_C U_{CE}$ 可知临界损耗时，I_C 和 U_{CE} 在输出特性上的关系为一双曲线，如图 8-8 中虚线所示。

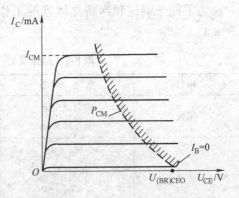

图 8-8 晶体管的 P_{CM} 曲线

6. 集电极最大电流 I_{CM}

当集电极电流 I_C 超过一定数值后，β 会明显下降，此值就称为集电极最大电流 I_{CM}。当 $I_C > I_{CM}$ 时，管子并不一定会损坏，但放大倍数却大大降低。

7. 反向击穿电压

当基极开路时，集电极与发射极之间所能承受的最高反向电压为 $U_{(BR)CEO}$，一般为几十伏。

当发射极开路时，集电极与基极之间所能承受的最高反向电压为 $U_{(BR)CBO}$，通常比 $U_{(BR)CEO}$ 大些。

当集电极开路时，发射极与基极之间所能承受的最高反向电压为 $U_{(BR)EBO}$，一般为5V 左右。

8.2　共发射极基本放大电路

放大电路的功能是利用晶体管的电流控制作用，把微弱的电信号(指变化的电压、电流、功率)不失真地放大到所需要的数值，实现将直流电源的能量部分转化为按输入信号规律变化的且具有较大能量的输出信号。放大电路的实质是，利用较小的能量去控制较大能量的能量控制装置。

8.2.1　共发射极基本放大电路的组成

图 8-9 所示电路是晶体管共发射极基本放大电路。

1. 各元器件的作用

（1）**晶体管**　它是放大器件，是放大器的核心器件。利用它的电流控制作用，实现用微小的输入电压变化引起的基极电流变化，控制电源 V_{CC} 在输出回路中产生较大的、与输入信号成比例变化的集电极电流，从而获得比输入信号幅度大得多但又与其成比例的信号。

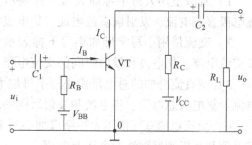

图 8-9　晶体管共发射极基本放大电路

（2）**集电极电源 V_{CC}**　它的作用有两个：一是在受输入信号控制的晶体管的作用下适时地向负载提供能量；二是保证晶体管工作在放大状态。一般为几至几十伏。

（3）**集电极负载电阻 R_C**　它的主要作用是将集电极的电流变化变换成集电极的电压变化，以实现电压放大，阻值一般为几千欧至几十千欧。

（4）**基极电源 V_{BB} 和基极电阻 R_B**　它们的作用是使晶体管的发射结处于正向偏置，并提供适当的静态基极电流 I_B，以保证晶体管工作在放大区，有合适的工作点。R_B 一般为几十千欧至几百千欧。

（5）**耦合电容 C_1 和 C_2**　两电容分别接在放大电路的输入端和输出端。使放大器与信号源、负载之间的不同大小的直流电压互相不产生干扰，但又能把信号源提供的交流信号传递给放大器，放大后再传递给负载。一般为几微法至几十微法。

在实用的放大电路中，一般都采用单电源供电，如图 8-10 所示。只要适当调节 R_B 的阻值，仍可保证发射结正向偏置，产生合适的基极偏置电流 I_B。

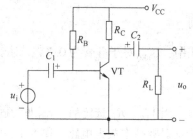

图 8-10　共发射极放大电路

2. 放大电路的组成原则

1）必须有直流电源，以保证晶体管处于放大状态，即直流电源的设置应使晶体管的发射结正向偏置、集电结反向偏置。

2）元器件的安排要保证信号能够从放大电路的输入端加到晶体管上，经过放大后又能从输出端输出。

3）元器件参数的选择要保证信号能不失真地放大，并满足放大电路的性能指标。

3. 放大电路中电压和电流的符号

一个放大电路的分析一般包括静态分析和动态分析。

在没有加入输入信号（即 $u_i = 0$）时，放大电路中各处的电压、电流都是直流量，称为直流工作状态或静止状态，简称为静态。这时，晶体管各电极的电流和各电极间的电压分别用 I_B、I_C、I_E、U_{CE} 和 U_{BE} 表示，这些数值可用晶体管特性曲线上的一个确定的点来表示，称为静态工作点，用 Q 来表示。

输入端加上输入信号后，放大电路的工作状态称为动态。动态时，电路中既有直流电量，也有交流电量，各电极的电流和各极间的电压都在静态值的基础上叠加一个随输入信号的变化而做相应变化的交流分量。

为了便于分析，对电路中各极电流、电压的符号做了统一规定：

1）直流量用大写字母加大写下标表示。如：I_B、I_C、I_E、U_{CE} 分别表示基极直流电流、集电极直流电流、发射极直流电流、集电极和发射级间的直流电压。

2）交流量用小写字母加小写下标表示。如：i_b、i_c、u_{ce} 分别表示基极交流电流、集电极交流电流、集电极和发射级间的交流电压。

3）交直流叠加的总电量用小写字母加大写下标表示。如：i_B、i_C、u_{CE} 分别表示基极总电流、集电极总电流、集电极和发射级间的总电压。

4）交流量的有效值用大写字母加小写下标表示。如：I_b、U_{be} 分别表示基极交流电流的有效值和基极和发射级间电压有效值。

8.2.2 共发射极基本放大电路的静态分析

静态工作点可通过放大电路的直流通路（直流电流流通的路径）采用近似计算法求得。

由于电容有隔离直流的作用，对于直流电路电容相当于开路。在画直流通路时，将电路中的电容断路。图 8-10 所示的共发射极基本放大电路的直流通路如图 8-11 所示。

图 8-11 的输入回路为 $V_{CC} \rightarrow R_B \rightarrow B$ 极 $\rightarrow E$ 极 $\rightarrow$ 地，则有

$$V_{CC} = I_{BQ}R_B + U_{BEQ} \tag{8-10}$$

则

$$I_{BQ} = \frac{V_{CC} - U_{BEQ}}{R_B} \tag{8-11}$$

式中，U_{BEQ} 对于硅管为 0.7V，对于锗管为 0.3V。由于一般 $V_{CC} \gg U_{BEQ}$，所以

$$I_{BQ} \approx \frac{V_{CC}}{R_B} \tag{8-12}$$

当 V_{CC}、R_B 选定后，I_{BQ} 即为固定的值，所以共发射极基本放大电路又称为固定偏置式共发射极基本放大电路。图 8-11 中还有

$$I_{CQ} \approx \beta I_{BQ} \tag{8-13}$$

图 8-11 的输出回路为 $V_{CC} \rightarrow R_C \rightarrow C$ 极 $\rightarrow E$ 极 $\rightarrow$ 地，则有

$$U_{CEQ} = V_{CC} - I_{CQ}R_C \qquad (8-14)$$

【例 8-1】 图 8-10 所示的放大电路中，$V_{CC} = 12V$，晶体管的 $\beta = 50$，$R_B = 200k\Omega$，$R_C = 2k\Omega$，试估算电路的静态工作点。

解：

$$I_{BQ} = \frac{V_{CC} - U_{BEQ}}{R_B} \approx \frac{V_{CC}}{R_B} = \frac{12V}{200k\Omega} = 60\mu A$$

$$I_{CQ} = \beta I_{BQ} = 50 \times 60\mu A = 3mA$$

$$U_{CEQ} = V_{CC} - I_{CQ}R_C = 12V - 3mA \times 2k\Omega = 6V$$

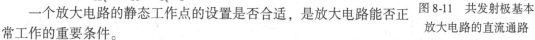

一个放大电路的静态工作点的设置是否合适，是放大电路能否正常工作的重要条件。

图 8-11　共发射极基本放大电路的直流通路

若将图 8-10 中的 R_B 去掉，就如图 8-12 所示。由于 $I_{BQ} = 0$，在输入信号正半周期间，晶体管发射结因正偏导通，输入 i_b 电流随 u_i 变化；在信号负半周期间，发射结因反偏截止，$i_b = 0$，即负半周信号不能输入晶体管。放大电路只能放大正半周信号，并且只有输入信号电压大于发射结死区电压时才能产生基极电流 i_b，所以输入波形产生严重失真。只有保留图 8-10 中的 R_B 并使 R_B 有一个合适的值，在静态时，I_{BQ} 就有一定的值。当有输入信号时，则通过耦合电容回到晶体管的发射结，i_b 电流随 u_i 变化而变化，但此时的基极电流实际上是直流电流 I_{BQ} 和由输入信号 u_i 引起的交流电流 i_b 叠加而成，如图 8-13 所示。当 $I_{BQ} > i_b$ 时，基极总电流 i_b 是单向脉动电流，只有大小变化，没有方向变化，因此不会发生晶体管因发射结反向偏置而截止的现象，从而避免了输入电流 i_b 的失真。所以，在放大电路中设置合适的静态工作点十分必要的。

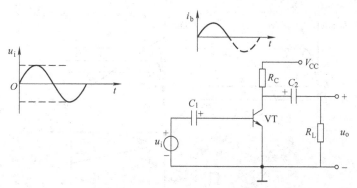

图 8-12　没有基极偏压的放大电路

当静态工作点设置不当和输入信号幅度较大时，放大电路的工作范围超出了晶体管特性曲线的线性区，这种由于晶体管特性的非线性造成的失真称为非线性失真。非线性失真主要是截止失真和饱和失真。

1. 截止失真

如图 8-14 所示，静态工作点的位置偏低，输入电压 u_i 的幅度又相对较大，在 u_i 的负半周的部分时间内出现 u_{BE} 小于发射结导通电压的状况，此时，$i_B = 0$，晶体管处于截止工作状态，使 i_b 的负半周出现平顶，相应地 i_c 的负半周出现平顶，$u_{ce}(u_o)$ 的正半周出现平顶。这种由于晶体管进入截止状态而引起的失真称为截止失真。

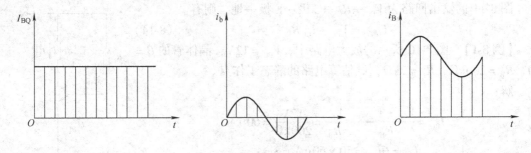

图 8-13　基极电流的合成

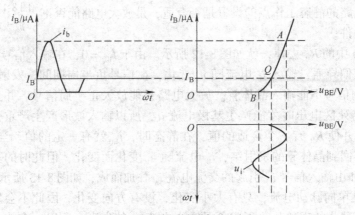

a) 从输入特性分析截止失真

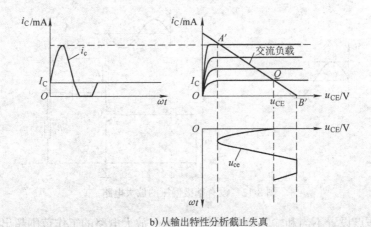

b) 从输出特性分析截止失真

图 8-14　截止失真

2. 饱和失真

当静态工作点设置偏高，输入信号 u_i 的幅度相对比较大时，在 u_i 的正半周的部分时间内，晶体管进入饱和工作状态，$i_c \neq \beta i_b$，i_b 增加但 i_c 却不随之增加，i_c 正半周出现了平顶，相应的 $u_{ce}(u_o)$ 负半周出现了平顶，如图 8-15 所示。这种由于晶体管进入饱和状态而引起的失真称为饱和失真。

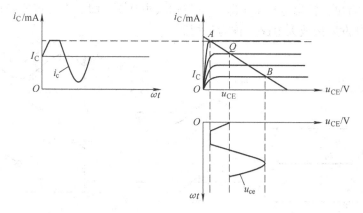

图 8-15 饱和失真

以上为 NPN 型晶体管的截止失真和饱和失真时的波形,对于 PNP 型晶体管非线性失真时的波形正好和 NPN 型晶体管相反。由以上分析可知,为了减小和避免非线性失真,必须合理地选择静态工作点,并适当限制输入信号的幅度。一般情况下,静态工作点大致选择在交流负载线的中点。

8.2.3 共发射极基本放大电路的动态分析

1. 共发射极基本放大电路的放大原理

如图 8-16 所示,输入信号电压 u_i 从基极和发射极之间输入,经放大后从集电极与发射极之间输出。耦合电容 C_1 对交流信号相当于短路,变化的 u_i 将产生变化的基极 i_b,使基极总电流 $i_B = I_{BQ} + i_b$ 发生变化,集电极电流 $i_C = I_{CQ} + i_c$ 将随之变化,并在集电极电阻 R_C 上产生电压降 $i_C R_C$,使放大电路的集电极电压 $u_{CE} = V_{CC} - i_C R_C$,通过 C_2 耦合,输出电压 u_o。若晶体管工作在放大区,则 u_o 的变化幅度将比 u_i 变化幅度大许多,由此说明放大电路对 u_i 进行了放大。从 $u_{CE} = V_{CC} - i_C R_C$ 中可得出,i_C 增大时,u_{CE} 反而减小。电路中,u_{BE}、i_B、i_C 和 u_{CE} 都是随 u_i 的变化而变化的。

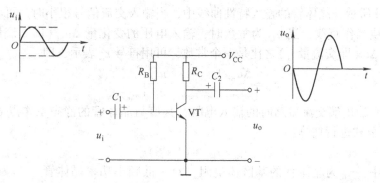

图 8-16 共发射极基本放大电路对正弦信号的放大

电路中,基极电流、集电极电流、基极和发射极之间的电压、集电极与发射极之间的电压都是直流成分和交流成分的叠加。放大电路输入正弦电压 u_i 后晶体管各极电流、电压波形如图 8-17 所示。

从图中可以看出，输出电压 u_o（即 u_{ce}）与输入电压 u_i（即 u_b）的相位相反（即相位相差 180°），故单管共发射极放大电路又称为反相器。

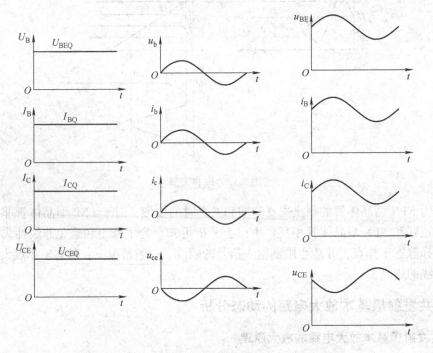

图 8-17　放大电路中晶体管各极电流、电压波形图

2. 共发射极放大电路的动态分析

（1）晶体管 H 参数小信号电路模型　晶体管是非线性器件，使得放大电路的分析相对复杂，为了便于分析，我们对它进行适当的近似处理，即在放大电路的输入信号电压幅值比较小的情况下，将晶体管在静态工作点附近小范围内的特性曲线近似地用直线代替，用一个线性有源网络来等效，从而把晶体管组成的非线性电路当作线性电路来处理，这就是微变等效电路分析法。"微变"是指小信号的意思，是指晶体管在小信号情况下工作。

如图 8-18a 所示，晶体管的输入特性曲线中，当输入交流信号很小时，可将静态工作点 Q 附近一段曲线当作直线，当 u_{CE} 为常数时，输入电压的变化量 Δu_{BE}（即交流量 u_{be}）与输入电流的变化量 Δi_B（即交流量 i_b）之比是一个常数，可用符号 r_{be} 表示，即

$$r_{be} = \frac{\Delta u_{BE}}{\Delta i_B}\bigg|_{u_{CE}=\text{常数}} = \frac{u_{be}}{i_b}\bigg|_{u_{CE}=\text{常数}} \tag{8-15}$$

r_{be} 为晶体管输出端交流短路时的输入电阻，其值与晶体管的静态工作点 Q 有关。工程上 r_{be} 可用以下公式进行估算：

$$r_{be} = r_{bb'} + (1+\beta)r_e \tag{8-16}$$

式（8-16）中，$r_{bb'}$ 为晶体管的基区体电阻，对于低频小功率晶体管，$r_{bb'}$ 为 100～300Ω。r_e 为发射结电阻，根据 PN 结伏安特性，$r_e = \dfrac{U_T}{I_{EQ}}$。$U_T$ 为温度的电压当量，在室温时，约为 26mV。这样式（8-16）可写成

$$r_{be} = 200\Omega + (1+\beta)\frac{26\text{mV}}{I_{EQ}} \tag{8-17}$$

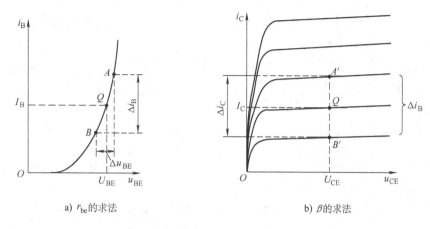

a) r_{be}的求法　　　　　b) β的求法

图8-18　晶体管等效参数的求法

这样，对于交流信号，晶体管的 B、E 之间可用一个线性电阻 r_{be} 来等效，如图8-19所示。

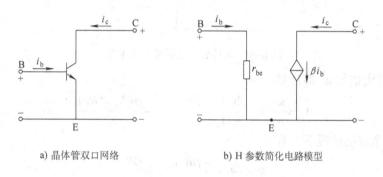

a) 晶体管双口网络　　　　　b) H 参数简化电路模型

图8-19　晶体管 H 参数小信号电路模型

如图8-18b 所示，在放大区，晶体管的输出特性曲线可近似看成一组与横轴平行、间隔均匀的直线，当 u_{CE} 为常数时，集电极输出电流 i_C 的变化量 Δi_C（即交流时 i_c）与基极输入电流 i_B 的变化量 Δi_B（即 i_b）之比为常数，即

$$\beta = \frac{\Delta i_C}{\Delta i_B}\bigg|_{u_{CE}=常数} = \frac{i_c}{i_b}\bigg|_{u_{CE}=常数} \tag{8-18}$$

β 是晶体管输出端交流短路时的电流放大系数。这说明晶体管在放大状态时，C、E 间可用一个电流为 βi_b 的电流源来表示，如图8-19b 所示。这个电流源是一个大小及方向均受 i_b 控制的受控电流源。

这样，晶体管处于小信号放大状态时，它的 H 参数简化电路模型就如图8-19b 所示，这是把晶体管特性线性化后的线性电路模型，可用来分析计算晶体管电路的小信号交流特性，从而使对晶体管电路的分析大为简化。

（2）晶体管电路交流分析　一般用放大电路的交流通路（交流电流流通的路径）来研究交流量及放大电路的动态性能。在画交流通路时，将电路中的电容和直流电源短路。再根据晶体管 H 参数小信号电路模型，将交流通路转变为微变等效电路，来分析计算晶体管共发射极放大电路的小信号交流特性，如图8-20所示。

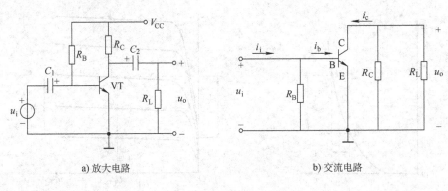

a) 放大电路　　　　　　　　b) 交流电路

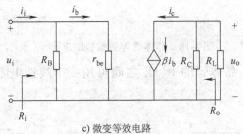

c) 微变等效电路

图 8-20　晶体管共发射极放大电路

1）电压放大倍数 A_u 的计算

$$A_u = \frac{u_o}{u_i} = \frac{-\beta(R_C /\!/ R_L)i_b}{i_b r_{be}} = -\frac{\beta(R_C /\!/ R_L)}{r_{be}} \tag{8-19}$$

在没有接负载的情况下，有

$$A_u = \frac{u_o}{u_i} = \frac{-\beta R_C i_b}{i_b r_{be}} = -\frac{\beta R_C}{r_{be}} \tag{8-20}$$

2）放大电路输入电阻的计算

$$R_i = R_B /\!/ r_{be} \approx r_{be} \tag{8-21}$$

3）放大电路输出电阻的计算

$$R_o = R_C \tag{8-22}$$

【例 8-2】　在图 8-21 所示的放大电路中。设晶体管 $\beta=50$，其余参数见图示电路。试求：（1）静态工作点；（2）r_{be}；（3）电压放大倍数 A_u；（4）输入电阻 R_i；（5）输出电阻 R_o。

解：按图 8-21 画直流通路、交流通路、微变等效电路，如图 8-22 所示。

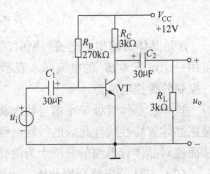

图 8-21　例 8-2 图

（1）求静态工作点

$$I_{BQ} = \frac{V_{CC} - V_{BE}}{R_B} \approx \frac{V_{CC}}{R_B} = \frac{12V}{270k\Omega} \approx 44.4\mu A$$

$$I_{CQ} = \beta I_{BQ} = 50 \times 44.4\mu A = 2.2mA$$

$$U_{CEQ} = V_{CC} - R_C I_{CQ} = 12V - 2.2mA \times 3k\Omega = 5.4V$$

（2）求 r_{be}

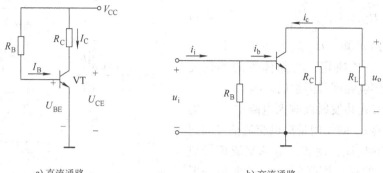

a) 直流通路　　　　　　　　　　　　b) 交流通路

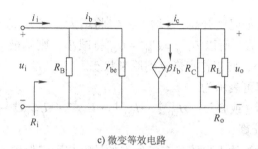

c) 微变等效电路

图 8-22　例 8-2 解图

$$r_{be} = 200\Omega + (1 + \beta)\frac{26mV}{I_{EQ}} = 200\Omega + (1 + \beta)\frac{26mV}{I_{BQ} + I_{CQ}} =$$

$$200\Omega + (1 + 50) \times \frac{26mV}{0.044mA + 2.2mA} \approx 791\Omega \approx 0.8k\Omega$$

（3）求 A_u

$$A_u = -\frac{\beta(R_C /\!/ R_L)}{r_{be}} = -\frac{50 \times (3k\Omega /\!/ 3k\Omega)}{0.8k\Omega} = -93.8$$

（4）求 R_i

$$R_i = R_B /\!/ r_{be} \approx r_{be} = 0.8k\Omega$$

（5）求 R_o

$$R_o = R_C = 3k\Omega$$

8.2.4　具有稳定工作点的放大电路

基本放大电路中由电源和基极偏置电阻 R_B 提供了基极电流 I_{BQ}，当 R_B 固定时，I_{BQ} 也就固定下来，所以该电路又称为固定偏置式共发射极放大电路。这种电路的突出缺点是稳定性差，电路的外部条件改变后，电路的静态工作点也随之变化，从而影响放大电路的工作稳定性，所以在实际应用中更多的还是使用能自动稳定工作点的电路——分压偏置式共发射极放大电路。

1. 分压偏置式共发射极放大电路的结构和工作原理

分压偏置式共发射极放大电路的结构如图 8-23 所示。

R_{B1} 为上偏流电阻，R_{B2} 为下偏流电阻，电源电压 V_{CC} 经 R_{B1}、R_{B2} 分压后得到基极电压 U_{BQ}。由图可知 $I_1 = I_2 + I_{BQ}$，可选择适当参数，使 $I_2 \gg I_{BQ}$，所以有 $I_1 \approx I_2$。这时基极电压 U_{BQ} 为

$$U_{BQ} = V_{CC} \frac{R_{B2}}{R_{B1} + R_{B2}} \qquad (8\text{-}23)$$

由式（8-23）可知，U_{BQ} 的大小由电源电压 V_{CC} 和 R_{B1}、R_{B2} 分压决定，与晶体管的参数无关，不受外界环境温度等因素的影响。

在分压偏置式共发射极放大电路中，与 R_E 并联的旁路电容 C_E 的作用是提供交流信号的通道，减少信号的损耗，使放大器的交流信号放大能力不因 R_E 的存在而降低，C_E 的取值一般为 $50 \sim 100\mu F$。

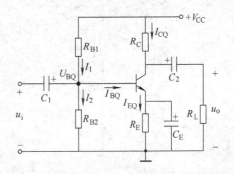

图 8-23　分压偏置式共发射极放大电路的结构

当温度变化时，比如温度升高，β 增大，I_{CQ} 将增大，则 I_{EQ} 流经 R_E 产生的电压 U_{EQ} 随之增加，因 U_{BQ} 是一个定值，所以 $U_{BEQ} = U_{BQ} - U_{EQ}$ 将减小，则基极电流 I_{BQ} 受 U_{BEQ} 减小的影响也减小，I_{CQ} 也随之减小，使工作点恢复到原来状态。

稳定工作点的过程可表示为

$$T(温度)\uparrow (或 \beta \uparrow) \rightarrow I_{CQ}\uparrow \rightarrow I_{EQ}\uparrow \rightarrow U_{EQ}\uparrow \rightarrow U_{BEQ}\downarrow \rightarrow I_{BQ}\downarrow \rightarrow I_{CQ}\downarrow$$

2. 静态工作点的计算

分压偏置式共发射极放大电路静态工作点的计算与固定偏置式共发射极放大电路静态工作点的计算顺序略有不同。固定偏置式共发射极放大电路是先算 I_{BQ}，再算 I_{CQ}，最后算 U_{CEQ}。分压偏置式共发射极放大电路则是先算 I_{CQ}，再算 I_{BQ}，最后算 U_{CEQ}。即

$$U_{BQ} = \frac{R_{B2}}{R_{B1} + R_{B2}} V_{CC}$$

$$I_{CQ} \approx I_{EQ} = \frac{U_{BQ} - U_{BE}}{R_E} \quad (U_{BE}取0.7V) \qquad (8\text{-}24)$$

$$I_{BQ} = \frac{I_{CQ}}{\beta} \qquad (8\text{-}25)$$

$$U_{CEQ} = V_{CC} - I_{CQ}R_C - I_{EQ}R_E \approx V_{CC} - I_{CQ}(R_C + R_E) \qquad (8\text{-}26)$$

3. 动态分析

图 8-23 所示的分压偏置式共发射极放大电路的微变等效电路如图 8-24 所示。

（1）电压放大倍数 A_u 的计算

$$A_u = \frac{u_o}{u_i} = \frac{-\beta(R_C /\!/ R_L)i_b}{i_b r_{be}} = -\frac{\beta(R_C /\!/ R_L)}{r_{be}}$$

$$\qquad (8\text{-}27)$$

在没有接负载的情况下，有

$$A_u = \frac{u_o}{u_i} = \frac{-\beta R_C i_b}{i_b r_{be}} = -\frac{\beta R_C}{r_{be}} \qquad (8\text{-}28)$$

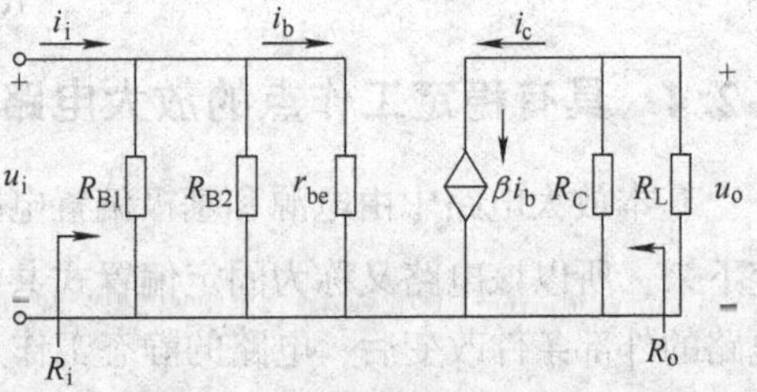

（2）放大电路输入电阻的计算

$$R_i = R_{B1} /\!/ R_{B2} /\!/ r_{be} \approx r_{be} \qquad (8\text{-}29)$$

（3）放大电路输出电阻的计算

图 8-24　分压偏置式共发射极放大电路的微变等效电路

$$R_o = R_C \qquad (8\text{-}30)$$

【例8-3】 在图8-23中，已知晶体管 $\beta = 50$，$U_{BEQ} = 0.7V$，$R_{B1} = 20k\Omega$，$R_{B2} = 10k\Omega$，$R_C = 2k\Omega$，$R_E = 2k\Omega$，$V_{CC} = 12V$，$R_L = 4k\Omega$，其余参数见图示电路，求：（1）静态工作点；（2）电压放大倍数 A_u、输入电阻 R_i、输出电阻 R_o。

解：（1）计算静态工作点

$$U_{BQ} = \frac{R_{B2}}{R_{B1} + R_{B2}} \cdot V_{CC} = \frac{10k\Omega}{20k\Omega + 10k\Omega} \times 12V = 4V$$

$$I_{CQ} \approx I_{EQ} = \frac{U_{BQ} - U_{BE}}{R_E} = \frac{4V - 0.7V}{2k\Omega} = 1.65mA$$

$$I_{BQ} = \frac{I_{CQ}}{\beta} = \frac{1.65mA}{50} = 0.033mA$$

$$U_{CEQ} = V_{CC} - I_{CQ}(R_C + R_E) = 12V - 1.65mA \times (2k\Omega + 2k\Omega) = 5.4V$$

（2）计算 A_u、R_i、R_o

$$r_{be} = 200\Omega + (1 + \beta)\frac{26mV}{I_{EQ}} = 200\Omega + (1 + 50) \times \frac{26mV}{1.65mA} \approx 987\Omega = 0.987k\Omega$$

$$A_u = -\frac{\beta(R_C /\!/ R_L)}{r_{be}} = \frac{-50 \times (2k\Omega /\!/ 4k\Omega)}{0.987k\Omega} = -67.4$$

$$R_i = R_{B1} /\!/ R_{B2} /\!/ r_{be} \approx r_{be} = 0.987k\Omega$$

$$R_o = R_C = 2k\Omega$$

8.3 场效应晶体管

场效应晶体管是一种由输入电压来控制其电流大小的半导体三极管，是一种电压控制型器件。场效应晶体管的输入电阻非常高，一般可达到 $10^8 \sim 10^{15}\Omega$ 上，输入端基本上没有输入电流。它具有噪声低，受温度影响小，制造工艺简单，便于大规模集成等优点，已被广泛应用于集成电路中。

根据结构的不同，场效应晶体管分为结型场效应晶体管和绝缘栅型场效应晶体管两类。结型场效应晶体管有 N 型沟道和 P 型沟道两种。绝缘栅型场效应晶体管又分为增强型和耗尽型，每种又分为 N 型沟道和 P 型沟道两种。无论哪种场效应晶体管都只有一种载流子（多数载流子）参与导电，所以场效应晶体管又称为单极型三极管。本书只简单介绍 N 沟道增强型绝缘栅型场效应晶体管的原理和特性。

8.3.1 N 沟道增强型绝缘栅型场效应晶体管的原理和特性

1. 结构

N 沟道增强型绝缘栅型场效应晶体管是以一块杂质浓度较低的 P 型半导体作衬底，利用扩散的方法在 P 型硅中制成两个高掺杂的 N 型区，然后在 P 型硅表面生成一层很薄的二氧化硅绝缘层，并在其上及两个 N 区表面分别接上 3 个铝电极，形成栅极 G、源极 S 和漏极 D，绝缘栅型场效应晶体管又称金属氧化物半导体场效应晶体管（MOS-FET），简称 MOS 管，其结构如图 8-25a 所示，图 8-25b 是 N 沟道增强型绝缘栅型场效应晶体管的符号。

2. 原理

如图 8-26 所示，当 $u_{GS} \leq 0$，在 DS 间加上电压 u_{DS} 时，漏极 D 和衬底之间的 PN 结处于反向偏置状态，不存在导电沟道，故 DS 之间的电流 $i_D = 0$。当 u_{GS} 逐渐加大达到某一值（开启电压 $U_{GS(th)}$）时，由于电场的作用，栅极 G 与衬底之间将形成一个 N 型薄层，其导电类型与 P 型衬底相反，称为反型层。由于这个反型层的存在使得 DS 之间存在一个导电沟道，i_D 开始出现，而且沟道的宽度随 u_{GS} 的继续增大而增大，所以称为增强型场效应管。它的特点是：当 $u_{GS} = 0$ 时，$i_D = 0$；当 $u_{GS} > U_{GS(th)}$ 时，$i_D > 0$。

由此可见增强型绝缘栅型场效应晶体管的漏极电流 i_D 是受栅极电压 u_{GS} 控制的，它必须在 u_{GS} 为正且大于 $U_{GS(th)}$ 时才能工作。

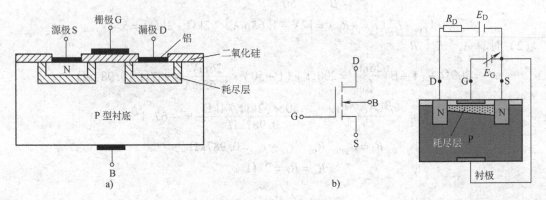

图 8-25　N 沟道增强型绝缘栅型场效应晶体管的结构和符号

图 8-26　N 沟道增强型绝缘栅型场效应晶体管导电沟道的形成

3. 特性曲线

（1）转移特性曲线　N 沟道增强型绝缘栅型场效应晶体管的转移特性曲线如图 8-27a 所示，当 $u_{GS} = 0$ 时，$i_D = 0$；只有当 $u_{GS} > U_{GS(th)}$ 时才能使 $i_D > 0$，$U_{GS(th)}$ 称为开启电压。在 $u_{GS} \geq U_{GS(th)}$ 时（对应于输出特性曲线中的恒流区），i_D 和 u_{GS} 的关系为

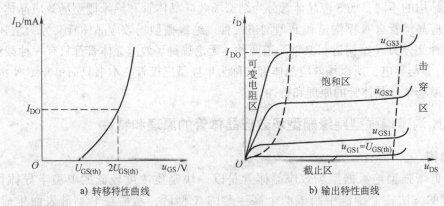

a) 转移特性曲线　　　　　b) 输出特性曲线

图 8-27　N 沟道增强型绝缘栅型场效应晶体管

$$i_D = I_{DO}\left(\frac{u_{GS}}{U_{GS(th)}} - 1\right)^2 \tag{8-31}$$

式中，I_{DO} 是 $u_{GS} = 2U_{GS(th)}$ 时的 I_D 值。

(2) 输出特性曲线　绝缘栅型场效应晶体管的输出特性曲线分成三个区：可变电阻区、饱和区、截止区。

1) 可变电阻区。这是 u_{DS} 较小的区域。u_{DS} 较小时场效应晶体管的沟道厚度均匀，当 u_{GS} 为一定值时，i_D 与 u_{DS} 呈线性关系，其相应直线的斜率受 u_{GS} 控制，这时场效应晶体管的 D、S 相当于一个受电压 u_{GS} 控制的可变电阻，其电阻值为相应直线斜率的倒数。

2) 饱和区。这是 $u_{DS} > u_{GS} - U_{GS(th)}$、场效应晶体管夹断后对应的工作区域，其特点是：曲线近似为一簇平行于 u_{DS} 轴的直线，i_D 仅受 u_{GS} 控制而与 u_{DS} 基本无关，也称恒流区，场效应晶体管用于放大电路时，一般就工作在该区域，所以又称为放大区。

3) 截止区。指 $u_{GS} \leqslant U_{GS(th)}$ 的区域，这时导电沟道消失，$i_D \approx 0$，管子处于截止状态。

8.3.2　场效应晶体管的参数及使用注意事项

1. 场效应晶体管的主要参数

1) 开启电压 $U_{GS(th)}$：指当 u_{DS} 值一定时，增强型 MOS 管开始出现 i_D 时的 u_{GS} 值称为开启电压。

2) 跨导 g_m：指 u_{DS} 一定时，漏极电流变化量 Δi_D 与栅-源极电压变化量 Δu_{GS} 之比。

3) 最大耗散功率 P_{CM}：指管子正常工作条件下不能超过的最大可承受功率。

2. 使用注意事项

1) 场效应晶体管的栅极切不可悬空。因为场效应晶体管的输入电阻非常高，栅极上感应出的电荷不易泄放而产生高压，从而发生击穿，损坏管子。

2) 存放时，应将绝缘栅型场效应晶体管的三个极相互短路，以免受外电场作用而损坏管子，结型场效应晶体管则可开路保存。

3) 焊接时，应先将场效应晶体管的三个电极短路，并按源极、漏极、栅极的先后顺序焊接。烙铁要良好接地，并在焊接时切断电源。

4) 绝缘栅型场效应晶体管不能用万用表检查质量好坏，结型场效应晶体管则可以。

8.3.3　场效应晶体管的选择方法

1) 当控制电压可正可负时，应选择耗尽型场效应晶体管。

2) 当信号内阻很高时，为得到较好的放大作用和较低的噪声，应选用场效应晶体管；而当信号内阻很低时，应选用晶体管。

3) 在低功耗、低噪声、弱信号和超高频时，应选用场效应晶体管。

4) 在作为双向导电开关时应选场效应晶体管。

8.3.4　场效应晶体管与双极型三极管的比较

1) 场效应晶体管是电压控制型器件，而双极型三极管(晶体管)是电流控制型器件，但都可获得较大的电压放大倍数。

2) 场效应晶体管温度稳定性好，双极型三极管受温度影响较大。

3) 场效应晶体管制造工艺简单，便于集成化，适合制造大规模集成电路。

4) 场效应晶体管存放时，各个电极要短接在一起，防止外界静电感应电压过高时击穿绝缘层使其损坏。焊接时电烙铁应有良好的接地线，防止感应电压对管子的损坏。一般要拔下电烙铁电源插头快速焊接。

8.4 实验

8.4.1 晶体管管脚的判别

使用指针式万用表的欧姆档可以对晶体管进行简单判别。测试时要注意，红表笔接在万用表内电池负端(表笔插孔标" + "号)，而黑表笔接在正端(表笔插孔标" – "号)。可以把晶体管的结构看作是两个背靠背的 PN 结，对 NPN 型晶体管来说基极是两个 PN 结的公共阳极，对 PNP 型晶体管来说基极是两个 PN 结的公共阴极，如图 8-28 所示。

(1) 管型与基极的判别 万用表置欧姆档，量程选 $R \times 1k$ 档(或 $R \times 100$)，先假定一个电极为基极，将万用表任一表笔与假定的基极相接，另一表笔分别接触其他两个电极，当两次测得的电阻均很小(或均很大)，则前者所接电极就是基极，如两次测得的电阻值一大一小，则可肯定原假设的基极有错，这时就必须重新假设另一个电极为基极，再重复上述的测试。

根据上述方法，确定基极以后，将黑表笔接基极，红表笔分别接其他两极，若测得的电阻值都很小，则该晶体管是 NPN 型晶体管，反之则是 PNP 型晶体管。

(2) 发射极与集电极的判别 为使晶体管具有电流放大作用，发射结需加正偏置，集电结加反偏置，如图 8-29 所示。

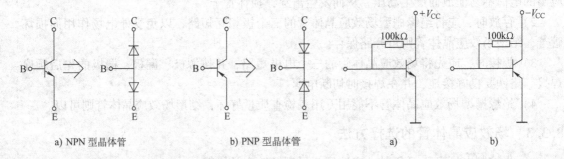

a) NPN 型晶体管　　　　b) PNP 型晶体管　　　　　　　a)　　　　　　b)

图 8-28　晶体管结构示意图　　　　　　图 8-29　晶体管的偏置情况

当晶体管基极 B 确定后，便可判别集电极 C 和发射极 E，同时还可以大致了解穿透电流 I_{CEO} 和电流放大系数 β 的大小。

以 NPN 型晶体管为例。把黑表笔接到假设的集电极 C 上，红表笔接到假设的发射极 E 上，并且用手捏住 B 和 C 极(不能使 B 和 C 直接接触)，通过人体，相当于 B 和 C 之间接入偏置电阻。读出表头所示 C、E 间的电阻值，然后将红、黑两表笔反接重测。两次测得电阻较小的那一次假设成立，黑表笔所接为晶体管的集电极 C，红表笔所接为晶体管的发射极 E，因为 C、E 间的电阻值小则说明通过万用表的电流大，偏置正常。

8.4.2 共发射极基本放大电路的测量

1. 实验目的

1) 熟悉常用电子仪器及模拟电路实验设备的使用。

2) 学习电子电路布线、安装等基本技能。

3）学会共发射极基本放大电路静态工作点的调试方法，分析静态工作点对放大电路性能的影响。

4）掌握共发射极基本放大电路电压放大倍数、输入电阻、输出电阻的测试方法。

2. 实验设备

1）+12V 直流电源。

2）函数信号发生器。

3）双踪示波器。

4）交流毫伏表。

5）直流电压表。

6）直流毫安表。

7）频率计。

8）万用电表。

9）晶体管 3DG6×1（$\beta = 50 \sim 100$）、电阻器、电容器若干。

3. 实验原理

图 8-30 为具有稳定工作点的共发射极基本放大电路。它的偏置电路采用 R_{B1} 和 R_{B2} 组成的分压电路，并在发射极中接有电阻 R_E，以稳定放大电路的静态工作点。当在放大电路的输入端加入输入信号 u_i 后，在放大电路的输出端便可得到一个与 u_i 相位相反、幅值被放大了的输出信号 u_o，从而实现了电压放大。

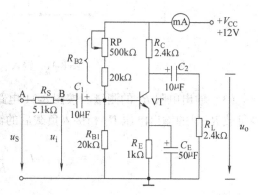

图 8-30　共发射极基本放大电路

在图 8-30 电路中，当流过偏置电阻 R_{B1} 和 R_{B2} 的电流远大于晶体管 VT 的基极电流 I_B 时（一般为 5 ～ 10 倍），则它的静态工作点可用下式估算：

$$U_{BQ} = \frac{R_{B1}}{R_{B1} + R_{B2}} V_{CC}$$

$$I_{EQ} \approx \frac{U_{BQ} - U_{BE}}{R_E} \approx I_{CQ} \quad (U_{BE} \text{ 取 } 0.7V)$$

$$U_{CEQ} = V_{CC} - I_{CQ}(R_C + R_E)$$

放大电路的动态指标包括电压放大倍数、输入电阻、输出电阻等。

电压放大倍数为

$$A_u = -\beta \frac{R_C /\!/ R_L}{r_{be}}$$

输入电阻为

$$R_i = R_{B1} /\!/ R_{B2} /\!/ r_{be} \approx r_{be}$$

输出电阻为

$$R_o = R_C$$

（1）电压放大倍数 A_u 的测量　调整放大电路到合适的静态工作点，然后加入输入电压 u_i，在输出电压 u_o 不失真的情况下，用交流毫伏表测出 u_i 和 u_o 的有效值 U_i 和 U_o，则

$$A_u = \frac{u_o}{u_i}$$

（2）输入电阻 R_i 的测量　为了测量放大电路的输入电阻，按图 8-31 电路在被测放大电路的输入端与信号源之间串入一已知电阻 R，在放大电路正常工作的情况下，用交流毫伏表测出 U_S 和 U_i，则根据输入电阻的定义可得

$$R_i = \frac{U_i}{I_i} = \frac{U_i}{\dfrac{U_R}{R}} = \frac{U_i}{U_S - U_i} R \qquad (8\text{-}32)$$

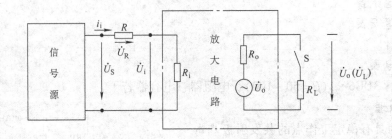

图 8-31　输入、输出电阻测量电路

（3）输出电阻 R_o 的测量　按图 8-31 电路，在放大电路正常工作条件下，测出输出端不接负载 R_L 时的输出电压 U_o 和接入负载后的输出电压 U_L，根据

$$U_L = \frac{R_L}{R_o + R_L} U_o$$

即可求出

$$R_o = \left(\frac{U_o}{U_L} - 1 \right) R_L \qquad (8\text{-}33)$$

在测试中应注意，必须保持接入 R_L 前后放大电路输入信号的大小不变。

4. 实验内容

实验电路如图 8-30 所示。

（1）调试静态工作点　接通直流电源前，先将 RP 调至最大，函数信号发生器输出旋钮旋至零。接通 +12V 电源，调节 RP，使 $I_C = 2.0\text{mA}$，用直流电压表测量 V_B、V_E、V_C 的值，记入表 8-2。

表　8-2

测　量　值			计　算　值		
V_B/V	V_E/V	V_C/V	U_{BE}/V	U_{CE}/V	I_C/mA

（2）测量电压放大倍数　在放大电路的输入端加入频率为 1kHz 的正弦信号 u_s，调节函数信号发生器的输出旋钮使放大电路的输入电压 $U_i \approx 10\text{mV}$，同时用示波器观察放大电路的

输出电压 u_o 的波形，在波形不失真的条件下用交流毫伏表测量下述三种情况下的 U_o 值，并用双踪示波器观察 u_o 和 u_i 的相位关系，记入表8-3。

表 8-3

R_C/kΩ	R_L/kΩ	U_o/V	A_u	观察记录一组 u_o 和 u_i 波形
2.4	∞			
1.2	∞			
2.4	2.4			

（3）测量各电压输入电阻和输出电阻　置 $R_C = 2.4$ kΩ，$R_L = 2.4$ kΩ，$I_C = 2.0$ mA。输入 $f = 1$ kHz 的正弦信号，在输出电压 u_o 不失真的情况下，用交流毫伏表测出 U_S、U_i 和 U_L 记入表8-4。保持 U_S 不变，断开 R_L，测量输出电压 U_o，记入表8-4。根据式（8-32）、式（8-33）计算 R_i、R_o 的测量值，根据式（8-21）、式（8-22）计算 R_i、R_o 的计算值，填入表8-4。

表 8-4

U_S/mV	U_i/mV	R_i/kΩ		U_L/V	U_o/V	R_o/kΩ	
		测量值	计算值			测量值	计算值

5. 实验总结

1）总结 R_C、R_L 及静态工作点对放大电路电压放大倍数、输入电阻、输出电阻的影响。

2）列表整理测量结果，并把实际测得的静态工作点、电压放大倍数、输入电阻、输出电阻的值与理论计算值比较，分析产生误差原因。

本 章 小 结

1. 三极管是具有电流放大作用的半导体器件，根据结构及工作原理的不同可分为双极型三极管和单极型三极管。双极型三极管又称晶体管，工作时有空穴和自由电子参与导电；而单极型三极管又称为场效应晶体管，工作时只有一种载流子(多子)参与导电。

2. 晶体管是由两个 PN 结组成的，分为 NPN 型和 PNP 型，根据材料不同分为硅管和锗管。晶体管中三个电极电流关系为：$i_E = i_C + i_B$，$i_C = \beta i_B$。

3. 晶体管有三种工作状态：截止、放大、饱和。

截止工作状态的偏置条件：发射结、集电结均反向偏置，工作特点是 $i_B = 0$，$i_C \approx 0$。

放大工作状态的偏置条件：发射结正向偏置、集电结反向偏置，工作特点是 $i_C = \beta i_B$，i_C 具有恒流特性，晶体管具有线性放大作用。

饱和工作状态的偏置条件：发射结、集电结均正向偏置，工作特点是 $i_C \neq \beta i_B$，i_C 不受 i_B 的控制。

4. 用来对电信号进行放大的电路称为放大电路，是构成其他电子电路的基本电路。放大电路的性能指标主要有放大倍数、输入电阻和输出电阻。放大倍数是衡量放大能力的指标，输入电阻是衡量放大电路对信号源影响程度的指标，输出电阻是衡量放大电路带负载能力的指标。

5. 由晶体管组成的基本放大电路有共发射极、共集电极和共基极三种组态。放大电路中有直流信号和交流信号两种分量。直流通路用来分析静态直流量，交流通路和微变等效电路用来分析动态交流量。

6. 放大电路中静态工作点设置的是否合理十分重要。静态工作点设置偏高，容易造成饱和失真；静态工作点设置偏低，容易造成截止失真。

习 题 8

1. 填空题

（1）晶体管有两个 PN 结，分别是_____和_____，这两个 PN 结将晶体管分成三个区，分别是_____、_____和_____。

（2）晶体管在放大电路中有三种连接方式，分别是_____、_____和_____。

（3）晶体管的三种工作方式是_____、放大状态和_____，其中工作在放大工作状态时要求发射结_____，集电结_____。

（4）晶体管的静态工作点设置偏高容易造成_____失真，这种失真的表现形式是_____。

2. 判断题

（1）两个二极管绑在一起可构成一个晶体管。　　　　　　　　　　　　（　　）

（2）单管共发射极放大电路的电压放大倍数是个负数，说明电压没有放大，实际是缩小了。（　　）

（3）晶体管放大电路的分析可分为静态分析和动态分析。　　　　　　　（　　）

（4）基本放大电路又称为分压偏置式放大电路。　　　　　　　　　　　（　　）

3. 计算题

（1）在一个放大电路中，测得一个晶体管的三个电极的对地电位分别是：－6V、－3V、－3.2V。试判断该晶体管是 NPN 型，还是 PNP 型？是锗管，还是硅管？并确定三个电极。

（2）测得放大电路中两个晶体管中的两个电极的电流如图 8-32 所示，1）求另一个电极电流的大小，并标出其实际电流方向；2）判断是 NPN 管还是 PNP 管；3）标出 E、B、C 电极；4）估算 β 值。

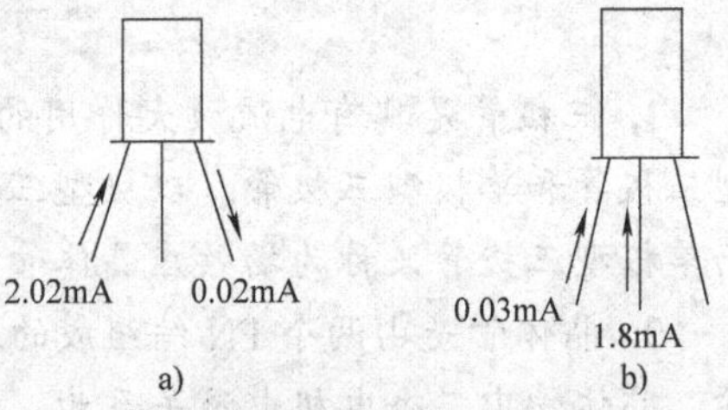

（3）已知一个晶体管的发射极电流变化 $\Delta i_E = 9mA$，集电极电流变化 $\Delta i_C = 8.8mA$，求基极电流 $\Delta i_B = ?$ 这时 $\beta = ?$

（4）在室温下，某晶体管 $\Delta I_{CBO} = 5\mu A$，$\beta = 60$，求它的穿透电流。

（5）有两个晶体管，第一个管子的 $\beta = 50$，$\Delta I_{CEO} = 10\mu A$；第二个管子的 $\beta = 150$，$\Delta I_{CEO} = 200\mu A$，其他参数相同。用作放大时，哪一个管子更合适？

（6）如图 8-33 所示，已知 $R_B = 10k\Omega$，$R_C = 1k\Omega$，$V_{CC} = 10V$，晶体管 $\beta = 50$，$U_{BE} = 0.7V$，试分析在下列情况下，晶体管工作在何种工作状态？1）$U_I = 0V$；2）$U_I = 2V$；3）$U_I = 3V$。

（7）设图 8-34 所示电路中晶体管的 $\beta = 40$，当开关 S 分别与 A、B、C 三点连接时，试分析晶体管各处于什么工作状态，并估算出集电极电流 I_C。

2.02mA　0.02mA　　　0.03mA　1.8mA

a)　　　　　　b)

图 8-32　习题 3（2）图

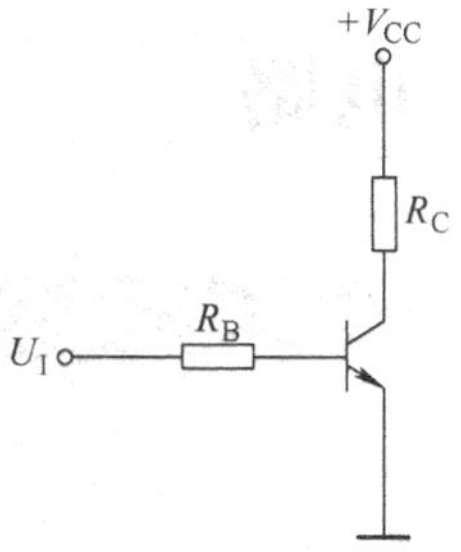

图 8-33 习题 3(6)图

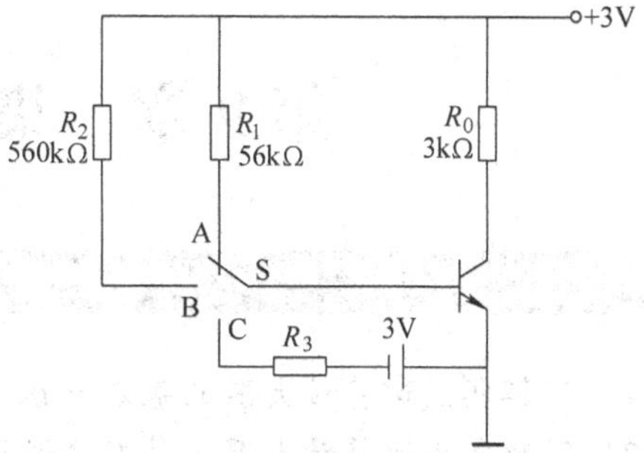

图 8-34 习题 3(7)图

(8) 已知图 8-35 所示电路的晶体管的$\beta=100$，负载电阻$R_L=2k\Omega$，试用微变等效电路法求解下列问题：1)不接负载电阻时的电压放大倍数；2)接负载电阻$R_L=2k\Omega$时的电压放大倍数；3)电路的输入电阻和输出电阻。

(9) 放大电路如图 8-36 所示，已知晶体管的$\beta=100$，$r_{bb'}=200\Omega$，$U_{BEQ}=0.7V$。试求：1)计算静态工作点；2)画出 H 参数小信号等效电路，求A_u、R_i、R_o。

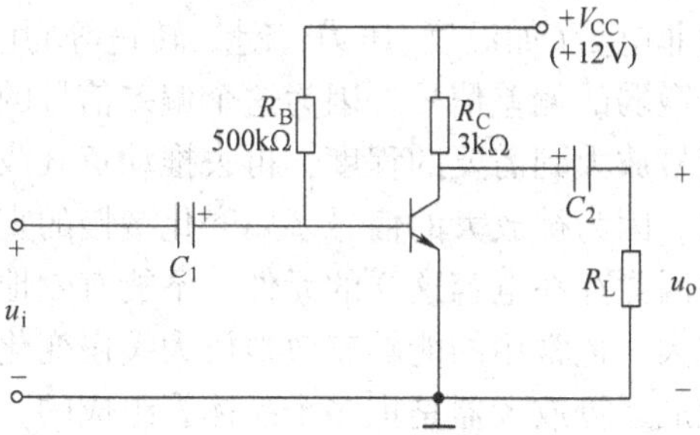

图 8-35 习题 3(8)图

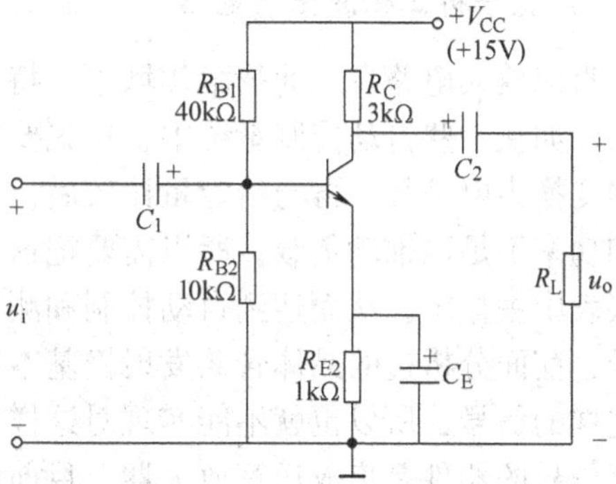

图 8-36 习题 3(9)图

(10) 在图 8-37 所示放大电路中，已知晶体管的$\beta=80$，$r_{bb'}=200\Omega$，$R_{B1}=62k\Omega$，$R_{B2}=16k\Omega$，$R_E=2.2k\Omega$，$R_C=4.3k\Omega$，$R_L=5.1k\Omega$。试求：(1)I_{BQ}、I_{CQ}、U_{CEQ}；(2)画出 H 参数小信号等效电路，求A_u、R_i、R_o。

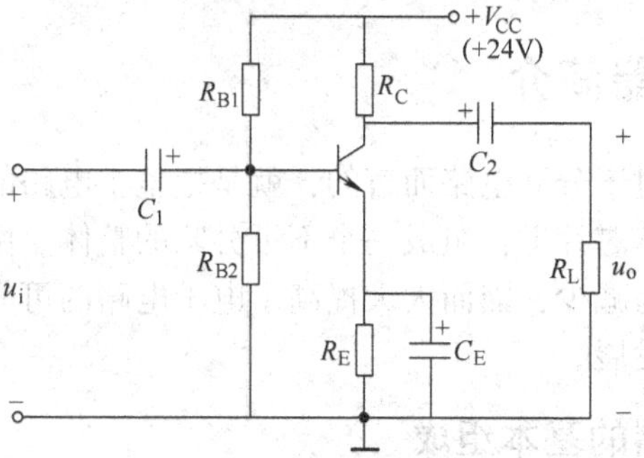

图 8-37 习题 3(10)图

第9章　集成运算放大电路

直流放大电路在工业技术领域中，特别是在一些测量仪器和自动控制系统中应用得非常广泛。如在一些自动控制系统中，首先要把被控的非电量（如温度、压力、流量、转速等）用传感器变换为电信号，再与给定量比较后，得到一个微弱的偏差信号。因为这个偏差信号的幅度和功率不足以推动负载，所以需要把这个偏差信号放大到需要的程度，再去推动负载或送到仪表中去显示，从而达到自动控制和测量的目的。因为被放大的信号多属变化缓慢的直流信号，前面分析过的晶体管共发射极基本放大电路因为存在电容这样的元件，不能有效地耦合这样的信号，所以也就不能实现对这样信号的放大。最常用的能够有效地放大缓慢变化的直流信号的器件是集成运算放大器，目前所用的集成运算放大器是把多个晶体管组成的直接耦合的具有高放大倍数的电路集成在一块微小的硅片上。集成运算放大器最初应用于模拟电子计算机，用于实现加、减、乘、除、比例、积分等运算功能，并因此而得名。随着集成电路的发展，以差分放大电路为基础的各种集成运算放大器迅速发展起来，由于其运算精度的提高和工作可靠性的增强，很快便成为一种灵活的通用器件，在信号变换、测量技术、自动控制领域都获得了广泛的应用。

9.1　集成运算放大器简介

所谓集成电路，是相对于分立电路而言的，就是把整个电路的各元器件以及相互之间的连线同时制作在一块半导体芯片上，组成一个不可分割的整体。由于集成电路中元器件密度高、引线短，外部接线大为减少，因而大大提高了电子电路的可靠性和灵活性，促进了很多科学技术领域先进技术的发展。

9.1.1　集成运算放大器的基本组成

集成运算放大器是一种集成化的半导体器件。它实质上是一个具有很高放大倍数的直接耦合的多级放大电路，可以简称为集成运放组件。实际的集成运放组件有许多不同的型号，每一种型号的内部线路都不同，从使用的角度来看，我们应了解的只是它的参数和特性指标以及使用方法。集成运算放大器的类型很多，电路也各不相同，但从电路的角度来看，基本上都由输入级、中间级、输出级和偏置电路四个部分组成，如图9-1所示。输入级一般采用具有恒流源的双输入端差分放大电路，其目的就是减小放大电路的零点漂移、提高输入阻抗。中间级的主要作用是电压放大，使整个集成运算放大器有足够的电压放大倍数。输出级一般采用射极输出器，其目的是实现与负载的匹配，使电路有较大的功率输出和较强的带负载能力。偏置电路的作用是为上述各级电路提供稳定合适的偏置电流，稳定各级的静态工作点，一般由各种恒流源电路构成。

图9-2所示为LM741型集成运算放大器的外形和引脚图。它有8个引脚，各引脚的用途如下：

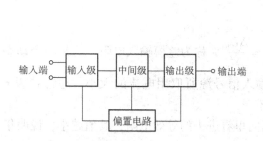

图9-1　集成运算放大器的基本放大电路

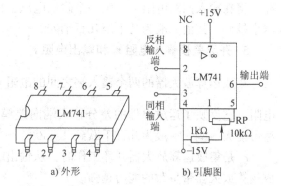

a) 外形　　　　b) 引脚图

图9-2　LM741型集成运算放大器的外形和引脚图

1. 输入端和输出端

LM741的引脚6为放大器的输出端，引脚2和3为差分输入级的两个输入端。引脚2为反相输入端，输入信号由此端接入时，输出端的输出信号与输入信号反相（或极性相反）。引脚3为同相输入端，输出信号由此端接入时，输出端的输出信号与输入信号同相（或极性相同）。集成运算放大器的反相输入端和同相输入端绝对不能搞错。

2. 电源端

引脚7与4为外接电源端，为集成运算放大器提供直流电源。集成运算放大器通常采用双电源供电方式，引脚4接负电源组的负极，引脚7接正电源组的正极，使用时不能接错。

3. 调零端

引脚1和5为外接调零电位器端。集成运算放大器的输入级虽为差分电路，但电路参数和晶体管特性不可能完全对称，因而当输入信号为零时输出一般不为零。调节调零电位器RP可使输入信号为零时，输出信号为零。

9.1.2　集成运算放大器的主要参数

集成运算放大器性能的好坏常用一些参数表征。这些参数是选用集成运算放大器的主要依据。下面介绍集成运算放大器的一些主要参数。

1. 最大输出电压 U_{OPP}

能使输出电压和输出电流保持不失真关系的最大输出电压称为集成运算放大器的最大输出电压。F007型集成运算放大器的最大输出电压约为 ±12V。

2. 开环电压放大倍数 A_{uo}

在没有外接反馈电路时所测出的差模电压放大倍数，即为开环电压放大倍数。A_{uo} 越高，所构成的运算放大器越稳定，精度也越高。

3. 输入失调电压 U_{IO}

在理想情况下，当输入信号为零时，输出电压 $u_o = 0$。实际上，当输入信号为零时，输出 $u_o \neq 0$，应在输入端加上相应的补偿电压使其输出电压为零，该补偿电压称为输入失调电压 U_{IO}。U_{IO} 一般为毫伏级。

4. 输入失调电流 I_{IO}

当输入信号为零时，输入级两个差分端的静态电流之差称为输入失调电流 I_{IO}。I_{IO} 的存在，将在输入回路电阻上产生一个附加电压，使输入信号为零时，输出电压 $u_o \neq 0$，所以 I_{IO} 越小越好，其值一般为几十至几百纳安。

5. 开环差模输入电阻 r_i 和输出电阻 r_o

集成运算放大器的两个输入端之间的电阻 $r_i = \dfrac{\Delta U_{IO}}{\Delta I_i}$，称为差模输入电阻。这是一个动态电阻，它反映了运放组件的差分输入端向差模输入信号源所取用电流的大小。通常希望 r_i 尽可能大一些，一般为几百千欧到几兆欧。

r_o 是集成运算放大器开环工作时，从输出端向里看进去的等效电阻，其值越小，说明集成运算放大器带负载的能力越强。

6. 共模抑制比 K_{CMR}

共模抑制比是衡量输入级各参数对称程度的标志，它的大小反映了集成运算放大器抑制共模信号的能力，其定义为差模电压放大倍数与共模电压放大倍数的比值，表示为

$$K_{CMR} = \frac{A_{ud}}{A_{uc}}$$

7. 最大共模输入电压 U_{ICM}

U_{ICM} 是指集成运算放大器在线性工作范围内所能承受的最大共模输入电压。集成运算放大器对共模信号具有抑制的性能，这个性能在规定的共模电压范围内才具备。如果超出这个电压范围，集成运算放大器的共模抑制性能就下降，甚至损坏器件。

9.1.3 集成运算放大器的基本分析方法

在分析集成运算放大器时，为了简化分析并突出主要性能，通常把集成运算放大器看成是理想集成运算放大器。理想集成运算放大器应当满足下列条件：

1）开环电压放大倍数 $A_{uo} \to \infty$。

2）开环差模输入电阻 $r_i \to \infty$。

3）开环差模输出电阻 $r_o \to 0$。

4）共模抑制比 $K_{CMR} \to \infty$。

理想集成运算放大器当然是不存在的，但是由于实际集成运算放大器的参数接近理想集成运算放大器的条件，通常可以把集成运算放大器看成理想器件。用分析理想集成运算放大器的方法分析和计算实际集成运算放大器，所得到的结果完全可以满足工程要求。

集成运算放大器可以工作在线性区域，也可以工作在非线性区域。理想集成运算放大器的符号如图9-3所示，集成运算放大器的开环电压放大倍数 A_{uo} 很大，即使加到两个输入端的信号很小，甚至受到一些外界信号的干扰，都会使输出达到饱和，从而进入非线性状态。在直流信号放大电路中使用的集成运算放大器是工作在线性区域的，把集成运算放大器作为一个线性放大器件应用，它的输出和输入之间应满足如下关系：

$$u_o = A_{uo}u_i = A_{uo}(u_+ - u_-) \tag{9-1}$$

集成运算放大器的电压传输特性如图9-4所示。图中横坐标 $u_i = u_+ - u_-$，实线表示理想集成运算放大器的电压传输特性，虚线表示实际集成运算放大器的电压传输特性。由于实际集成运算放大器的 $A_{uo} \neq \infty$，当输入信号电压 $u_i = u_+ - u_-$ 很小时，经过放大 A_{uo} 倍后，输出电压幅值仍小于集成运算放大器的饱和电压 $+U_{om}$（或者 $-U_{om}$），所以实际集成运算放大器有一个线性工作区域（实际集成运算放大器电压传输特性曲线的斜直线部分）。但由于 A_{uo} 很大，实际集成运算放大器的特性很接近理想特性，如果将集成运算放大器的外部电路接成正反馈，则可以加速变化过程，使实际的电压传输特性更接近理想特性。

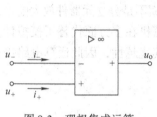

图9-3 理想集成运算
放大器的符号

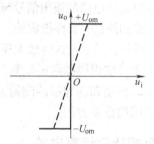

图9-4 集成运算放大器的
电压传输特性

为了使集成运算放大器工作在线性区域，通常把外部电阻、电容、半导体器件等跨接在集成运算放大器的输出端，与反相输入端之间构成闭环工作状态，限制其电压放大倍数。工作在线性区域的理想集成运算放大器有如下两个重要结论：

（1）集成运算放大器同相输入端和反相输入端的电位相等（虚短） 由式（9-1）可知，在线性工作范围内，集成运算放大器两个输入端之间的电压为

$$u_i = u_+ - u_- = \frac{u_o}{A_{uo}}$$

而理想集成运算放大器的 $A_{uo} \to \infty$，输出电压 u_o 又是一个有限值，所以有

$$u_i = u_+ - u_- \approx 0$$

即

$$u_+ \approx u_- \tag{9-2}$$

（2）集成运算放大器同相输入端和反相输入端输入电流等于零（虚断） 因为理想集成运算放大器的 $r_i \to \infty$，所以由同相输入端和反相输入端流入集成运算放大器的信号电流为零，即

$$i_+ \approx i_- \approx 0 \tag{9-3}$$

由第一个结论可知，集成运算放大器同相输入端和反相输入端的电位相等，因此两个输入端之间好像短路，但又不是真正的短路（即不能用一根导线把同相输入端和反相输入端短

接起来），故这种现象称为虚短。理想集成运算放大器工作在线性区域时，虚短现象总是存在的。

由第二个结论可知，理想集成运算放大器的两个输入端不从外部电路取用电流，两个输入端间好像断开一样，但又不能真正断开，故这种现象通常称为虚断。对于理想集成运算放大器，无论它是工作在线性区域还是工作在非线性区域，式（9-3）总是成立的。

应用上述两个结论，可以使集成运算放大器应用电路的分析过程大大简化，因此这两个结论是分析集成运算放大器组成的电路的重要依据。

集成电运算放大器工作在饱和区域时，式（9-1）不能满足，这时输出电压 u_o 只有两种可能，或等于 $+U_{om}$ 或等于 $-U_{om}$。而 u_+ 与 u_- 不相等：当 $u_+ > u_-$ 时，$u_o = +U_{om}$；当 $u_+ < u_-$ 时，$u_o = -U_{om}$。

9.2 基本运算电路

运算电路是指电路的输出信号与输入信号之间存在某种数学运算关系的电路。运算电路是由运算放大器和外接元器件组成的，工作时运算放大器工作于线性区域，因此这时运算放大器都引入了负反馈，只不过这时放大环节是集成运算放大器而不是分立元器件放大电路而已。

运算电路可实现模拟量的运算。现今，尽管数字计算机在多方面代替了模拟计算机，然而在许多实时控制和物理量的测量方面，模拟运算仍有其优越性，因此运算电路仍是集成运算放大器应用的重要方面。

9.2.1 反相比例运算电路

如图 9-5 所示，输入信号 u_i 经外接电阻 R_1 送到反相输入端，而同相输入端通过电阻 R_2 接地。反馈电阻 R_F 跨接在输出端和反相输入端之间，形成电压并联负反馈。

根据集成运算放大器工作在线性区域时的两条分析依据，即

$$i_+ \approx i_- \approx 0$$
$$u_+ \approx u_-$$

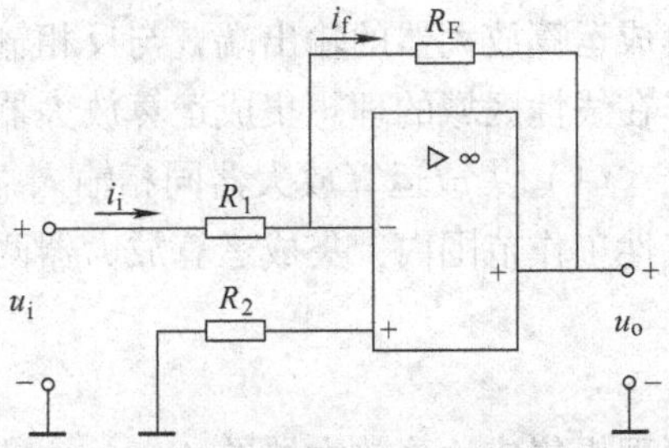

得　　　　　$u_+ \approx u_- \approx 0$ 称为虚地

$$i_i = i_f + i_- \approx i_f$$

所以　　　　$\dfrac{u_i - u_-}{R_1} = \dfrac{u_- - u_o}{R_F}$

即　　　　　$\dfrac{u_i}{R_1} = -\dfrac{u_o}{R_F}$

图 9-5 反相比例运算电路

因此，闭环（引入反馈后的）电压放大倍数为

$$A_{uf} = \frac{u_o}{u_i} = -\frac{R_F}{R_1} \tag{9-4}$$

可见，u_o 与 u_i 成正比，负号表示 u_o 与 u_i 相位相反，故称为反相比例运算电路。比例系数 A_{uf} 即为电路的电压放大倍数。改变 R_F 与 R_1 的比值，即可改变 A_{uf} 的值。若取 $R_1 = R_F$，则 $A_{uf} = -1$，这时输出电压与输入电压数值相等、相位相反，即 $u_o = -u_i$，称此电路为反相器。

在反相比例运算电路中，只要 R_1 和 R_F 的阻值足够精确，就可以保证比例运算的精度和工作的稳定性。与晶体管构成的电压放大电路相比，显然用集成运算放大器设计电压放大电路既方便，性能又好，且可以按比例缩小。

图 9-5 中的 R_2 称为静态平衡电阻，其作用是消除静态基极电流对输出电压的影响，要求 $R_2 = R_1 /\!/ R_F$。今后凡在用运算放大器外接其他元器件组成集成运算电路时均应引入平衡电阻。

【例 9-1】　在图中 9-5 中，设 $R_1 = 10\text{k}\Omega$，$R_F = 50\text{k}\Omega$，求 A_{uf}。如果 $u_i = 0.5\text{V}$，u_o 为多少？

解：

$$A_{uf} = -\frac{R_F}{R_1} = -\frac{50}{10} = -5$$

$$u_o = A_{uf}u_i = (-5) \times 0.5\text{V} = -2.5\text{V}$$

9.2.2　同相比例运算电路

如图 9-6 所示，输入信号 u_i 经外接电阻 R_2 送到同相输入端，而反相输入端经电阻 R_1 接地。反馈电阻 R_F 跨接在输出端和反相输入端之间，形成电压串联负反馈。

根据集成运算放大器工作在线性区域时的两条依据，可得

$$i_i = i_f + i_- \approx i_f$$
$$u_+ \approx u_- = u_i$$

由图 9-6 可列出

$$\frac{0 - u_i}{R_1} = -\frac{u_i - u_o}{R_F}$$

解得

$$u_o = \left(1 + \frac{R_F}{R_1}\right)u_i$$

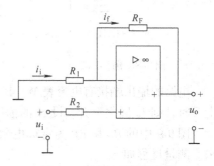

图 9-6　同相比例运算电路

闭环电压放大倍数为

$$A_{uf} = \frac{u_o}{u_i} = 1 + \frac{R_F}{R_1} \tag{9-5}$$

可见，u_o 与 u_i 成正比且同相，故称此电路为同相比例运算电路。也可以认为 u_o 与 u_i 之间的比例关系与集成运算放大器本身无关，只取决于电阻，其精度和稳定度很高。A_{uf} 为正值，这表示 u_o 与 u_i 同相。且 A_{uf} 总大于或等于 1，即只能放大信号，这点与反相比例运算电路不同。另外，在同相比例运算电路中，信号源提供的信号电流为 0，即输入电阻无穷大，这也是同相比例运算电路特有的优点。

当 $R_1 = \infty$（断开）或 $R_F = 0$ 时，则 $A_{uf} = u_o/u_i = 1$，输出电压与输入电压始终相同，这时电路称为电压跟随器，如图 9-7 所示。电压跟随器放在输入级可减轻信号源的负担，放在两级电路的中间可起到隔离电路的作用。

【例 9-2】　分析图 9-8 所示电路的输出电压与输入电压的关系，并说明电路的作用。

解：图 9-8 所示电路中反相输入端未接电阻 R_1（即

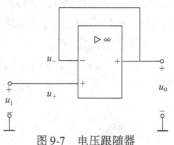

图 9-7　电压跟随器

$R_1 = \infty$），稳压管电压 U_{VS} 作为输入信号 u_i 加到同相输入端，该电路形式如同电压跟随器，则有

$$u_o = u_i = U_{VS}$$

由于比较稳定、精确，此电路可作为基准电压源，且可以提供较大输出电流。

图 9-9 所示为电子温度计原理图。A_1 和 A_2 分别为同相比例运算和反相比例运算电路。晶体管 VT 为温度传感器，管子的导通电压 U_{BE} 随温度 t 线性变化，温度系数为负值，即 t 上升时 U_{BE} 减小，这时信号源电压 $u_S = \Delta U_{BE}$。设温度 t 的变化范围为 $-50 \sim 50℃$。电容 C 可对交流干扰起旁路作用。

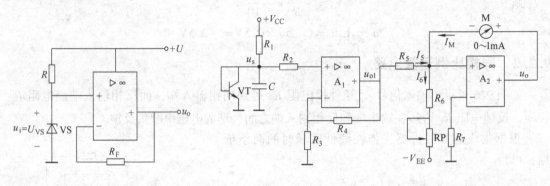

图 9-8 例 9-2 图   图 9-9 电子温度计原理图

电路的输出端接有电流表 M，其量程范围为 $0 \sim 1mA$，与温度 t 的变化范围相对应，当 t 上升时，则 I_M 随之上升。设 M 的标尺刻度为 100 格，则每格对应温升 1℃。

图 9-9 中的 R_6 和 RP 为定标电阻。在 $t = -50℃$ 时，调节 RP 使 $I_M = 0$，则 I_6 就固定下来。测量过程如下：

$$t \uparrow \rightarrow u_S \downarrow \rightarrow u_{o1} \downarrow \rightarrow u_o \uparrow \rightarrow I_M \uparrow$$

当温度下降时，则各量变化相反，M 指示值下降。

9.2.3 加减运算电路

1. 加法运算电路

加法运算电路的输出电压与若干个输入电压的代数和成比例。在实际应用中，常需要对一些信号进行组合处理，各个信号既要有公共的接地点，又要能够组合，实际中往往把电压信号转换成电流信号之后再进行加减。如果在反相比例运算电路的输入端增加若干输入电路，如图 9-10 所示，则构成反相加法运算电路。

由节点电流定律得

$$i_f = i_{11} + i_{12} + i_{13}$$

依据 $$u_+ \approx u_- \approx 0$$

有

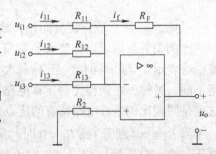

图 9-10 反相加法运算电路

$$i_{11} = \frac{u_{i1}}{R_{11}}, \quad i_{12} = \frac{u_{i2}}{R_{12}}, \quad i_{13} = \frac{u_{i3}}{R_{13}}$$

整理得

$$u_o = -\left(\frac{R_F}{R_{11}}u_{i1} + \frac{R_F}{R_{12}}u_{i2} + \frac{R_F}{R_{13}}u_{i3}\right)$$

当 $R_{11} = R_{12} = R_{13} = R_1$ 时，则上式为

$$u_o = -\frac{R_F}{R_1}(u_{i1} + u_{i2} + u_{i3}) \tag{9-6}$$

当 $R_1 = R_F$ 时，则有

$$u_o = -(u_{i1} + u_{i2} + u_{i3})$$

平衡电阻为

$$R_2 = R_{11} /\!/ R_{12} /\!/ R_{13} /\!/ R_F$$

【例 9-3】 一个测量系统的输出电压和一些待测量(经传感器变换为电压信号)的关系为 $u_o = u_{i1} + 4u_{i2} + 2u_{i3}$，试用集成运算放大器构成信号处理电路，若取 $R_F = 100\text{k}\Omega$，求各电阻值。

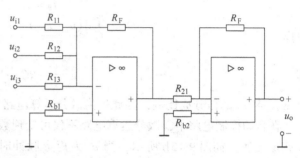

图 9-11 例 9-3 图

解： 分析得知输入信号为加法关系，因此第一级采用加法电路，输入信号与输出信号要求同相位，所以再加一级反相器。电路构成如图 9-11 所示。

推导第一级电路的各阻值：

$$u_o = -\left(\frac{R_F}{R_{11}}u_{i1} + \frac{R_F}{R_{12}}u_{i2} + \frac{R_F}{R_{13}}u_{i3}\right)$$

由 $R_F = 100\text{k}\Omega$ 得

$$R_{11} = 100\text{k}\Omega, \quad R_{12} = 25\text{k}\Omega, \quad R_{13} = 50\text{k}\Omega$$

平衡电阻为

$$R_{b1} = R_F /\!/ R_{11} /\!/ R_{12} /\!/ R_{13} = 100\text{k}\Omega /\!/ 100\text{k}\Omega /\!/ 25\text{k}\Omega /\!/ 50\text{k}\Omega = 12.5\text{k}\Omega$$

第二级为反相电路，则有

$$R_{21} = R_F = 100\text{k}\Omega$$

平衡电阻为

$$R_{b2} = R_F /\!/ R_{21} = 100\text{k}\Omega /\!/ 100\text{k}\Omega = 50\text{k}\Omega$$

2. 减法运算电路

如果两个输入端都有信号输入，则为差分输入。差分运算在测量和控制系统中应用很多，差分输入放大电路如图 9-12 所示。

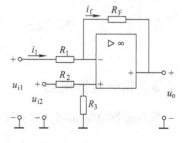

图 9-12 差分输入放大电路

根据叠加原理可知，u_o 为 u_{i1} 和 u_{i2} 分别单独在反相比例运算电路和同相比例运算电路上产生的响应之和，即

$$u_o = u_o' + u_o'' = \left(1 + \frac{R_F}{R_1}\right)u_+ - \frac{R_F}{R_1}u_{i1} = \left(1 + \frac{R_F}{R_1}\right)\frac{R_3}{R_2 + R_3}u_{i2} - \frac{R_F}{R_1}u_{i1}$$

当 $R_1 = R_2$、$R_3 = R_F$ 时，则有

$$u_o = \frac{R_F}{R_1}(u_{i2} - u_{i1}) \tag{9-7}$$

可见，此电路输出电压与两输入电压之差成比例，故称其为差动运算电路或减法运算电路。其差模放大倍数只与电阻 R_1 与 R_F 的取值有关。当 $R_1 = R_F$ 时，则 $u_o = u_{i2} - u_{i1}$。

在控制和测量系统中，两个输入信号可分别为反馈输入信号和基准信号，取其差值送到放大器中进行放大后可控制执行机构。

差分输入放大电路结构简单，但若输入信号不止一个且输入信号之间有一定的关系时调整电阻比较困难。差分输入时电路存在共模电压，为了保证运算精度，应当选用 K_{CMR} 较高的集成运算放大器。

9.2.4 微分运算电路

微分运算电路如图 9-13a 所示。依据 $u_+ \approx u_- \approx 0$，可得

$$i_R = u_C$$

所以

$$C \frac{\mathrm{d}(u_i - u_-)}{\mathrm{d}t} = \frac{u_- - u_o}{R}$$

即

$$u_o = -RC \frac{\mathrm{d}u_i}{\mathrm{d}t} \tag{9-8}$$

可见 u_o 与 u_i 的微分成比例，因此称为微分运算电路。

在自动控制电路中，微分运算电路不仅可实现数学微分运算，还可以用于延时、定时以及波形变换。如图 9-13b 所示，当 u_i 为矩形脉冲时，则 u_o 为尖脉冲。这是由于在 $u_i = U$ 期间 $\mathrm{d}u_i/\mathrm{d}t = 0$，在 u_i 的上升沿或下降沿 $\mathrm{d}u_i/\mathrm{d}t$ 值很大，u_o 等于运算放大器饱和时的输出电压 $\pm U_{om}$。显然正的尖脉冲比 u_i 的上升沿滞后一个信号脉冲宽度 t_p，可见微分运算电路对输入信号的脉冲沿起延时作用。

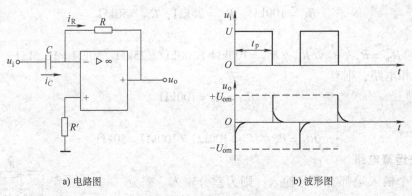

a) 电路图　　　　　　　　　b) 波形图

图 9-13　微分运算电路

9.2.5 积分运算电路

积分运算电路如图 9-14a 所示。由电路可得

$$u_o = u_C = -\frac{1}{C} \int i_C \mathrm{d}t = -\frac{1}{C} \int i_R \mathrm{d}t = -\frac{1}{C} \int \frac{u_i}{R} \mathrm{d}t = -\frac{1}{RC} \int u_i \mathrm{d}t \tag{9-9}$$

可见，u_o 与 u_i 的积分成比例，因此称为积分运算电路。若 $u_i = -U$，则由式(9-9)可得

$$u_o = \frac{U}{RC}t + u_C(0) \tag{9-10}$$

此时 u_o 与时间 t 成比例，其中 $u_C(0)$ 为电容 C 端电压的初始值，图 9-14b 所示为 $u_C(0)=0$ 时 u_o 和 u_i 的波形。

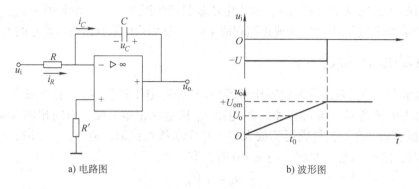

图 9-14 积分运算电路

微分和积分运算电路应用很广，除了微积分运算外，还可用于延时、波形变换、波形发生、模-数转换以及移相等。由于微分与积分互为逆运算，两者的应用也类似，下面仅举几个积分运算电路的应用例子。

（1）延时作用 由图 9-14b 可知，如果积分运算电路输出端的负载所需驱动电压为 $u_o=U_o$，则在 $t=0$ 时使 $u_i=-U$，则经过时间 t_0，输出电压 u_o 即上升达到 U_o 值使负载动作。

（2）将方波变换为三角波 如果积分运算电路的 u_i 为方波，则根据式（9-9）可画出 u_o 波形为三角波，u_i 和 u_o 波形如图 9-15a 所示。

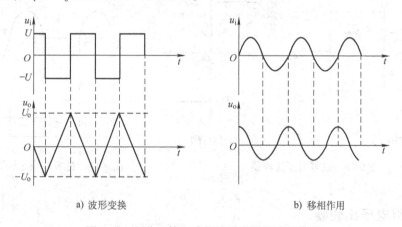

图 9-15 积分运算电路的波形变换和移相作用

（3）移相作用 如果积分运算电路中 u_i 为正弦波，则由式（9-9）可求得 u_o 为余弦波，u_i 和 u_o 波形如图 9-15b 所示，可见 u_o 超前 u_i 90°，因此积分运算电路可对输入正弦信号实现移相。

9.3 电压比较器

电压比较器是一种用来比较输入信号 u_i 和参考电压 u_R 的电路。集成运算放大器作比较器时，常工作于开环状态，为了改善输入输出特性，常在电路中引入正反馈。输入电压 u_i

接集成运算放大器的一个输入端，参考电压 u_R 接集成运算放大器的另一输入端，通过集成运算放大器对两个电压进行比较，由集成运算放大器的输出状态反映所比较的结果。当输入信号的幅度出现微小的不同时，输出电压就将产生跃变，由正饱和值 $+U_{om}$ 变成负饱和值 $-U_{om}$，或者由负饱和值 $-U_{om}$ 变成正饱和值 $+U_{om}$。从而据此来判断输入信号的大小和极性。

9.3.1 过零电压比较器

参考电压为零的比较器称为过零比较器(亦称为零电平比较器)，它是最为简单的一种比较器，如图 9-16 所示。输入信号 u_i 经电阻 R_1 接至反相输入端，而同相输入端接地，有 $u_+ = 0$。根据前面的介绍，集成运算放大器工作于非线性区时，有 $u_+ > u_-$ 时，$u_o = +U_{om}$，当 $u_- > u_+$ 时，$u_o = -U_{om}$。显然，当 $u_i < 0$ 时，有

$$u_o = +U_{om} \tag{9-11}$$

当 $u_i > 0$ 时，有

$$u_o = -U_{om} \tag{9-12}$$

也就是说，每当输入信号越过零时，输入电压就要发生翻转，由一个状态跃变到另一个状态 (由 $+U_{om}$ 到 $-U_{om}$，或者由 $-U_{om}$ 到 $+U_{om}$)。因此，过零电压比较器能够实现对输入信号的过零检测，利用这一点，可以实现波形的转换，例如，输入信号是正弦波，输出信号就变成了矩形波，如图 9-17 所示。这种比较器结构简单，但抗干扰能力不强，应用较少。

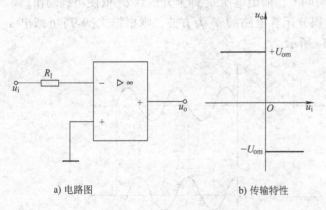

图 9-16　过零电压比较器

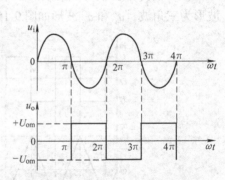

图 9-17　过零电压比较器的波形图

9.3.2 单限电压比较器

将图 9-16a 中的同相输入端外接一参考电压 U_R，就构成了单限电压比较器，如图 9-18a 所示。这种比较器的输出电压 u_o 其实是输入电压 u_i 与参考电压 U_R 比较的结果。根据前面的分析知，当 $u_i < U_R$ 时，有

$$u_o = +U_{om} \tag{9-13}$$

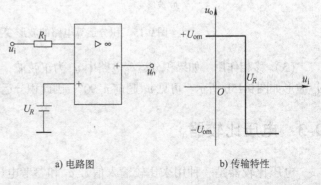

图 9-18　单限电压比较器

当 $u_i > U_R$ 时，有

$$u_o = -U_{om} \tag{9-14}$$

单限电压比较器的传输特性如图9-18b所示。

9.3.3　滞回电压比较器

滞回电压比较器也叫迟滞电压比较器，如图9-19a所示。它是从输出端引出一个反馈电阻到同相输入端，形成正反馈，这样使作为参考电压的同相输入端的电压随输出电压而变化，达到移动过零的目的。

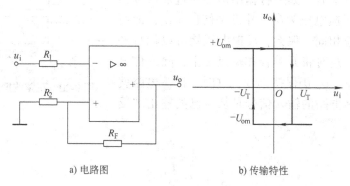

a) 电路图　　　　　　　　b) 传输特性

图9-19　滞回电压比较器

当输出电压为 $+U_{om}$ 时，同相输入端的电压为

$$u_+ = \frac{R_2}{R_2 + R_F} U_{om} = U_T \tag{9-15}$$

只要，$u_i < U_T$，输出总是 $+U_{om}$。一旦 u_i 从小于 U_T 逐渐增加到大于 U_T，输出电压将从 $+U_{om}$ 跃变为 $-U_{om}$。

此后，当输出为 $-U_{om}$ 时，同相输入端的电压为

$$u_+ = \frac{R_2}{R_2 + R_F}(-U_{om}) = -U_T \tag{9-16}$$

此间，只要 $u_i > -U_T$，输出将保持 $-U_{om}$ 不变，一旦 u_i 由大逐渐减小到小于 $-U_T$，输出电压将从 $-U_{om}$ 跃变到 $+U_{om}$。

可见，输出电压由正变负，又由负变到正，所对应的参考电压 U_T 与 $-U_T$ 是不同的值。这就是比较器具有的迟滞特性，传输特性具有迟滞回线的形状，如图9-19b所示。两个参考电压之差 $U_T - (-U_T) = 2U_T$，称为"回差"。改变 R_2 的值，就可以改变回差的大小。

与过零电压比较器相比，滞回电压比较器的抗干扰能力非常强。比如，输入信号因受到干扰，在零值附近反复发生微小的变化，过零电压比较器会在很短的时间内，输出发生多次跃变，如果用这样的一个电压去控制执行机构(如继电器)，将出现频繁动作的现象，这对于设备的正常运行是很不利的，应当禁止。而改用滞回电压比较器后，情况则好得多，只要干扰信号的幅度不超过 U_T，则比较器的输出就不会发生翻转。

9.4 振荡电路

根据电路产生波形的不同，振荡电路分成正弦波振荡电路和非正弦波振荡电路。

9.4.1 正弦波振荡电路的基本概念

1. 正弦波振荡电路的振荡条件

在图 9-20 中，$\dot{A}$ 是基本放大电路，$\dot{F}$ 是反馈网络。当开关 S 拨至端点 1 时，如果将输出信号通过反馈电路反馈到输入端，反馈电压为 $\dot{U}_f$，并设法使 $\dot{U}_f = \dot{U}_i$，即两者大小相等，相位相同。那么，反馈电压就可以代替外加输入信号电压，这时将开关合在端点 2 上，除去信号源而接上反馈电压，$\dot{U}_o$ 仍保持不变，这时，振荡电路就自激振荡了，振荡电路的输入信号是从自己的输出端反馈回来的。

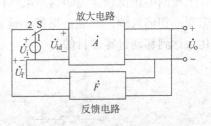

图 9-20 正弦波振荡电路的框图

因为

$$\dot{A} = \frac{\dot{U}_o}{\dot{U}_i}$$

$$\dot{F} = \frac{\dot{U}_f}{\dot{U}_o}$$

当 $\dot{U}_f = \dot{U}_i$ 时，$\dot{A}\dot{F} = 1$，因此，振荡电路自激振荡的条件是：

（1）幅度平衡条件　要有足够的反馈量，使 $|\dot{A}\dot{F}| = 1$，即反馈电压要等于所需输入电压 $U_f = U_i$。

（2）相位平衡条件　$\varphi_a + \varphi_f = 2n\pi\,(n = 0,1,2,\cdots,L)$，相位平衡条件要求放大器对信号的相移与反馈网络对信号的相移之和为 $2n\pi$，即电路必须引入正反馈。

以上就是振荡电路工作的两个基本条件。为了获得某一指定频率 f_0 的正弦波，可在放大电路或反馈电路中，加入具有选频特性的网络，使只有某一选定频率 f_0 的信号满足振荡条件，而其他频率的信号则不满足振荡条件。

2. 振荡电路的起振与稳幅

振荡电路有稳定的信号输出，那么最初的原输入信号是怎么产生的呢？

当振荡电路刚接通电源时随着电路中的电流从零开始突然增大，电路中就产生了电流扰动，它包含了从低频到高频的各种频率的微弱信号，其中必有一种频率的信号满足振荡电路自激振荡的相位平衡条件，产生正反馈，其他频率信号则被选频网络抑制掉。如果此时放大器的放大倍数足够大，满足 $|\dot{A}\dot{F}| > 1$ 的条件，则经过电路的不断放大后，输出信号在很短的时间内就由小变大，由弱变强，使电路振荡起来。随着电路输出信号的增大，放大电路内的晶体管的工作范围进入截止区和饱和区，电路的放大倍数自动地逐渐减小，从而限制了振荡幅度的无限增大，或者在电路中采用负反馈等措施也可限制振荡幅度。当 $|\dot{A}\dot{F}| = 1$ 时，电路就有稳定的信号输出。从电路的起振到形成稳幅振荡所需的时间是极短的(大约经历几个振荡周期的时间)。

3. 振荡电路的组成

根据振荡电路对起振、稳幅和振荡频率的要求，振荡电路由以下几部分组成：

（1）放大电路　它具有放大信号的作用，并将电源的直流电能转换成振荡信号的交流电能。

（2）反馈网络　它形成正反馈，满足振荡电路自激振荡的相位平衡条件。

（3）选频网络　在正弦波振荡电路中，它的作用是选择某一频率 f_0，使之满足振荡条件，形成单一频率的振荡。

（4）稳幅电路　用于稳定振荡电路输出信号的振幅，改善波形。

4. 振荡电路的分析

对振荡电路的分析，包含判断电路能否产生振荡、振荡电路的振荡频率是多少等。

通常可采用下列步骤进行分析：

1）检查电路是否具有放大电路、反馈网络、选频网络和稳幅电路，特别是前三项。

2）检查放大电路的静态工作点是否合适，是否满足放大条件。

3）判断电路能否振荡：一般说来，振荡电路的幅度平衡条件容易满足，主要是检查电路的相位平衡条件，即判断电路是否有正反馈，可用瞬时极性法来加以判断。

5. 振荡电路的分类

为了保证振荡电路产生单一频率的正弦波，电路中必须包含选频网络，根据组成选频网络的元器件的不同，可将振荡电路分为 RC 正弦波振荡电路、LC 正弦波振荡电路和石英晶体正弦波振荡电路。

9.4.2 RC 正弦波振荡电路

RC 正弦波振荡电路是利用电阻器 R 和电容器 C 组成选频电路的振荡电路，常见的 RC 正弦波振荡电路有桥式、移相式和双 T 式等几种。由于 RC 桥式正弦波振荡电路结构简单、易于调节所以经常被采用。图 9-21 所示为 RC 正弦波振荡电路的一种，又称为文氏桥振荡电路。它一般用来产生 200Hz 以下的正弦低频信号，目前的低频信号源大多采用这种振荡电路形式。

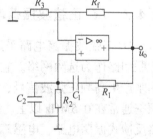

图 9-21　RC 桥式振荡电路

对于 RC 选频电路来讲，振荡电路的输出电压 u_o 是它的输入电压，它的输出电压 u_i 送到同相输入端，是集成运算放大器的输入电压。由 2.3.4 节可知，只有当 $f=f_0=1/2\pi RC$ 时，u_o 与 u_i 同相，并且 $|F| = \dfrac{u_i}{u_o} = \dfrac{1}{3}$。而同相比例运算电路的放大倍数为

$$|A_u| = 1 + \frac{R_f}{R_3}$$

可见，当 $R_f = 2R_1$ 时，$|A_u| = 3$，$|A_uF| = 1$。u_o 与 u_i 同相，也就是电路具有正反馈。起振时，使 $|A_uF| = 1$，$|A_u| > 3$，即可 $R_f > 2R_1$。若 $R_f \leqslant 2R_3$，则电路不能振荡；若 $A_f \gg 3$，则会造成电路的输出波形失真，变成近似于方波的波形。

图 9-22 是两种具有稳幅电路的文氏桥振荡电路。电路中分别利用二极管的非线性和热敏电阻的特性自动稳定输出信号的幅度。两种电路采用的元器件不同，但都是利用改变负反馈深度来达到稳幅的目的。

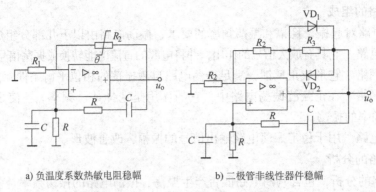

a) 负温度系数热敏电阻稳幅   b) 二极管非线性器件稳幅

图 9-22   具有稳幅电路的文氏桥振荡电路

RC 文氏桥正弦波振荡电路的特点是电路简单、容易起振，但调节频率不太方便，振荡频率不高，一般适用于 $f_0 < 1\text{MHz}$ 的场合。图 9-23 是一种实用的正弦波音频信号发生器的电路图。在电路中，采用双刀多波段开关，通过切换电容器来进行频率的粗调。采用双连同轴电位器来实现频率的细调，实现了在音频范围内信号频率的连续可调。

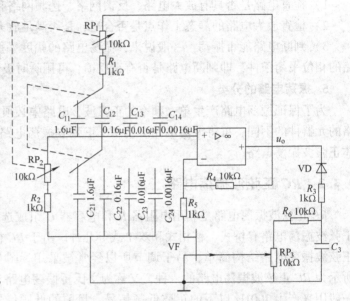

9.4.3 *LC* 正弦波振荡电路

LC 正弦波振荡电路采用 *LC* 并联回路作为选频网络。它主要用来产生高频正弦波信号，振荡

图 9-23   桥式振荡电路组成的正弦波音频信号发生器

频率通常在 0.5MHz 以上。按电路中反馈网络的形式不同，*LC* 正弦波振荡电路可分为变压器反馈式振荡电路、电感三点式振荡电路、电容三点式振荡电路等。

1. *LC* 并联网络的选频特性

LC 并联选频网络如图 9-24 所示。在图中，*R* 表示电感和电容的等效损耗电阻。因为一般选频网络都接在晶体管放大电路的输出端，所以用恒流源 I_o 近似等效晶体管的恒流。当信号频率变化时，在低频，并联阻抗为电感性，而且随着频率的降低，阻抗越来越小；在高频，并联阻抗为电容性，而且随着频率的升高，阻抗值也越来越小，可以证明，只有在中间的某一个频率 $f = f_0$ 时，并联阻抗为纯阻性且等效阻抗接近最大值。频率 f_0 就是 *LC* 的并联谐振频率。

由谐振电路原理可知，若忽略电阻 *R* 的影响，*LC* 并

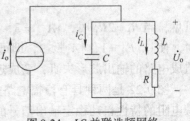

图 9-24   *LC* 并联选频网络

联网络的谐振频率为

$$f_0 \approx \frac{1}{2\pi\sqrt{LC}}$$

谐振时，电压$\dot{U}_o$与电流$\dot{i}_o$同相，电路呈纯电阻性。

LC并联部分的复数阻抗

$$\dot{Z} = \frac{\dfrac{L}{C}}{R + j\left(\omega L - \dfrac{1}{\omega C}\right)}$$

当$\omega = \omega_0\left(\omega_0 = \dfrac{1}{\sqrt{LC}}\right)$时，$\dfrac{L}{RC} = Z_0$被称为谐振时的等效阻抗；$\dfrac{\omega_0 L}{R} = Q$称为谐振回路的品质因数；当$\omega \approx \omega_0$，即$\omega$局限于$\omega_0$附近时，则有

$$\dot{Z} = \frac{Z_0}{1 + jQ\left(1 - \dfrac{\omega_0^2}{\omega^2}\right)}$$

由此可以画出LC并联电路的幅频特性和相频特性，如图9-25所示，由图可以看出：

1）当外加信号频率$f = f_0$时，LC并联网络发生谐振，此时的阻抗最大，输出电压$\dot{U}_o$也达到最大值，且输出电压$\dot{U}_o$与输出电流$\dot{i}_o$同相。当外加信号的频率f偏离f_0时，LC并联网络的阻抗很快下降，且相位差不为零，频率偏离得越大，LC并联网络的阻抗越小，相位差就越大。

2）谐振网络的品质因数Q值越大，幅频特性越尖锐，相频特性变化得越急剧，选频效果就越好。在L和C值不变的情况下，R越小，回路谐振时的能量损耗越小。一般Q值在几十至几百范围内。

2. 变压器反馈式正弦波振荡电路

图9-26所示电路是采用高频变压器构成的LC正弦波振荡电路。

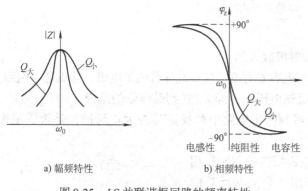

a) 幅频特性　　　b) 相频特性

图9-25　LC并联谐振回路的频率特性

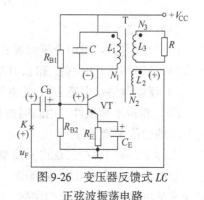

图9-26　变压器反馈式LC
正弦波振荡电路

（1）组成

1）放大电路。图中采用分压偏置式的共发射极放大电路，起放大和控制振荡幅度作用。电容C_E和C_B的电容较大，对交流近似为短路，分别起到旁路和耦合的作用。

2）选频网络。LC并联网络在晶体管的集电极，使电路在LC并联网络的谐振频率处获得振荡电压输出。

3）反馈网络。变压器二次绕组 L_2 作为反馈绕组，将输出电压的一部分反馈到电路的输入端，因此该电路被称为变压器反馈式振荡电路。

（2）电路能否振荡的判断

1）相位条件的判断就是判断电路是否为正反馈。可用瞬时极性法，具体方法是：断开图 9-26 中的 K 线，假设在电路输入端输入信号 u_i（上正下负），其频率为 LC 回路的谐振频率，此时晶体管集电极等效负载为一纯电阻，忽略其他电容、分布参数影响，u_o 与 u_i 反相，由于变压器同名端如图 9-26 所示，L_2 上的瞬时电压极性为上正下负，这样反馈信号在 L_2 上的电压与基极的输入信号极性相同，为正反馈，满足相位振荡条件。

2）幅度条件判断。L_2 和 L_1 同绕在一个铁心上，L_2 上的电压即反馈信号 u_F 的大小由匝数比 N_2/N_1 决定，当晶体管的放大倍数和绕组的匝数比合适时，即可满足幅度平衡条件。

（3）电路特点　变压器反馈式 LC 振荡电路容易起振，若用可变电压器代替固定电容 C，则可以方便地调节频率，其缺点是振荡频率不太高，通常为几兆赫至几十兆赫。

3. 电感三点式振荡电路

电感三点式振荡电路又称为哈特莱振荡电路，电路如图 9-27 所示。

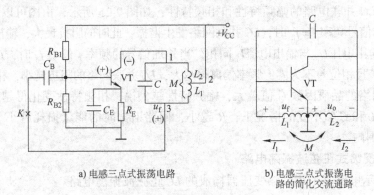

a) 电感三点式振荡电路　　　　b) 电感三点式振荡电路的简化交流通路

图 9-27　电感三点式振荡电路

（1）电路组成

1）放大电路：采用分压偏置式共发射极放大器。

2）选频网络：电感 L_1 和 L_2 串联再与电容 C 并联，接在晶体管的集电极，构成选频网络。

3）反馈网络：电感 L_1 上的电压为反馈电压 u_f，经 C_B 送到晶体管的基极。

（2）相位平衡条件　用瞬时极性法可判断出电路中的反馈是否为正反馈，是否满足振荡电路的相位平衡条件。

实际上，对于 LC 三点式振荡电路能否振荡的判断，用瞬时极性法往往会做出错误判断，不如用"射同基反"的口诀来加以判断更为准确和快捷。"射同基反"的含义是：对于 LC 三点式振荡电路的交流通路，如图 9-28 所示，晶体管的发射极与 LC 网络的接点两边元件的电抗性相同（如都为电感或都为电容），晶体管的基极与 LC 网络的接点两边元件的电抗性相反（一个为电感，一个为电容）。可以证明，此电路必满足振荡的相位平衡条件。

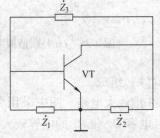

图 9-28　LC 三点式振荡电路的交流通路

在图 9-27 所示的电路中, 由于电感的三个端子分别与晶体管 VT 的三个电极相连, 故称为电感三点式振荡电路。

(3) 振荡频率 电感三点式振荡电路的振荡频率由 LC 并联网络的谐振频率确定, 即

$$f_0 = \frac{1}{2\pi \sqrt{(L_1 + L_2 + 2M)C}} = \frac{1}{2\pi \sqrt{LC}}$$

式中, M 是电感 L_1 和 L_2 间的互感; $L = L_1 + L_2 + 2M$ 为回路总电感。

(4) 电路特点 电感三点式振荡电路的结构简单, 容易起振, 调频方便, 只要将电容 C 换成可变电容器, 就可以方便地进行频率的连续调节。但由于反馈信号取自电感, 而电感对高次谐波的感抗大, 所以高次谐波的正反馈比基波强, 使输出波形中含有较多的高次谐波成分, 输出波形较差。此电路常用于对波形要求不高的设备中, 其振荡频率通常在几十兆赫以下。

4. 电容三点式振荡电路

电容三点式振荡电路又称为考毕兹电路, 电路如图 9-29 所示。

(1) 电路的组成 放大电路采用分压偏置式的共发射极放大电路。选频网络由电容 C_1 和 C_2 串联再与电感 L 并联组成。反馈信号 u_f 取自电容 C_1 两端, 送到晶体管 VT 的基极。

(2) 相位平衡条件 可以用瞬时极性法判断: u_f 与 u_i 同相, 即电路为正反馈, 满足相位平衡条件。用 "射同基反" 的口诀, 则更容易判断出此电路满足振荡电路的相位平衡条件。由于串联电容的三个端子分别与晶体管 VT 的三个电极相连, 故称为电容三点式振荡电路。

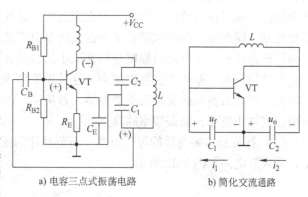

a) 电容三点式振荡电路　　b) 简化交流通路

图 9-29 电容三点式振荡电路

(3) 振荡频率 振荡频率由 LC 回路的谐振频率确定, 即

$$f_0 \approx \frac{1}{2\pi \sqrt{LC}} = \frac{1}{2\pi \sqrt{L\frac{C_1 C_2}{C_1 + C_2}}}$$

(4) 电路特点 由于电路的反馈电压取自电容两端, 而电容对高次谐波的容抗较小, 所以电路对高次谐波的正反馈比基波弱, 使得输出信号波形中的高次谐波成分少, 波形较好。电路的振荡频率比较高, 可达 100MHz 以上, 在电视机等高频设备中得到广泛的应用。但电容三点式振荡电路的频率调节不太方便, 常用切换电感的方法来改变频率, 不能实现频率的连续调节。电容三点式振荡电路的实用电路(电调谐电视机高频头的本振电路)如图 9-30 所示。

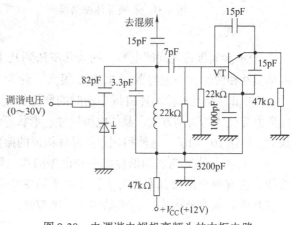

图 9-30 电调谐电视机高频头的本振电路

9.4.4 石英晶体振荡器

石英电子表的计时是非常准确的，这是因为在表的内部有一个用石英晶体做成的振荡电路，简称为"晶振"。和一般的 *LC* 振荡电路相比，石英晶振的频率稳定度相当高。所以在要求频率稳定度高的场合，都采用石英晶体振荡器。它广泛用于标准频率发生器、频率计、电话机、电视机、VCD 机、DVD 机和计算机等设备中。

1. 石英晶体的特性

（1）石英晶体振荡器的结构　石英晶体振荡器是从一块石英晶体上按一定的方位角切下的薄片（称为晶片），再在晶片的两个对应表面上镀银并引出两个电极，再加上外壳封装而成。其外形、结构和符号如图 9-31 所示。

（2）石英晶体的压电效应　若在石英晶体两极加一电场，晶片就会产生机械变形。相反，若在晶片上施加机械压力，则在晶片的相应方向上会产生一定的电场。这种现象被称为压电效应。如果在石英晶片上加一个交变电压，晶片就会产生与该交变电压频率相同的机械形变振动，同时晶片的机械振动又会在其两个电极之间产生一个交变电场。在一般情况下，这种机械振动和交变电场的幅度是极其微小的，只有在外加交变电压的频率等于石英晶片的固有振动频率时，振幅才会急剧增大，这种现象称为压电谐振。这和 *LC* 回路的谐振现象十分相似，因此石英晶体又称石英谐振器。石英晶片的谐振频率取决于晶片的几何形状和切片方向，其体积越小，谐振频率越高。

（3）石英晶体振荡器的等效电路　石英晶片的压电谐振等效电路和 *LC* 谐振回路十分相似，其等效电路如图 9-32 所示。

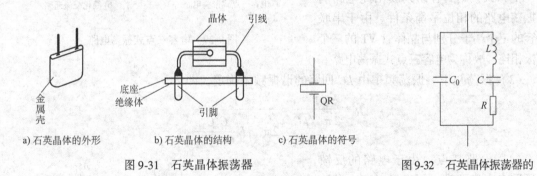

a) 石英晶体的外形　　b) 石英晶体的结构　　c) 石英晶体的符号

图 9-31　石英晶体振荡器　　　　　　　图 9-32　石英晶体振荡器的
　　　　　　　　　　　　　　　　　　　　　　　　　　等效电路

C_0 表示金属极板之间的电容，约为几皮法到几十皮法。*L* 和 *C* 分别模拟晶片振动时的机械振动惯性和弹性，一般等效的电感 *L* 很大，约为 $10^{-3} \sim 10^2$H；等效的电容 *C* 很小，约为 $10^{-4} \sim 10^{-1}$pF。*R* 是模拟晶片机械振动时的摩擦损耗，其等效值很小，约几欧姆到几百欧姆。具体数值与晶体的切割方式、晶体电极尺寸、形状等有关。石英晶体振荡器的回路品质因数 *Q* 值很大，可达 $10^4 \sim 10^6$，这使得用石英晶体构成的振荡器的振荡频率非常稳定。

（4）石英晶体振荡器的谐振频率和谐振曲线　图 9-33 是石英晶体振荡器的电抗-频率特性曲线，它有两个谐振频率 f_s 和 f_p，这两个频率非常接近，当 $f_s < f < f_p$ 时，石英晶体呈电感性，在其他的频率范围内，石英晶体均呈电容性。

2. 石英晶体振荡器

石英晶体振荡器的基本形式有串联型和并联型两种。

（1）并联型石英晶体振荡电路　在图9-34所示电路中，利用石英晶体在频率$f_s \sim f_p$之间时阻抗呈电感性的特点，石英晶体作为一个电感性元件，与外接电容C_1、C_2构成电容三点式振荡电路。该电路的振荡频率接近并略高于f_s，改变C_s可以在很小范围内微调振荡器的输出频率。

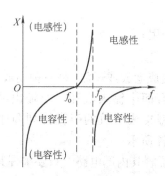

图9-33　石英晶体振荡器的
电抗-频率特性曲线

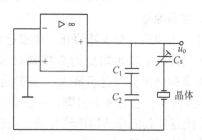

图9-34　并联型石英晶体振荡电路

（2）串联型石英晶体振荡电路　图9-35所示为串联型石英晶体振荡电路。当频率等于石英晶体的串联谐振频率f_s时，晶体的阻抗最小，且为纯电阻，此时石英晶体构成的反馈为正反馈，满足振荡器的相位平衡条件，且在$f = f_s$时正反馈最强，电路发生振荡，产生正弦波，振荡频率稳定在f_s。

石英晶体振荡器的标准频率都标注在外壳上，如456kHz、4.3MHz、6.5MHz等，可以根据需要选择。一种实用的石英晶振电路(皮尔斯晶体振荡电路)如图9-36所示，调节C_3可以微调输出频率，使振荡器的信号频率更为准确。

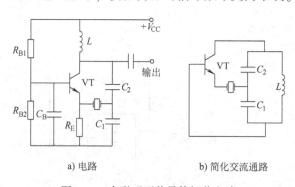

a) 电路　　　　　b) 简化交流通路

图9-35　串联型石英晶体振荡电路

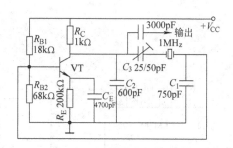

图9-36　皮尔斯晶体振荡电路

9.5　实验：集成运算放大器应用电路的连接与测试

1. 实验目的

1）初步接触集成运算放大器，了解其外形特征、引脚设置及其外围电路的连接。

2）通过对反相比例运算电路、加法运算电路及减法运算电路的输出、输入之间关系的测试，初步了解基本运算电路的功能。

3）进一步熟悉示波器的使用，练习使用双踪示波器测量直流及正弦交流电压，以及对两路信号进行对比。

2. 实验设备

1）示波器。

2）晶体管毫伏表。

3）直流微安表。

4）电子实验台（包括稳压电源，元器件按实验电路选用）。

3. 实验原理

（1）集成运算放大器简介　集成运算放大器（简称集成运放或运放）是一种高放大倍数、高输入阻抗、低输出阻抗的直接耦合多级放大器，具有两个输入端和一个输出端，可对直流信号和交流信号进行放大。本实验所用的 LM741 型集成运放的引脚排列顺序及符号如图9-37所示。它有 8 个引脚，各引脚功能如图 9-37 图注所示。

集成运放其内部结构比较复杂，我们暂时可以不去了解其内部电路，只要掌握其外围电路的接法就可以了。

（2）几种基本运算电路　依据外接元件的不同，集成运放可以构成比例放大、加减法、微分和积分等多种数学运算电路。本实验只进行其中的几种运算。

1）反相比例运算：反相比例运算电路如图9-38所示。输入信号 U_i 从反相输入端输入，同相输入端经电阻接地。这个电路的输出与输入之间有如下关系：

$$U_o = -\frac{R_f}{R_1}U_i$$

即输出电压与输入电压成比例，比例系数仅与外接电阻 R_f、R_1 有关，与集成运放本身的参数无关。同相端所接 R_2 称为平衡电阻，其作用是避免由于电路的不平衡而产生误差。

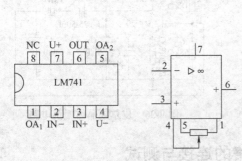

图 9-37　LM741 的引脚排列及符号

1、5—调零端　2—反相输入端　3—同相输入端

4—电源电压负端　6—输出端

7—电源电压正端　8—无用

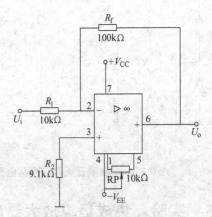

图 9-38　反相比例运算电路

若使 $R_f = R_1$，则 $U_o = U_i$，此时电路称为反相器，即输出电压与输入电压大小相等而极性相反。

2）反相加法运算：图9-39所示为反相加法运算电路。图中，两个输入信号 U_{i1}、U_{i2} 分别经 R_1、R_2（数值与 R_1 相等）输入反相端。R_3 为平衡电阻，$R_3 = R_1 /\!/ R_2 /\!/ R_f$。这个电路的输出输入关系为

$$U_o = -\left(\frac{R_f}{R_1}U_{i1} + \frac{R_f}{R_1}U_{i2}\right) = -\frac{R_f}{R_1}(U_{i1} + U_{i2})$$

若 $R_f = R_1 = R_2$，则

$$U_o = -(U_{i1} + U_{i2})$$

3）减法运算：图9-40为减法运算电路，其中 $R_1 = R_2$、$R_3 = R_f$ 两个输入信号 U_{i1}、U_{i2} 分别经电阻 R_1、R_2 从反相、同相两个输入端输入。这个电路的输出输入关系为

$$U_o = \frac{R_f}{R_1}(U_{i2} - U_{i1})$$

若 $R_1 = R_2 = R_3 = R_f$，则

$$U_o = U_{i2} - U_{i1}$$

4）调零问题：由于集成运放一般都存在失调电压和失调电流，因而会影响运算精度。比如，图9-38所示的反相比例运算电路中，输入电压 $U_i = 0$ 时，输出电压 U_o 不为0，而是一个很小的非零数。调整1、5脚连接的调零电位器RP，可使输出电压变为零。这个过程就是运放的调零。调零之后再进行各种运算电路的测量，测量结果才会准确。

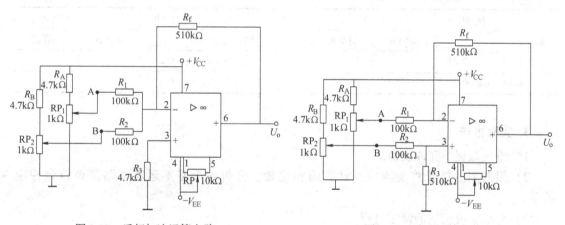

图9-39 反相加法运算电路　　　　　图9-40 减法运算电路

4. 实验内容

（1）反相比例运算电路测试　按图9-38所示电路在模拟电子实验台上搭建电路，确定接线无误后，接入±12V直流稳压电源。首先对运放电路进行调零，即令 $U_i = 0$，再调整调零电位器RP，使输出电压 $U_o = 0$。

1）按表9-1指定的电压值输入不同的直流信号 U_i，分别测量对应的输出电压 U_o，并计算出电压放大倍数。

表 9-1 反相比例运算电路

U_i/mV	$R_1 = 100\text{k}\Omega$			$R_1 = 51\text{k}\Omega$			$R_1 = R_f = 100\text{k}\Omega$		
	U_o 计算值	U_o 实测值	A_u 实测值	U_o 计算值	U_o 实测值	A_u 实测值	U_o 计算值	U_o 实测值	A_u 实测值
100									
200									
300									
−100									

2）将输入信号改为频率为 1kHz、幅值为 200mV 的正弦交流信号，用示波器观察输入、输出信号的波形。分析其是否满足上述反相比例关系。

3）把 R_1、R_2 换成 51kΩ，其他条件不变，重复上述 1）、2)步的内容。

4）把 R_1、R_2、R_f 均接成 100kΩ，其他条件不变，重复上述 1）、2)步的内容。

（2）反相加法运算电路测试　按图 9-39 所示电路接线，调零过程同上。调节 RP$_1$、RP$_2$，使 A、B 两点电压 U_A、U_B 为表 9-2 中数值。分别测量对应的输出电压 U_o。

（3）减法运算电路测试　按图 9-40 所示电路接线。调节 RP$_1$、RP$_2$，使 U_A、U_B 为表 9-3 中数值。分别测量对应的输出电压 U_o。

表 9-2 反相加法运算电路

输入电压 ＼ 输出电压	U_o/V 实测值	计算值
$U_A = 0.1\text{V}$, $U_B = 0.2\text{V}$		
$U_A = 0.1\text{V}$, $U_B = 0.3\text{V}$		

表 9-3 减法运算电路

输入电压 ＼ 输出电压	U_o/V 实测值	计算值
$U_A = 0.1\text{V}$, $U_B = 0.2\text{V}$		
$U_A = 0.1\text{V}$, $U_B = 0.3\text{V}$		

5. 实验报告

1）整理数据，完成表格。

2）根据测量结果将实测值与计算值相比较，分析各个基本运算电路是否符合相应关系。

3）总结集成运放的调零过程。

6. 思考题

1）在集成运算放人电路中，为什么其输出、输入之间的关系仅由外接元件决定，而与运放本身的参数无关？

2）按照反相比例运算关系，加大比例系数是否可使输出电压无限地增大呢？这显然不会。那么，增大到什么程度就不再增加了呢？

3）运放的两个输入端为什么要"平衡"，集成运放内部电路的输入部分是什么电路？

4）积分微分运算电路是如何构成的？

本 章 小 结

1. 集成运算放大器由输入级、中间级、输出级和偏置电路四个部分组成。

2. 集成运算放大器工作在线性区存在"虚短"和"虚断"现象。线性应用包括比例运算、加减法运算、微分积分运算等。

反相比例运算： $$A_{uf} = -\frac{R_F}{R_1}$$

同相比例运算： $$A_{uf} = 1 + \frac{R_F}{R_1}$$

加法运算： $$u_o = -\left(\frac{R_F}{R_{11}}u_{i1} + \frac{R_F}{R_{12}}u_{i2} + \frac{R_F}{R_{13}}u_{i3}\right)$$

减法运算： $$u_o = -\frac{R_F}{R_1}u_{i1} + \left(1 + \frac{R_F}{R_1}\right)\frac{R_3}{R_2 + R_3}u_{i2}$$

微分运算： $$u_o = -RC\frac{du_i}{dt}$$

积分运算： $$u_o = -\frac{1}{RC}\int u_i dt$$

3. 集成运算放大电路开环运行时，工作在非线性区。非线性应用包括比较电路和振荡电路等。

4. 比较电路是一种能够比较两个模拟量大小的电路，其输出电压仅为正负饱和值，输入信号"虚短"现象不再成立。

5. 振荡电路分成正弦波振荡电路和非正弦波振荡电路，主要是通过自激振荡产生波形。

习 题 9

1. 填空题

（1）为增大电压放大倍数，集成运算放大器的中间级多采用_____放大电路。

（2）集成运算放大器实质是一个_____耦合的多级放大器。

（3）集成运算放大器一般分为两个工作区，它们是_____和_____工作区。

（4）集成运算放大器有两个输入端，一个叫_____端，一个叫_____端。

（5）_____比例运算电路的输入电阻大，而_____比例运算电路的输入电阻小。

2. 判断题

（1）当集成运算放大器工作在非线性区时，输出电压不是高电平，就是低电平。 （　　）

（2）在运算电路中，集成运算放大器的反相输入端均为虚地。 （　　）

（3）单限电压比较器比滞回电压比较器抗干扰能力强，而滞回电压比较器比单限电压比较器灵敏度高。 （　　）

（4）微分电路能将矩形波变成三角波。 （　　）

（5）基本积分电路中，积分电阻接在反馈支路中。 （　　）

3. 选择题

（1）集成运算放大电路采用直接耦合方式是因为（　　）。

A. 可获得很大的放大倍数　　　　　B. 可使温漂小　　　　C. 集成工艺难于制造大容量电容

(2) 理想的集成运算放大器工作在线性区时有两条重要结论，分别是（　　）。

A. 虚地和虚断　　　　　　　B. 虚短和虚地　　　　　C. 虚短和虚断

(3) 在反向加法电路中，流过反馈电阻的电流（　　）各输入电流的代数和。

A. 大于　　　　　　　　　B. 等于　　　　　　　　C. 小于

(4) 集成运算放大器的输入级采用差分放大电路是因为可以（　　）。

A. 减小温漂　　　　　　　B. 增大放大倍数　　　　C. 提高输入电阻

(5) 为增大电压放大倍数，集成运算放大器的中间级多采用（　　）。

A. 共射放大电路　　　　　B. 共集放大电路　　　　C. 共基放大电路

4. 问答题

(1) 理想集成运算放大器的技术指标有哪些？

(2) 什么是"虚短"？什么是"虚断"？

(3) 集成运算放大器工作在线性区和非线性区时各有什么特点？

(4) 画出比例运算电路中的反相放大电路和同相放大电路，并写出电路的运算关系。

(5) 根据下列提供的输出电压与输入电压的关系表达式，画出各自所对应的运算电路。

1) $\frac{u_o}{u_i} = -1$；2) $\frac{u_o}{u_i} = 1$；3) $\frac{u_o}{u_i} = 20$。

(6) 根据图9-41，写出电路的输出电压表达式。

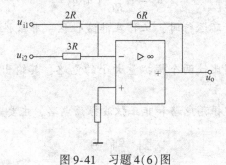

图9-41　习题4(6)图

5. 计算题

(1) 如图9-42所示电路。试求：

1) 当 $R_1 = 200k\Omega$、$R_F = 100k\Omega$ 时，u_o 与 u_i 的运算关系。

2) 当 $R_F = 100k\Omega$ 时，欲使 $u_o = -25u_i$，则 R_1 为何值？

(2) 在图9-43所示的电路中，已知 $R_F = 100k\Omega$，$R_1 = 25k\Omega$，求输出电压与输入电压的运算关系式，并计算平衡电阻 R_2、R_3 的阻值。

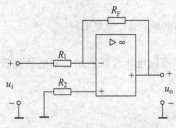

图9-42　习题5(1)图

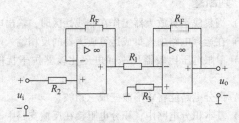

图9-43　习题5(2)图

第 10 章　直流稳压电源

1）熟悉常用的各种单相整流电路的原理、负载电压电流的波形及计算方法；了解滤波电路及稳压电路的作用。

2）熟悉常用的集成稳压器的特点及应用。

1）对直流稳压电路具有简单的分析能力。

2）能根据实际电路的要求选用合适的集成稳压器。

前面分析的各种放大器及各种电子设备，还有各种自动控制装置，都需要稳定的直流电源供电。直流电源可以由直流发电机和各种电池提供，但比较经济实用的办法是利用具有单向导电性的电子器件将使用广泛的工频正弦交流电转换成直流电。图 10-1 是把工频正弦交流电转换成直流电的直流稳压电源的原理框图，它一般由四部分组成，各部分功能如下：

（1）变压器　将正弦工频交流电源电压变换为符合用电设备所需要的正弦工频交流电压。

（2）整流电路　利用具有单向导电性能的整流器件(二极管、晶闸管)，将正负交替变化的正弦交流电压变换成单方向的脉动直流电压。

（3）滤波电路　尽可能地将单向脉动直流电压中的脉动部分（交流分量）减小，使输出电压成为比较平滑的直流电压。

（4）稳压电路　采用某些措施，使输出的直流电压在电源发生波动或负载变化时保持稳定。

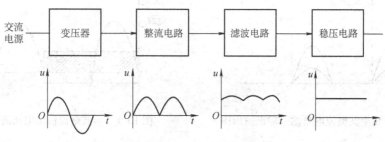

图 10-1　直流稳压电源原理图

10.1　二极管整流电路

10.1.1　单相半波整流电路

1. 工作原理及参数计算

图 10-2 是单相半波整流电路。它是最简单的整流电路，由整流变压器 TR、整流器件

VD(二极管)及负载电阻组成(在负载需要电压值与电源能提供的电压值相符合时变压器可以不用)。

设变压器二次电压为

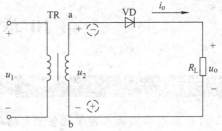

图 10-2　单相半波整流电路

$$u_2 = \sqrt{2}\,U_2 \sin\omega t$$

波形如图 10-3 中的 u_2 波形图所示。由于二极管 VD 具有单向导电性,只有它的正极电位高于负极电位时才能导通。在变压器二次电压 u_2 的正半周时,其极性为上正下负,即 a 点的电位高于 b 点,二极管因承受正向电压而导通。这时负载电阻 R_L 上的电压为 u_o,通过的电流为 i_o。在电压 u_2 的负半周时,a 点的电位低于 b 点,二极管因承受反向电压而截止,负载电阻 R_L 上电压为零。因此,在负载电阻 R_L 上得到的是半波电压 u_o。二极管导通时正向压降很小,可以忽略不计,因此,可以认为 u_o 这个半波电压和变压器二次电压 u_2 的正半波是相同的,如图 10-3 中的 u_o 波形图所示。负载电阻上得到的整流电压 u_o 是大小变化的单向脉动直流电压,u_o 的大小常用一个周期的平均值来表示。单相半波整流电压的平均值为

$$U_o = \frac{1}{2\pi}\int_0^\pi \sqrt{2}\,U_2 \sin\omega t\, \mathrm{d}(\omega t) = \frac{\sqrt{2}\,U_2}{\pi} = 0.45U_2 \tag{10-1}$$

从图 10-4 所示的波形来看,如果使半个正弦波与横轴所包围的面积等于一个矩形的面积,矩形的宽度为周期 T,则矩形的高度就是这半波的平均值,或者称为半波的直流分量。

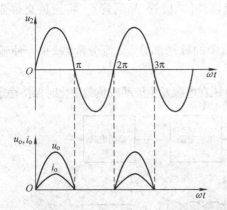

图 10-3　单相半波整流电路输入输出波形图

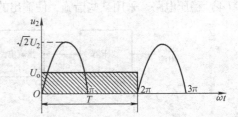

图 10-4　半波整流输出电压的平均值

式(10-1)表示整流电压平均值与变压器二次电压有效值之间的关系。由此可得出流过负载电阻 R_L 的整流电流 i_o 的平均值为

$$I_o = \frac{U_o}{R_L} = 0.45\frac{U_2}{R_L} \tag{10-2}$$

2. 二极管 VD 的选择

二极管可根据两个参数来选择,一是通过二极管的电流 I_{VD},二是二极管截止时承受的最高反向电压 U_{RM}。

由于二极管与负载电阻是串联的，因此二极管的电流就是负载 R_L 中的电流。即

$$I_{VD} = I_o \qquad (10-3)$$

电路中二极管截止时承受的最高反向电压就是变压器二次电压的幅值 U_{2M}，即

$$U_{RM} = U_{2M} = \sqrt{2}\,U_2 \qquad (10-4)$$

根据以上分析可知，半波整流电路结构简单，但输出电压脉动较大，且只有半波输出，电源的利用率较低。

【例 10-1】 有一单相半波整流电路接到电压为 220V 的正弦工频交流电源上，如图 10-2 所示，已知负载电阻 $R_L = 750\Omega$，变压器二次电压有效值 $U_2 = 20$V，试求 U_o、I_o 及 U_{RM}，并选择二极管。

解：

$$U_o = 0.45U_2 = 0.45 \times 20\text{V} = 9\text{V}$$

$$I_o = \frac{U_o}{R_L} = 0.45\frac{U_2}{R_L} = \frac{9}{750}\text{A} = 12\text{mA}$$

$$U_{RM} = \sqrt{2}\,U_2 = 20\sqrt{2}\text{V} = 28.8\text{V}$$

查电子手册，二极管选用 2AP4（16mA，50V）。为了使用安全，二极管的反向工作峰值电压要选得比 U_{RM} 大一倍左右。

10.1.2 单相全波整流电路

1. 工作原理及参数计算

单相全波整流电路如图 10-5a 所示，由一个具有中心抽头的整流变压器和两只整流二极管组成，变压器的两个二次电压相等，同名端如图 10-5a 所示。

设变压器二次侧半个绕组的电压为

$$u_2 = \sqrt{2}\,U_2\sin\omega t$$

波形如图 10-5b 所示。当 u_2 为正半周时，VD_1 正偏导通，VD_2 反偏截止，$i_{VD1} = i_o$，$i_{VD2} = 0$；当 u_2 处于负半周时，VD_1 反偏截止，VD_2 正偏导通，$i_{VD2} = i_o$，$i_{VD1} = 0$。可见在 u_2 的整个周期中，两个二极管轮流导通、截止，使负载 R_L 中都有电流通过，且方向不变，由此可得输出电压 u_o 的波形如图 10-5b 所示。

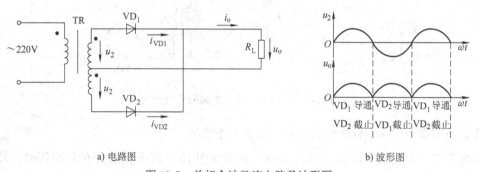

| a) 电路图 | b) 波形图 |

图 10-5 单相全波整流电路及波形图

比较图 10-3 和图 10-5 可得，全波整流电路可以认为是由两个单相半波整流电路组合而成，其输出电压的平均值和输出电流的平均值均为半波整流的两倍，即

$$\begin{cases} U_{o} = 0.9U_{2} \\ I_{o} = 0.9\dfrac{U_{2}}{R_{L}} \end{cases} \qquad (10\text{-}5)$$

2. 二极管的选择

由于两个二极管轮流导通，且导通时间相同，所以流过每只二极管的平均电流为输出电流平均值的一半，即

$$I_{VD} = \frac{1}{2}I_{o} \qquad (10\text{-}6)$$

由图 10-5 所示电路可知：当 u_{2} 为正半周时，VD_{1} 导通，VD_{2} 截止，如忽略管子的导通压降和反向漏电流，则 VD_{2} 所承受的反向电压为 u_{2} 的两倍，所以 VD_{2} 承受的反向峰值电压为

$$U_{RM} = 2\sqrt{2}U_{2} \qquad (10\text{-}7)$$

单相全波整流电路输出电压平均值较大，脉动较小，但变压器二次侧需要中心抽头，结构复杂，且二极管承受的最大反向电压较高。

10.1.3 单相桥式全波整流电路

1. 工作原理及参数计算

为了克服单相半波整流和全波整流的缺点，现广泛采用单相桥式整流电路。它由四个二极管接成电桥形式构成。图 10-6 所示的是单相桥式整流电路的几种画法。

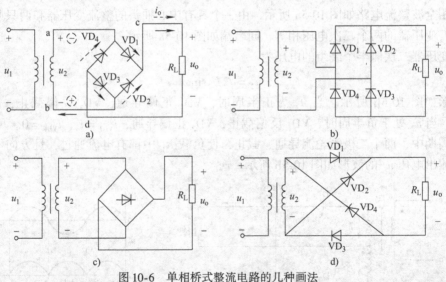

图 10-6　单相桥式整流电路的几种画法

下面按照图 10-6a 来分析桥式整流电路的工作情况。

设电源变压器二次电压 $u_{2} = \sqrt{2}U_{2}\sin\omega t$，波形如图 10-7 所示。在 u_{2} 的正半周时，其极性为上正下负，即 a 点电位高于 b 点电位，二极管 VD_{1}、VD_{3} 因承受正向电压而导通，VD_{2} 和 VD_{4} 因承受反向电压而截止，电流 i_{o} 的通路是 a→VD_{1}→c→R_{L}→d→VD_{3}→b，如图 10-6 的实线箭头所示，这时负载电阻 R_{L} 上得到一个半波电压。

在电压 u_{2} 的负半周时，其极性为上负下正，即 b 点电位高于 a 点电位，因此 VD_{1} 和 VD_{3}

截止，VD_2 和 VD_4 导通，电流 i_o 的通路是 b→VD_2→c→R_L→d→VD_4→a，如图 10-6 中的虚线箭头所示。因为电流均是从 c 经 R_L 到 d，所以在负载电阻上得到一个方向不变的半波电压。

因此，当变压器二次电压 u_2 变化一个周期时，在负载电阻 R_L 上的电压 u_o 和电流 i_o 是单向全波脉动电压和电流。由图 10-7 与图 10-5 比较可见，单相桥式整流电路的输出电压的平均值和输出电流的平均值与全波整流时相同，即

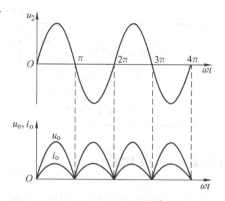

图 10-7 单相桥式整流电路波形图

$$\begin{cases} U_o = 0.9 U_2 \\ I_o = 0.9 \dfrac{U_2}{R_L} \end{cases}$$

2. 二极管的选择

在单相桥式整流电路中，每两只二极管串联导通半个周期，在一个周期内负载电阻均有电流流过，且方向相同。而每只二极管流过的电流平均值 I_{VD} 是负载电流 I_o 的一半，即

$$I_{VD} = \frac{1}{2} I_o$$

在变压器二次电压 u_2 的正半周时，VD_1、VD_3 导通后相当于短路，VD_2、VD_4 的负极接于 a 点，而正极接于 b 点，所以 VD_2、VD_4 所承受的最高反向电压就是 u_2 的幅值 $\sqrt{2} U_2$。同理，在 u_2 的负半周 VD_1、VD_3 所承受的最高反向电压也是 $\sqrt{2} U_2$。所以单相桥式整流电路二极管在截止时承受的最高反向电压 U_{RM} 为

$$U_{RM} = \sqrt{2} U_2$$

【例 10-2】 一单相桥式整流电路，接到 220V 正弦工频交流电源上，负载电阻 $R_L = 50\Omega$，负载电压 $U_o = 100V$。根据电路要求选择整流二极管。

解：整流电流的平均值为 $\quad I_o = \dfrac{U_o}{R_L} = \dfrac{100}{50}\text{A} = 2\text{A}$

流过每个二极管的平均电流为 $\quad I_{VD} = \dfrac{1}{2} I_o = 1\text{A}$

变压器二次电压有效值为 $\quad U_2 = \dfrac{U_o}{0.9} = \dfrac{100}{0.9}\text{V} = 111\text{V}$

考虑到变压器的二次绕组及二极管上的压降，变压器的二次电压一般应高出 U_2 5%～10%。这里取 10%，即

$$U_2' = 111\text{V} \times 1.1 = 122\text{V}$$

每只二极管截止时承受的最高反向电压为

$$U_{RM} = \sqrt{2} U_2' = 122\sqrt{2}\,\text{V} = 172\text{V}$$

为使整流电路工作安全，在选择二极管时，二极管的最大整流电流 I_M 应大于二极管中流过的电流平均值 I_{VD}，二极管额定的反向工作电压峰值 U_{RM} 应比二极管在电路中承受的最高反向电压 U_{RM} 大一倍左右。因此可选用 2CZ12D 二极管，其最大整流电流为 3A，反向工作电压峰值为 300V。

几种常见的整流电路见表 10-1。

表 10-1　几种常见的整流电路

电　路	单相半波整流	单相全波整流	单相桥式整流
整流输出电压平均值	$0.45U_2$	$0.9U_2$	$0.9U_2$
二极管的平均电流	I_o	$\frac{1}{2}I_o$	$\frac{1}{2}I_o$
二极管截止时承受的最高反向电压	$\sqrt{2}\,U_2$	$2\sqrt{2}\,U_2$	$\sqrt{2}\,U_2$

10.2　滤波电路

前面分析的各种整流电路输出电压都是单向脉动直流电压,其中含有直流和交流分量,这样的直流电压作为电镀、蓄电池充电的电源还是允许的,但作为大多数电子设备的电源,将会产生不良影响,甚至不能正常工作。在整流电路之后,需要加接滤波电路,尽量减小输出电压中的交流分量,使之接近于理想的直流电压。本节介绍采用储能元件滤波来减小交流分量的电路。

10.2.1　电容滤波电路

电容滤波电路如图 10-8 所示,将适当容量的电容与负载电阻 R_L 并联,负载电阻上就能得到较为平直的输出电压。下面讨论电容滤波电路的工作原理。

图 10-8 所示的电容滤波电路中,由于电容 C 并联在负载电阻 R_L 上,所以电容 C 两端的电压 u_C 就是负载两端的电压 u_o。交流电压 u_2 的波形如图 10-9 所示,假设电路接通时,恰恰在电压 u_2 由负到正过零的时刻,这时二极管开始导通,电压通过二极管向电容 C 充电。由于二极管的正向电阻很小,所以充电时间常数很小,充电过程进行很快,电压 u_o 将随电压 u_2 按正弦规律逐渐升高,如图 10-9 所示。当 u_2 增大到最大值时,u_C 也

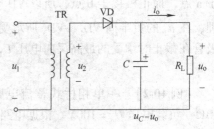

图 10-8　电容滤波电路

随之上升到最大值。然后 u_2 开始下降,u_C 也开始下降,但它们按不同规律下降:交流电压 u_2 按正弦规律下降,除了刚过最大值的一小段外,电压 u_2 下降较快;而电容 C 则通过负载电阻 R_L 放电,电容端电压 u_C 按指数规律下降,由于放电时间常数$(\tau = R_L C)$较大,u_C 下降较慢,因此除了刚过最大值的一小段时间内,有 $u_C = u_2$ 的关系外,从图 10-9 中的 m 点开始,出现 $u_2 < u_C$ 的情况,使得二极管承受反向电压而截止。

电压 u_C 按指数规律缓慢下降到 $\omega t = 2\pi$ 以后,虽然电压 u_2 又为正值,但由于 $u_2 < u_C$,二极管仍然不能导通。直到 $u_2 > u_C$ 以后,二极管才又导通,电容 C 由放电状态重新变为充电状态,u_C 又随着 u_2 上升。如此继续下去,电压 u_C 也就是负载电压 u_o,就变得较为平滑了,因而负载电压的平均值也有所增大。如果滤波电容

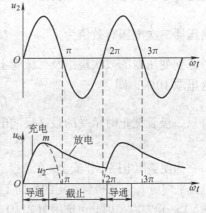

图 10-9　电容滤波电路波形图

接于桥式整流电路负载电阻 R_L 两端，则在交流电压的一个周期内，电容 C 有两次充、放电，其放电时间比上述半波整流后所接的电容滤波电路要短，故输出电压更为平滑。

电容滤波使整流输出电压波形变得较为平直的原因，还可以从电容 C 对脉动电流中的交流成分具有旁路作用来理解。由于电容 C 与负载电阻 R_L 并联，C 的容量越大，整流后所得脉动电流交流分量（高次谐波分量）的频率越高，则电容 C 的容抗越小，而电阻 R_L 的阻值与频率无关，因此，脉动电流中的交流成分主要通过电容 C 而被旁路，R_L 上的电流和电压便较为平直了。

整流电路中接有滤波电容时，半波整流电路负载上的直流电压平均值可按以下公式计算：

$$U_o = U_2 \tag{10-8}$$

桥式整流电路负载上的直流电压平均值可按以下公式计算：

$$U_o = 1.2U_2 \tag{10-9}$$

采用电容滤波时，输出电压的脉动程度与电容的放电时间常数 $R_L C$ 有关系。$R_L C$ 越大，脉动就越小。为了得到比较平直的输出电压，一般要求

$$R_L \geq (10 \sim 15)X_C = (10 \sim 15)\frac{1}{\omega C}$$

即

$$R_L C \geq \frac{(10 \sim 15)}{\pi}\frac{1}{2f} \approx (3 \sim 5)\frac{T}{2} \tag{10-10}$$

式中，T 是电源交流电压的周期。

滤波电容的数值一般在几十微法到几千微法，视负载电流的大小而定，其耐压应大于输出电压的最大值，通常都采用有极性的电解电容。使用时其正极要接电路中高电位端，负极要接低电位端，若极性接反，电容的容量将降低，甚至造成电容爆裂损坏。

电容滤波电路简单，输出电压平均值 u_o 较高，脉动较小，但是输出电压随负载电阻的变化有较大变化，即外特性较差，且二极管中有较大的冲击电流。因此，电容滤波电路一般适用于输出电压较高，负载电流较小并且变化也较小的场合。

【例10-3】 单相桥式整流电容滤波电路如图10-10所示，设负载电阻 $R_L = 1.2\text{k}\Omega$，要求输出直流电压 $U_o = 30\text{V}$。试选择整流二极管和滤波电容。已知交流电源频率 $f = 50\text{Hz}$。

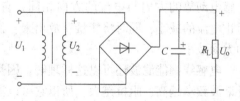

图10-10 桥式整流滤波电路

解： 选择整流二极管：

流过二极管的电流平均值为 $I_{VD} = \dfrac{I_o}{2} = \dfrac{U_o}{2R_L} = \dfrac{30}{2 \times 1.2}\text{mA} = 12.5\text{mA}$

变压器二次电压的有效值为 $U_2 = \dfrac{U_o}{1.2} = \dfrac{30}{1.2}\text{V} = 25\text{V}$

二极管所承受的最高反向电压为 $U_{RM} = \sqrt{2}U_2 = \sqrt{2} \times 25\text{V} = 35\text{V}$

查手册，可选用二极管 2CP11，最大整流电流 100mA，最大反向工作电压 50V。

选择滤波电容：

由式(10-10)，取 $R_{\mathrm{L}}C = \dfrac{5}{2}T$，其中 $T = 0.02\mathrm{s}$，故滤波电容的容量为

$$C \geqslant \frac{5T}{2R_{\mathrm{L}}} = \frac{5 \times 0.02}{2 \times 1200}\mathrm{F} = 42\mu\mathrm{F}$$

可选取容量为 $47\mu\mathrm{F}$、耐压为 $50\mathrm{V}$ 的电解电容。

【例 10-4】 在图 10-10 所示桥式整流滤波电路中，$U_2 = 20\mathrm{V}$，$R_{\mathrm{L}} = 40\Omega$，$C = 1000\mu\mathrm{F}$。试问：

(1) 正常时 $U_{\mathrm{o}} = ?$

(2) 如果测得 U_{o} 为下列数值，可能出了什么故障？①$U_{\mathrm{o}} = 18\mathrm{V}$；②$U_{\mathrm{o}} = 28\mathrm{V}$；③$U_{\mathrm{o}} = 9\mathrm{V}$。

解：正常时，U_{o} 的值应由下式确定

$$U_{\mathrm{o}} = 1.2U_2 = 1.2 \times 20\mathrm{V} = 24\mathrm{V}$$

当 $U_{\mathrm{o}} = 18\mathrm{V}$ 时，此时 $U_{\mathrm{o}} = 0.9U_2$，电路成为桥式整流电路。故可判定滤波电容 C 开路。

当 $U_{\mathrm{o}} = 28\mathrm{V}$ 时，此时 $U_{\mathrm{o}} = 1.4U_2$，属于整流滤波电路 $R_{\mathrm{L}} = \infty$ 时的情况。故可判定是负载电阻开路。

当 $U_{\mathrm{o}} = 9\mathrm{V}$ 时，此时 $U_{\mathrm{o}} = 0.45U_2$，成为半波整流电路。故可判定是四只二极管中有一只开路，同时电容 C 也开路。

10.2.2 电感滤波电路

图 10-11 所示电路是电感滤波电路，它主要适用于负载功率较大即负载电流很大的情况。它在整流电路的输出端和负载电阻 R_{L} 之间串联一个电感量较大的铁心线圈 L。电感中流过的电流发生变化时，线圈中要产生自感电动势阻碍电流的变化。当电流增加时，自感电动势的方向与电流方向相反，自感电动势阻碍电流的增加，同时将能量储存起来，使电流增加缓慢；反之，当电流减小时，自感电动势的方向与电流的方向相同，自感电动势

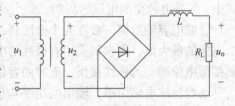

图 10-11 电感滤波电路

阻止电流的减小，同时将能量释放出来，使电流减小缓慢，因而使负载电流和负载电压的脉动大为减小。

电感线圈能滤波还可以这样理解：因为电感线圈对整流电流的交流分量具有阻抗作用，且谐波频率越高，阻抗越大，所以它可以滤除整流电压中的交流分量。ωL 比 R_{L} 大得越多，则滤波效果越好。

电感滤波电路由于自感电动势的作用使二极管的导通角比电容滤波电路时增大，流过二极管的峰值电流减小，外特性较好，带负载能力较强，但是电感量较大的线圈，因匝数较多，体积大，比较笨重，直流电阻也较大，因而其上有一定的直流压降，造成输出电压的下降，电感滤波电路输出电压平均值 U_{o} 的大小一般按下式计算：

$$U_{\mathrm{o}} = 0.9U_2$$

如果要求输出电流较大，输出电压脉动很小时，可在电感滤波电路之后再加电容 C，组成 LC 滤波电路，如图 10-12 所示。电感滤波之后，利用电容再一次滤掉交流分量，这样，便可得到更为平直的直流输出电压。

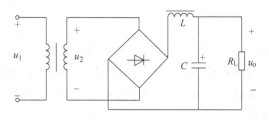

图 10-12　LC 滤波电路

10.3　稳压电路

经过整流滤波的直流电压，虽然波形比较平直，但往往都不是很稳定。为了得到稳定的输出电压，必须在滤波电路之后加接稳压电路，使它在一定程度上和一定范围内成为一个恒压源。

前面讲过的由稳压二极管组成的稳压电路，因为稳压管与负载电阻是并联的，称为并联型稳压电路。它具有电路结构简单、使用元器件少等优点，但其输出电压的稳定程度不高，适用于负载变化不大、对输出电压要求不高的场合。在实际应用中使用更多的是串联型稳压电路。

10.3.1　串联型稳压电路

串联型稳压电路的结构如图 10-13 所示，结构框图如图 10-14 所示。U_i 是经过整流滤波之后的输出电压，VT_1 是调整管，R_3、R_4、RP 组成分压电路，把输出电压 U_o 的一部分取出来加到直流放大器 VT_2 的基极上，这种作用称为取样。稳压二极管 VS 提供基准电压 U_Z。由于电路中带有直流放大环节，使得输出电压的微小变化经放大环节放大后，便能有效地控制调整管进行调整，大大地提高了输出电压的稳定程度。

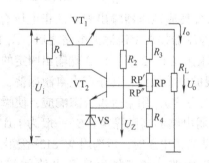

图 10-13　串联型稳压电路

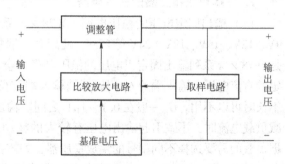

图 10-14　串联型稳压电路结构框图

串联型稳压电路的稳压过程如下：当由于某种原因使输出电压 U_o 有升高趋势时，取样电压相应增加，放大器 VT_2 的基极电位 V_{B2} 增加，但其发射极电位（即稳压管提供的基准电压 U_Z）保持不变，故基-射极电压 U_{BE2} 增大，使其基极电流 I_{B2} 上升，集电极电位 V_{C2} 下降，调整管 VT_1 的基极电位下降，导致其导通能力减弱，管压降 U_{CE1} 上升，使输出电压 U_o 下降，保证了 U_o 基本不变。上述稳压过程表示如下：

$$U_o \uparrow \rightarrow V_{B2} \uparrow \rightarrow U_{BE2}(V_{B2} - U_Z) \uparrow \rightarrow I_{B2} \uparrow \rightarrow V_{C2}(V_{B1}) \downarrow \rightarrow U_{CE1} \uparrow \rightarrow U_o \downarrow$$

当输出电压降低时，稳压过程与其相反。

10.3.2　集成稳压器

随着集成电路的发展，出现了集成稳压电源，或称集成稳压器。所谓集成稳压器是指将功率调整管、取样电阻以及基准稳压源、误差放大器、启动和保护电路等全部集成在一块芯片上，形成的一种串联型集成稳压电路。它具有体积小、可靠性高、使用灵活、价格低廉等优点，因此得到广泛的应用。

目前常见的集成稳压器为三端和多端(引脚多于 3 脚)两种外部结构形式，下面主要介绍广泛使用的三端集成稳压器。

1. 三端集成稳压器的分类

目前常见的三端集成稳压器按性能和用途可分为以下四类。

(1) 三端固定输出正稳压器　所谓三端是指电压输入端、电压输出端和公共接地端；输出正是指输出正电压。国内外各生产厂家均将此系列稳压器命名为 W78××系列。如 W7805、W7812 等。其中 W78 后面的两位数字代表该稳压器输出的正电压数值。例如 W7805 即表示稳压输出为5V。W78××系列集成稳压器的外形如图 10-15 所示，它有电压输入端 1、电压输出端 3 和公共接地端 2 三个引脚。

(2) 三端固定输出负稳压器　即 W79××系列。除输出电压为负电压、引脚排列不同外，其命名方法、外形等均与 W78××系列相同。

(3) 三端可调输出正稳压器　此处的三端是指电压输入端、电压输出端和电压调整端。在电压调整端外接电位器后可对输出电压进行调节，其主要特点是使用灵活。

(4) 三端可调输出负稳压器　该稳压器除输出为负电压外，其余和三端可调输出正稳压器相同。

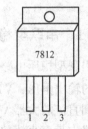

图 10-15　W78××系列集成稳压器外形

2. 三端集成稳压器的应用电路

(1) 输出固定电压的稳压电路　W78××系列三端集成稳压器输出固定的正电压有 5V、9V、12V、15V、18V、24V 等多种，使用时三端集成稳压器接在整流滤波电路之后。图 10-16 是 W78××系列输出固定正电压的稳压电路。输入电压接在 1、2 端，2、3 端输出固定的且稳定的直流电压。输入端的 C_i 用以抵消输入端较长接线的电感效应，防止产生自激振荡，接线不长时可以不用。C_i 一般在 0.1~1μF 之间。输出端的电容 C_o 用来改善暂态响应，使瞬时增减负载电流时，不致引起输出电压有较大的波动，削弱电路的高频噪声。C_o 一般为 1μF。根据负载的需要选择不同型号的集成稳压器，如需要 12V 直流电压时，可选用 W7812 型稳压器。

此外，还有 W79××系列输出固定负电压稳压电路，其工作原理及电路的组成与 W78××系列基本相同，如图 10-17 所示。

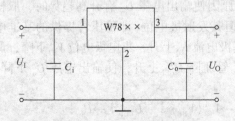

图 10-16　W78××系列稳压电路

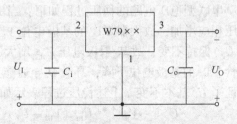

图 10-17　W79××系列稳压电路

（2）提高输出电压的稳压电路　实际需要的直流稳压电源，如果超过集成稳压器的输出电压数值时，可外接一些元件提高输出电压，图 10-18 所示电路能使输出电压高于固定电压，图中的 $U_{××}$ 为 W78×× 稳压器的固定输出电压数值，显然有

$$U_o = U_{××} + U_{R_2}$$

图 10-18 中 R_1、R_2 为外接电阻。可以证明，当 $I_{R1} \gg I_Q$ 时，输出电压为

$$U_o = \left(1 + \frac{R_2}{R_1}\right)U_{××}$$

由此可以看出，改变外接电阻 R_1、R_2 可以提高输出电压。也可采用图 10-19 所示的电路提高输出电压。

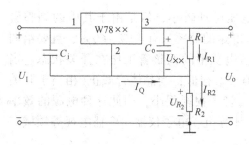

图 10-18　提高输出电压的稳压电路（一）

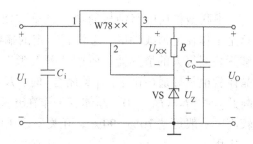

图 10-19　提高输出电压的稳压电路（二）

（3）输出电压可调的稳压电路　图 10-20 是由三端可调集成稳压器 LM317 构成的输出电压可以调节的稳压电路。LM317 的输出端和调整端之间的电压是 1.2V，R_1 的阻值通常取 240Ω，RP 常取 6.8kΩ，当忽略稳压器的静态电流 I_Q，电位器 RP 滑动端处于最下端时

$$U_{omax} = \left(1 + \frac{R_{RP}}{R_1}\right)1.2V = \left(1 + \frac{6.8}{0.24}\right)1.2V = 35.2V$$

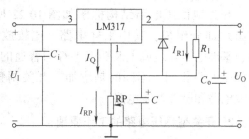

图 10-20　输出电压可调的稳压电路

电位器 RP 滑动端处于最上端时

$$U_{omin} = 1.2V$$

因此该稳压电路输出电压的可调范围是：1.2V $< U_o <$ 35.2V。

但使用时要注意：当输入电压、输出电流一定时，输出电压越小则三端稳压器的功耗就越大。所以在整个输出电压范围内，三端稳压器的功耗都不允许大于最大耗散功率。而且必须保证足够的散热器面积，金属封装的器件耗散功率大于塑料封装的器件。

（4）同时输出正、负电压的稳压电路　在电子电路中，常需要同时输出正、负电压的双路直流电源。由集成稳压器组成的正、负双路输出的稳压电路形式很多，图 10-21 是由 W78×× 系列和 W79×× 系列集成稳压器组成的同时输出正、负电压的稳压电路。

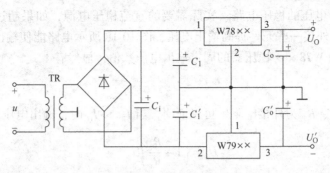

图 10-21 输出正、负电压的稳压电路

10.3.3 开关型稳压电路

串联型稳压电路结构简单，调整方便，输出电压脉动较小，但是由于其中的调整管总是工作在近似线性区，会消耗一定的输入功率，电路的效率只有 40%~60%，且要给调整管装配很大的散热器。所谓"开关型"就是稳压电源中的调整管工作在开关状态。当晶体管饱和导通（相当于开关闭合）时，I_C 较大，但 U_{CES} 很低；当晶体管截止（相当于开关断开）时，$I_C = I_{CEO} \approx 0$。晶体管工作在开关状态下，管子损耗很小，因此这种电源的效率较高，一般可达 70%~90%。开关型稳压电源已在计算机、电子仪器、广播电视等领域广泛应用。

1. 开关型稳压电路的组成

开关型稳压电路结构框图如图 10-22 所示，它由六部分组成，其中采样电路、比较放大电路、基准电压在组成上及功能上都与普通的串联型稳压电路相同，不同的是增加了开关调整管、滤波电路和脉冲调制电路。

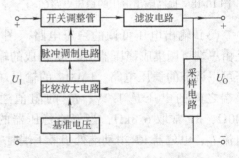

2. 开关型稳压电路的工作原理

如果由于输入直流电压或负载电流波动而引起输出电压发生变化时，采样电路将输出电

图 10-22 开关型稳压电路结构框图

压变化量的一部分送到比较放大电路，与基准电压进行比较，并将两者的差值放大后送至脉冲调制电路，使脉冲波形的占空比发生变化。此脉冲信号作为开关调整管的输入信号，使调整管导通和截止时间的比例也随之发生变化，从而使滤波以后输出电压的平均值基本保持不变。

图 10-23 所示为一个最简单的开关型稳压电路的原理示意图，电路的控制方式采用脉冲宽度调制式。

图 10-23 中晶体管 VT 为工作在开关状态的调整管。由电感 L 和电容 C 组成滤波电路，二极管 VD 称为续流二极管。脉冲宽度调制电路由一个比较器

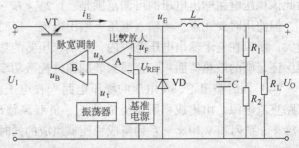

图 10-23 脉冲宽度调制式开关稳压电路

和一个三角波振荡器组成。运算放大器 A 作为比较放大电路，基准电源产生一个基准电压 U_{REF}，电阻 R_1、R_2 组成采样电阻。

由采样电路得到的采样电压 u_F 与输出电压成正比，它与基准电压进行比较并放大后得到 u_A，被送到比较器的反相输入端。振荡器产生的三角波信号 u_t 加在比较器的同相输入端。

当 $u_t > u_A$ 时，比较器输出高电平，即

$$u_B = + U_{om}$$

当 $u_t < u_A$ 时，比较器输出低电平，即

$$u_B = - U_{om}$$

当 u_B 为高电平时，调整管饱和导通，此时发射极电流 i_E 流过电感和负载电阻，一方面向负载提供输出电压，同时将能量储存在电感的磁场中。由于晶体管 VT 饱和导通，因此其发射极电压 u_E 为

$$u_E = U_I - U_{CES}$$

上式中，U_I 为直流输入电压，U_{CES} 为晶体管的饱和压降，u_E 的极性为上正下负，则二极管 VD 反向偏置而截止，此时不起作用。

当 u_B 为低电平时，调整管截止，$i_E = 0$。但电感具有维持流过电流不变的特性，此时将储存的能量释放出来，在电感上产生的反电动势使电流通过负载和二极管继续流通，二极管称为续流二极管。此时调整管发射极的电压为

$$u_E = - U_D$$

式中，U_D 为二极管的正向导通电压。

图 10-24 所示为电路各电压的波形图。由图可知，调整管处于开关工作状态，它的发射极电位也是高、低电平交替的脉冲波形。但是经过 LC 滤波电路以后，在负载上可以得到比较平滑的输出电压。可以证明，在忽略 U_{CES} 和 U_D 后，输出电压

$$U_0 \approx q U_I$$

式中，q 为脉冲电压 u_B 的占空比。由此可知，在一定的直流输入电压 U_I 之下，占空比 q 越大，则开关型稳压电路的输出电压 U_0 越高。

假设由于电网电压波动或负载电流变化使输出电压 U_0 升高，则经过采样电阻得到的采样电压 u_F 也随之升高，此电压与基准电压 U_{REF} 比较后再放大得到的电压 u_A 也将升高，u_A 送到比较器的反相输入端，由波形图可见，当 u_A 升高时，将会使开关调整管基极电压 u_B 的波形中高电平的时间缩短，而低电平的时间延长，于是调

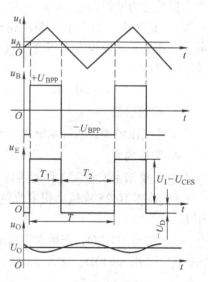

图 10-24 开关型稳压电路
各电压的波形图

整管在一个周期中饱和导通的时间减少，截止的时间增加，则其发射极电压 u_E 脉冲波形的占空比减小，从而使输出电压的平均值减小，最终保持输出电压基本不变。

10.4 实验

10.4.1 单相半波整流、桥式整流电路的连接与测量

1. 实验目的

1）熟悉单相整流电路的特性。

2）连接并测量单相半波整流电路、单相桥式整流电路的参数。

2. 实验原理

整流电路是利用二极管的单向导电性，在负载上获得方向不变、大小变化的电压和电流，从而将正弦交流电变换为脉动的直流电。常用的整流电路有单相半波整流电路和单相桥式整流电路。

单相半波整流电路如图 10-25 所示。当输入端加入正弦交流电时，二极管 VD 半个周期导通，半个周期截止，所以在负载上就可获得方向不变的直流电。负载上的平均电压

$$U_0 = 0.45 U_2$$

式中，U_2 为变压器二次电压的有效值。

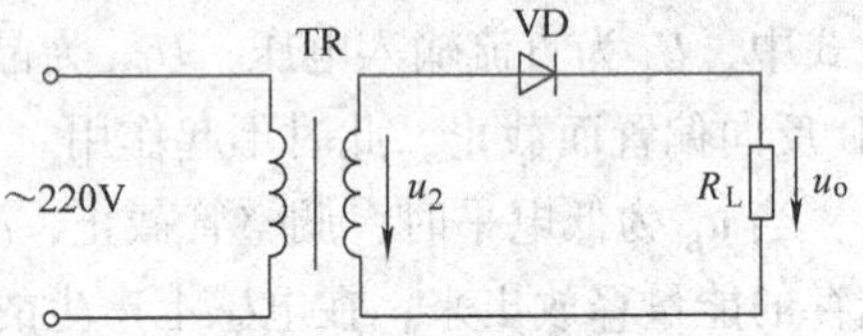

图 10-25 单相半波整流电路

单相桥式整流电路如图 10-26 所示。四个二极管分为两组（VD_1、VD_3 一组，VD_2、VD_4 一组），在交流电的一个周期内轮流导通和截止，在负载上获得方向不变的直流电。负载上的平均电压

$$U_0 = 0.9 U_2$$

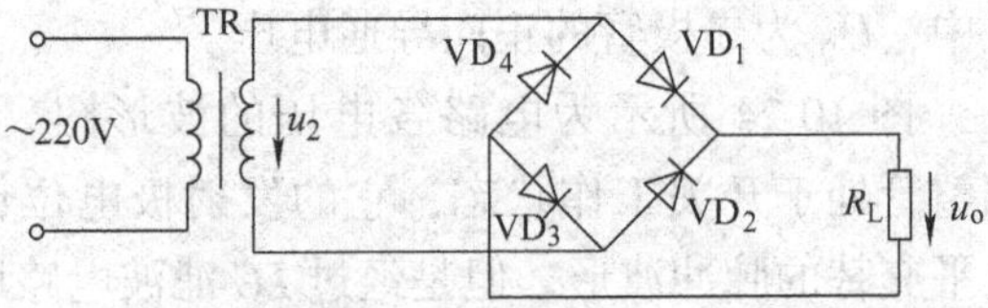

图 10-26 单相桥式整流电路

3. 实验仪器

工频交流电源，双踪示波器，交流毫伏表，直流电压表，二极管、电阻若干。

4. 实验内容

（1）单相半波整流电路的连接与测量

1）按图 10-25 连接单相半波整流电路。取工频交流电压 24V，作为整流电路的输入电压 U_2。

2）取 $R_L = 120\Omega$，测量直流输出电压 U_o，并用示波器观察 u_2 和 u_o 的波形，记入表 10-2。

3）取 $R_L = 240\Omega$，重复 2）的内容，记入表 10-2。

表 10-2 单相半波整流电路测量数据

R_L/Ω	U_o/V	u_2，u_o 波形
120		
240		

（2）单相桥式整流电路的连接与测量

1）按图 10-26 连接单相桥式整流电路。取工频交流电压 24V，作为整流电路的输入电压 U_2。

2）取 $R_L = 120\Omega$，测量直流输出电压 U_o，并用示波器观察 u_2 和 u_o 的波形，记入表 10-3。

3）取 $R_L = 240\Omega$，重复 2）的内容，记入表 10-3。

表 10-3　单相桥式整流电路测量数据

R_L/Ω	U_o/V	u_2，u_o 波形
120		
240		

注意：每次改接电路时，必须切断工频电源。

5. 实验总结

1）根据表 10-2 和表 10-3 所测数据，总结单相半波整流和桥式整流电路的特点。

2）分析讨论实验中出现的故障及其排除方法。

6. 预习要求

1）复习教材中有关整流电路部分内容，了解各种整流电路的特点。

2）在桥式整流电路中，如果某个二极管发生开路、短路或反接三种情况，将会出现什么问题？

10.4.2　集成稳压电路的测量

1. 实验目的

1）了解常用三端稳压器的外形、引脚排列及功能。

2）测量三端稳压器的参数。

2. 实验原理

1）集成稳压器与由分立元器件构成的稳压电路相比，具有体积小、外接线路简单、使用方便、工作可靠和通用性强等优点，因此在各种电子设备中应用十分普遍，其中应用最为广泛的是三端稳压器。

W78××和 W79×× 系列三端集成稳压器的输出电压是固定的，在使用中不能进行调整。W78×× 系列三端稳压器输出正极性电压，一般有 5V、6V、9V、12V、15V、18V、24V 七个档次，输出电流最大可达 1.5A（加散热片）。同类型 78M 系列稳压器的输出电流为 0.5A，78L 系列稳压器的输出电流为 0.1A。若要求负极性输出电压，则可选用 W79×× 系列稳压器。

W78×× 系列外形及接线图和 W79×× 系列外形及接线图如图 10-27 和图 10-28 所示。

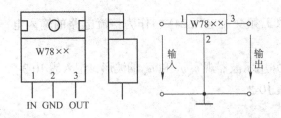

图 10-27　W78××系列外形及接线图

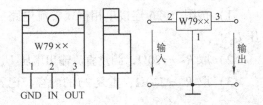

图 10-28　W79××系列外形及接线图

2）图 10-29 所示为用 W7812 构成的稳压电源的实验电路图。其中整流部分采用了由四个二极管组成的桥式整流器成品（又称桥堆），型号为 2W06，内部接线和外部引脚如图 10-30 所示。图中标有符号"~"的引脚使用时接变压器二次绕组或交流电源，标有符号"+"的引脚是整流后输出电压的正极，标有符号"−"的引脚是整流后输出电压的负极，这两个脚接负载或滤波稳压电路的输入端。滤波电容 C_1、C_2 一般选取几百到几千微法。当稳压器距离整流滤波电路较远时，在输入端必须接入电容器 C_3（0.33μF），以抵消线路的电感效应防止产生自激振荡。输出端电容 C_4（0.1μF）用以滤除输出端的高频信号，改善电路的暂态响应。

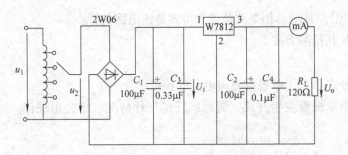

图 10-29　由 W7812 构成的稳压电源

图 10-30　2W06 型桥堆的内部接线和外部引脚

a）内部接线　　b）外部引脚

3）图 10-31 所示为正、负双电压输出电路，例如需要 $U_{O1} = +12V$，$U_{O2} = -12V$，则可选用 W7812 和 W7912，这时的 U_i 应为单电压输出时的两倍。

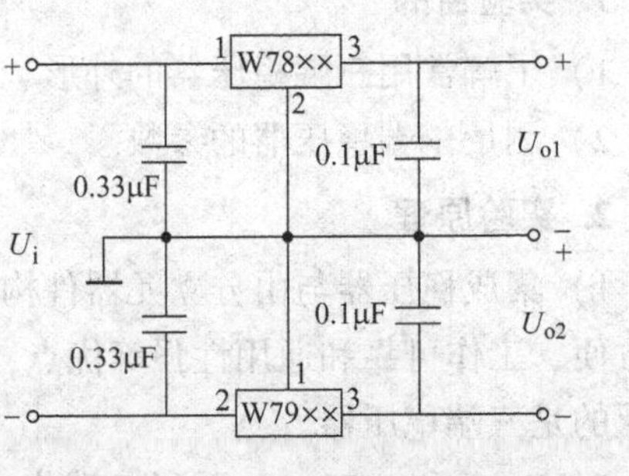

3. 实验设备

可调工频交流电源，双踪示波器，交流毫伏表，直流电压表，集成二端稳压器 W7812、W7912，桥堆 2W06，电阻、电容若干。

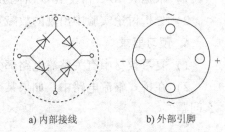

图 10-31　正、负双电压输出电路

4. 实验内容

（1）由 W7812 构成的稳压电路的测量　按照图 10-29 连接实验电路，取负载电阻 $R_L = 120\Omega$。

1）初测　接通工频 14V 交流电源，测量 U_2 值；测量滤波电路输出电压（即稳压器输入电压)U_i，集成稳压器输出电压 U_o。它们的数值应与理论值大致符合，否则说明电路出了故障。设法查找故障并加以排除。

电路经初测进入正常工作状态后，才能进行各项指标的测试。

2）测量输出电压 U_o 和输出电流 I_o，填入自拟表格。

（2）正、负双电压输出电路测量　按照图 10-31 连接实验电路，测量输出电压和输出电流，填入自拟表格。

5. 实验总结

1）整理测量数据，完成有关表格的填写及波形描绘。

2）总结实验过程中出现的主要问题，找出解决办法。

6. 复习要求

复习教材中集成稳压器部分的有关内容，了解各种集成稳压器的特点及应用。

本 章 小 结

1. 直流稳压电源的作用是将工频交流电转换为直流电，其由变压器、整流电路、滤波电路和稳压电路组成。

2. 常用单相整流电路的输出电压及选择整流二极管的参数见表10-1。

3. 利用储能元件电容或电感，可以减小整流后电压和电流的交流分量，达到滤波的目的。

4. 三端集成稳压器有正极性和负极性输出两种，有固定输出电压和可调输出电压两类。采用附加元器件可以扩大输出电压和输出电流。

习 题 10

1. 填空题

（1）整流的目的是将_____转换为_____，是利用_____的_____特性来实现的。

（2）滤波的目的是将整流后的脉动成分中的_____成分去掉，使输出电压_____，主要是利用储能元件_____或_____组成的滤波电路来实现的。

（3）_____滤波适用于大电流负载，_____滤波的直流输出电压高。

（4）串联型稳压电路由_____、_____、_____和_____组成。

（5）W7812 的输出电压为_____ V，最大输出电流为_____ A。

（6）LM317 为三端可调集成稳压器，其输出电压的调节范围为_____ ~ _____ V。

（7）开关型稳压电源的调整管工作在_____状态和_____状态。

2. 判断题

（1）整流电路可将正弦电压变为脉动的直流电压。　　　　　　　　　　　　　　（　　）

（2）电容滤波电路适用于小负载电流，而电感滤波电路适用于大负载电流。　　　（　　）

（3）在单相桥式整流电容滤波电路中，若有一只整流管断开，输出电压平均值变为原来的一半。

　　　　　　　　　　　　　　　　　　　　　　　　　　　　　　　　　　　　　（　　）

（4）线性直流电源中的调整管工作在放大状态，开关型直流电源中的调整管工作在开关状态。（　　）

3. 选择题

（1）整流的目的是（　　）。

A. 将交流变为直流　　　　B. 将高频变为低频　　　C. 将正弦波变为方波

（2）直流稳压电源中滤波电路的作用是（　　）。

A. 将交流变为直流　　　B. 将高频变为低频　　　C. 将交、直流混合量中的交流成分滤掉

（3）滤波电路应选用（　　）。

A. 高通滤波电路　　　　B. 低通滤波电路　　　　C. 带通滤波电路

（4）串联型稳压电路中的放大环节所放大的对象是（　　）。

A. 基准电压　　　　　　B. 采样电压　　　　　　C. 基准电压与采样电压之差

（5）开关型直流电源比线性直流电源效率高的原因是（　　）。

A. 调整管工作在开关状态　　B. 输出端有 LC 滤波电路　　C. 可以不用电源变压器

4. 问答题

（1）单相全波整流电路如图 10-32 所示。

① 如果整流二极管 VD_2 脱焊，输出电压 U_L 是否为正常情况的一半？如果变压器中心抽头处脱焊，这时输出电压 U_L 为多少？

② 如果 VD_2 反接，电路是否能正常工作？

③ 如果 VD_2 击穿短路，电路还会出现什么问题？

④ 如果输出端短路会出现什么问题？

（2）在变压器二次电压相同的条件下，桥式整流电路与单相半波整流电路相比，问

① 输出电压平均值高出几倍？

② 整流管平均电流关系如何？

（3）单相桥式整流滤波电路如图 10-33 所示。已知 $R_L C \geqslant (3 \sim 5) T/2$，$f = 50\text{Hz}$，$u_2 = 25\sin\omega t(\text{V})$。

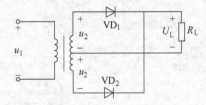

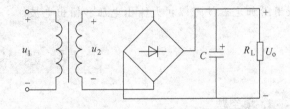

图 10-32　单相全波整流电路　　　　　图 10-33　单相桥式整流滤波电路

① 估算负载电压 U_L。

② 分析 $R_L \to \infty$ 对 U_L 的影响。

③ 分析滤波电容 C 开路对 U_L 的影响。

④ 分析其中某个二极管开路对 U_L 的影响；短路又有什么影响？

（4）在单相桥式整流电路中，若①VD_2 接反；②因过电压 VD_2 被击穿短路；③VD_2 断开。试分别说明其后果如何？

（5）有一直流稳压电源电路如图 10-34 所示，指出其中的错误并加以改正。

（6）开关型直流稳压电路与线性串联型直流稳压电路的主要区别是什么？与线性串联型直流稳压电路相比，它有什么优越性？

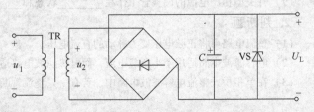

5. 计算题

（1）有一电压为 110V、电阻为 55Ω 的

图 10-34　直流稳压电源

直流负载，采用单相桥式整流电路(不带滤波器)供电，试求变压器二次电压的有效值，并选用二极管。

（2）直流电源电路如图 10-35 所示，已知 $U_i = 24\text{V}$，稳压管稳压值 $U_Z = 5.3\text{V}$，晶体管的 $U_{BE} = 0.7\text{V}$，VT_1 管的饱和压降 $U_{CES} = 0.5\text{V}$。

① 试估算变压器二次电压的有效值。

② 若 $R_3 = R_4 = R_{RP} = 300\Omega$，计算 U_0 的可调范围。

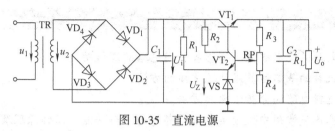

图 10-35　直流电源

（3）由固定输出三端集成稳压器 W7815 组成的稳压电路如图 10-36 所示。其中 $R_1 = 1\text{k}\Omega$，$R_2 = 1.5\text{k}\Omega$，三端集成稳压器本身的工作电流 $I_Q = 2\text{mA}$，U_i 值足够大。试求输出电压 U_0。

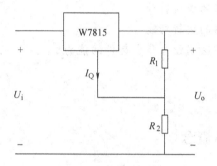

图 10-36　稳压电路

第11章　门电路和组合逻辑电路

11.1　数字电路概述

11.1.1　数字电路的基本概念

1. 数字信号与数字电路

电子电路中的信号分为两类，一类是在时间上和幅度上都是连续变化的，称为模拟信号。如广播电视中传送的各种语音信号和图像信号，如图 11-1a 所示。用于传递、加工和处理模拟信号的电路称作模拟电路。

另一类是在时间上和幅度上都是断续变化的，称为数字信号。这类信号只在某些特定时间内出现。图 11-1b 所示为数字信号的一个例子，在这个例子中，信号只有两个取值。用于传递、加工和处理数字信号的电子电路，称作数字电路。

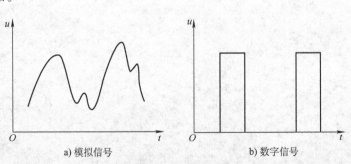

a) 模拟信号　　　　b) 数字信号

图 11-1　模拟信号和数字信号

2. 数字电路的特点

数字电路主要研究输出和输入信号之间的对应逻辑关系，其分析的主要工具是逻辑代数。因此数字电路又称作逻辑电路。与模拟电路相比，数字电路主要有如下特点。

1）便于高度集成化。由于数字电路采用二进制，因此基本单元电路的结构简单，允许电路参数有较大的离散性，有利于将众多的基本单元电路集成在同一硅片上并进行批量生产。

2）工作可靠性高、抗干扰能力强。

3）数字信息便于长期保存。

4）数字集成电路产品系列多、通用性强、成本低。

5）保密性好。数字信息容易进行加密处理，不易被窃取。

3. 数字电路的分类

数字电路的种类很多，常用的一般按下列几种方法来分类：

1）按构成电路的半导体器件来分类，可分为双极型（TTL）电路和单极型（CMOS）电路。

2）按集成电路的集成度进行分类，可分为小规模集成数字电路（SSI）、中规模集成数字电路（MSI）、大规模集成数字电路（LSI）和超大规模集成数字电路（VLSI）。

3）按电路中元器件有无记忆功能可分为组合逻辑电路和时序逻辑电路。

4. 高电平与低电平

如图11-2所示，通过开关电路可获得高、低电平。其中S示意为受输入信号控制的电子开关（二极管、晶体管），当二极管、晶体管截止时相当于S断开，输出为高电平；当二极管、晶体管导通时，相当于S闭合，输出为低电平。用1表示高电平、0表示低电平的情况称为正逻辑；反之称为负逻辑。本书中，如未加说明，一律采用正逻辑。

在数字电路中，只要能确切地区分出高、低电平两种状态就足够了。所以高、低电平都有一个允许的范围，如图11-3所示。正因为如此，在数字电路中，无论是对元器件参数的精度，还是对供电电源的稳定度的要求都比模拟电路低一些。

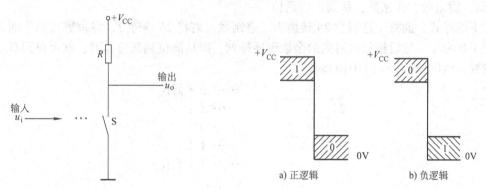

图11-2 获得高、低电平的方法   图11-3 高低电平的逻辑赋值

11.1.2 数制

1. 二进制和十六进制

二进制是以2为基数的计数体制。在二进制中，每位只有0和1两个数码，它的进位规律是逢二进一，即$1+1=10$。在二进制数中，各位的权都是2的幂，如

$$(1001.01)_2 = 1 \times 2^3 + 0 \times 2^2 + 0 \times 2^1 + 1 \times 2^0 + 0 \times 2^{-1} + 1 \times 2^{-2} = (9.25)_{10}$$

式中整数部分的权分别为2^3、2^2、2^1、2^0，小数部分的权分别为2^{-1}、2^{-2}。

十六进制是以16为基数的计数体制。在十六进制中，每位有0、1、2、3、4、5、6、7、8、9、A（10）、B（11）、C（12）、D（13）、E（14）、F（15）十六个不同的数码，它的进位规律是逢十六进一，各位的权为16的幂。如十六进制数$(3BE.C4)_{16}$可表示为

$$(3BE.C4)_{16} = 3 \times 16^2 + 11 \times 16^1 + 14 \times 16^0 + 12 \times 16^{-1} + 4 \times 16^{-2} = (958.765625)_{10}$$

式中16^2、16^1、16^0、16^{-1}、16^{-2}分别为十六进制数各位的权。表11-1中列出了十进制、二进制、十六进制不同数制的对照关系。

表11-1　十进制、二进制、十六进制的对照关系

十进制	二进制	十六进制	十进制	二进制	十六进制
0	0000	0	8	1000	8
1	0001	1	9	1001	9
2	0010	2	10	1010	A
3	0011	3	11	1011	B
4	0100	4	12	1100	C
5	0101	5	13	1101	D
6	0110	6	14	1110	E
7	0111	7	15	1111	F

2. 不同数制间的转换

（1）非十进制转换为十进制　可以将非十进制数写为按权展开式，求出各加权系数之和，就是与其对应的十进制数。

（2）十进制转换为非十进制　整数部分转换可用"除基取余法"，即将原十进制数连续除以要转换的计数体制的基数，每次除完所得余数就作为要转换数的系数（数码）。先得到的余数为转换数的低位，后得到的为高位，直到除得的商为0为止。这种方法可概括为"除基数，得余数，作系数，从高位到低位"。

看下面算式，欲将十进制数26转换为二进制数，需将26连除2，将余数写到侧面，直到商等于0为止。然后把每次得到的余数倒序排列，即从高位到低位排列，就可得到对应的二进制数。所以$(26)_{10} = (11010)_2$

$$
\begin{array}{r|l}
2 & 26 \\
2 & 13 \\
2 & 6 \\
2 & 3 \\
2 & 1 \\
& 0
\end{array}
\quad
\begin{array}{l}
\cdots\cdots 0 \\
\cdots\cdots 1 \\
\cdots\cdots 0 \\
\cdots\cdots 1 \\
\cdots\cdots 1
\end{array}
\begin{array}{l}
\text{低位} \\
\\
\\
\\
\text{高位}
\end{array}
$$

小数部分转换可采用"乘基取整法"，即将原十进制纯小数乘以要转换的数制的基数，取其积的整数部分作系数，剩余的纯小数部分再乘基数，先得到的整数作数的高位，后得到的作低位，直到其纯小数部分为0或到一定精度为止。这种方法可概括为"乘基数，取整数，作系数，从高位到低位"，看下面例题。

【例11-1】　将$(0.875)_{10}$转换为二进制数。

解：

$$
\begin{array}{r}
0.875 \\
\times 2 \\
\hline
\boxed{1}.750 \\
\times 2 \\
\hline
\boxed{1}.500 \\
\times 2 \\
\hline
\boxed{1}.000
\end{array}
$$

高位

低位

所以，$(0.875)_{10} = (0.111)_2$

（3）二进制与十六进制数间的转换　由于十六进制的基数 $16 = 2^4$。故每位十六进制数码都可以用 4 位二进制数来表示。所以二进制数转换为十六进制数的方法是：整数部分从低位开始，每四位二进制数为一组，最后不足四位的，则在高位加 0 补足四位为止；小数点后的二进制数则从高位开始，每四位二进制数为一组，最后不足四位的，则在低位加 0 补足四位，然后写出每组对应的十六进制数，按顺序排列即为所转换成的十六进制数。如

$$(10011111011.11101100)_2 = (0100\quad 1111\quad 1011.1110\quad 1100)_2 = (4FB.EC)_{16}$$

上述方法是可逆的，将十六进制数的每一位写成 4 位二进制数，左右顺序不变，就能从十六进制直接转化为二进制。如

$$(3BE5.97D) = (0011\quad 1011\quad 1110\quad 0101.1001\quad 0111\quad 1101)_2 = (0011101111100101.100101111101)_2$$

11.1.3　码制

码制是指利用二进制代码表示数字或符号的编码方法。十进制数码 $(0\sim9)$ 是不能在数字电路中运行的，必须将其转换为二进制数。用二进制码表示十进制码的编码方法称为二-十进制码，即 BCD 码。常用的 BCD 码几种编码方式见表 11-2。

因为 4 位二进制代码共有 16 种组合，用它对 $0\sim9$ 十个十进制数编码，总有 6 个不用的状态，叫它无关状态，或叫伪码，例如 8421BCD 码中 $1010\sim1111$ 为 6 个伪码。

将十进制数转换为 BCD 码，就是分别将十进制数中的每一位对应的 BCD 码按顺序写出即可。如 $(129)_{10} = (0001\quad 0010\quad 1001)_{8421BCD}$。BCD 码分为有权码和无权码。表 11-2 中的 8421 码、5421 码、2421 码为有权码，这几种代码的共同特点是：代码中每一位的权固定不变。在表 11-2 中，余 3 码、格雷码为无权码，这两种代码中每一位的权不固定。余 3 码是由 8421 码加 3(0011) 得到的，不能用权展开式来表示其转换关系。格雷码的特点是相邻的两个码组之间仅有 1 位不同，因而常用于模拟量和数字量的转换。

表 11-2　常用的几种 BCD 码

	8421 码	5421 码	2421 码	余 3 码（无权码）	格雷码（无权码）
0	0000	0000	0000	0011	0000
1	0001	0001	0001	0100	0001
2	0010	0010	0010	0101	0011
3	0011	0011	0011	0110	0010
4	0100	0100	0100	0111	0110
5	0101	1000	1011	1000	0111
6	0110	1001	1100	1001	0101
7	0111	1010	1101	1010	0100
8	1000	1011	1110	1011	1100
9	1001	1100	1111	1100	1000

11.2　门电路

能够实现各种基本逻辑关系的电路通称为门电路。最基本的门电路是与门电路、或门电路和非门电路。

11.2.1 基本门电路

1. 与门电路

（1）与逻辑　若决定某一事物结果的所有条件同时具备时，结果才会发生，这种因果关系称为与逻辑。图11-4所示电路中，开关（条件）S_1与S_2都闭合时，灯EL亮（结果）才会发生，用A、B和L分别代表开关S_1、S_2和灯EL的状态，那么L与A和B的关系就是与逻辑关系。对逻辑变量进行逻辑赋值，1表示灯亮及开关闭合，0表示灯灭及开关断开。则L与A和B的关系可写成一个逻辑函数表达式

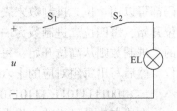

图11-4　与逻辑电路举例

$$L = A \cdot B$$

该式就是与逻辑的函数表达式，式中"·"表示与运算，又称为逻辑乘。

（2）真值表　把输入、输出变量所有相互对应的逻辑值（状态）列在一个表格内，这种表格称为逻辑函数的真值表，简称真值表。二输入变量与逻辑函数的真值表见表11-3。

表11-3　真值表

A	B	L	A	B	L	A	B	L	A	B	L
0	0	0	0	1	0	1	0	0	1	1	1

（3）逻辑符号　实现与逻辑关系的逻辑电路称为与门电路，与门电路逻辑符号如图11-5所示。

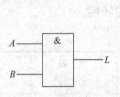

图11-5　与门电路逻辑符号

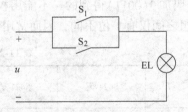

图11-6　或逻辑电路举例

2. 或门电路

（1）或逻辑　若决定某一事物结果的诸条件中只要有一个或一个以上条件具备时，结果就会发生，这种因果关系叫作或逻辑。实现或逻辑关系的逻辑电路称为或门电路。图11-6所示电路就是一个或逻辑事例。只要开关S_1或者S_2有一个或者两个都合上时，灯EL就会亮。

（2）或逻辑的不同表示方法　或逻辑的几种表示方法见表11-4。逻辑变量赋值同上述与逻辑（用A、B和L分别代表开关S_1、S_2和灯EL的状态）。

3. 非门电路

只要某一条件具备了，事件便不发生，而当此条件不具备时，事件一定发生，这样的因果关系叫作非逻辑，也称逻辑求反。

表 11-4 或逻辑的几种表示方法

逻辑表达式	逻辑真值表			或门逻辑符号	逻辑规律
	A	B	L		
$L = A + B$	0	0	0		有1出1
	0	1	1		全0出0
	1	0	1		
	1	1	1		

注：逻辑式中的"+"表示"或"运算，即逻辑加法运算。

图 11-7 就是一个非逻辑的例子。按照与逻辑的赋值规则，可得到非逻辑关系的不同表示方法见表 11-5(用 A 表示开关 S 的状态,用 L 表示灯 EL 的状态)。

表 11-5 非逻辑的几种表示方法

逻辑表达式	逻辑真值表		非门逻辑符号	逻辑规律
	A	L		
$L = \bar{A}$	0	1		进0出1
	1	0		进1出0

注：1. 逻辑表达式中变量 A 上边的"-"号表示"非"运算，即逻辑求反运算。

2. 逻辑符号中的"○"代表非运算。

4. 复合逻辑门

常见的有与非门、或非门、异或门、同或门，它们的表达方法见表 11-6。

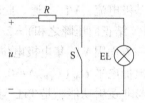

图 11-7 非逻辑电路举例

表 11-6 几种复合逻辑门的表达方法

名称	与非			或非			异或			同或		
函数式	$Y = \overline{AB}$			$Y = \overline{A + B}$			$Y = A \oplus B$			$Y = A \odot B$		
真值表	A	B	Y	A	B	Y	A	B	Y	A	B	Y
	0	0	1	0	0	1	0	0	0	0	0	1
	0	1	1	0	1	0	0	1	1	0	1	0
	1	0	1	1	0	0	1	0	1	1	0	0
	1	1	0	1	1	0	1	1	0	1	1	1
逻辑符号												

11.2.2 集成逻辑门电路

1. TTL 集成逻辑门电路

晶体管-晶体管逻辑(TTL,Transistor-Transistor Logic)电路是用 BJT(Bipolar Junction Transistor)工艺制造的数字集成电路，目前国内产品型号为 CT74 和 CT54 系列。本节以 TTL 与非门为例，介绍 TTL 电路的一般组成、原理、特性和参数。

TTL 与非门内部基本结构如图 11-8a 所示，多发射极管 VT_1 为输入级，VT_2 为中间级，VT_3 和 VT_4 组成输出级。

当 A、B 中有一个或两个为低电平时，对应发射结正偏导通，V_{CC} 经 R_1 为 VT_1 提供基极电流。设输入低电平 $U_{IL} = 0.3V$，输入高电平 $U_{IH} = 3.6V$，$U_{BE} = 0.7V$，则 VT_1 基极电位 $V_{B1} = 1V$，VT_2 因没有基极电流而截止，因此 VT_3 也截

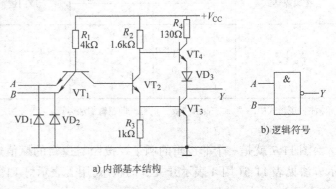

a) 内部基本结构

b) 逻辑符号

图 11-8　TTL 与非门

止。因为 VT_2 截止，V_{CC} 经 R_2 为 VT_4 提供基极电流，VT_4 导通输出高电平 U_{OH}（$U_{OH} = V_{CC} - I_{B4}R_2 - U_{BE4} - U_{VD3}$），由于 I_{B4} 很小，忽略该电流在 R_2 上直流压降，则 $U_{OH} = (5 - 0.7 - 0.7)$ V $= 3.6V$。

当 A、B 全为高电平或全部悬空（视为高电平输入），V_{CC} 经 R_1 经 VT_1 集电结为 VT_2 提供基极电流，VT_2 导通。此时，VT_1 基极电位 U_{B1}（为 VT_1 集电结、VT_2 发射结、VT_3 发射结三个 PN 结正向压降之和）$= 2.1V$。VT_2 导通，一方面为 VT_3 提供基极电流，使 VT_3 也导通，另一方面因 VT_2 集电极电位 U_{C2}（$U_{C2} = U_{BE3} + U_{CES2}$）$\approx 1V$，使 VT_4 截止。VT_3 导通，VT_4 截止输出低电平 U_{OL}（U_{CES3}）$\approx 0.3V$。由此可见，图 11-9 所示电路实现了 "有 0 为 1，全 1 出 0" 的与非逻辑功能，是 TTL 与非门。

在 TTL 类型中，CT74LS 系列为现代主要应用产品。图 11-9 所示为 CT74LS00 的引脚图。TTL 集成电路目前大多采用双列直插式外形封装。这类集成电路外引脚的编号判断方法是：把标志（半圆形凹口）置于左端，文字面朝上，则自左下角按逆时针方向顺序读出。

该引脚图表示 CT74LS00 为 "四 2 输入与非门"，内部有四个两输入与非门。A、B 为输入端，Y 为输出端，其共用电源端为 V_{CC}（14 脚），接地端为 GND（7 脚）。

主要参数：

（1）标准输出高电平 U_{SH}（U_{OH}）　在逻辑电路中，前后级一般为同类型门电路相连接，前一级门电路输出高电平，即为后级门电路输入高电平。在手册中，把输出高电平的下限值（对产品的要求）称为标准输出高电平 U_{SH}，也记为 U_{OH}。

（2）标准输出低电平 U_{SL}（U_{OL}）　在同类型门电路相连时，前级门电路输出低电平，即为后级门电路输入低电平。在手册中，把输出低电平的上限值称为标准输出低电平 U_{SL}。

（3）噪声容限　噪声容限是指在保证逻辑功能的前提下，对于输入信号（前级输出的标准电平）来说，在此输入信号电平基础上允许叠加的噪声（或干扰）电压的值。电路的噪声容限越大，其抗干扰能力

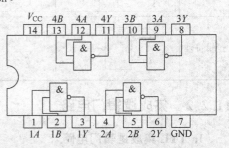

图 11-9　CT74LS00 引脚图

就越强。TTL电路的电源电压 V_{CC} 为5V，其输出的逻辑摆幅较小，所以其抗干扰能力较差。

（4）扇出系数 N_0　指一个门电路最多能带同类门电路的个数，它反映了门电路的最大带负载能力。一般TTL门电路扇出系数为8～10。

TTL集成逻辑门电路除与非门外，常用的还有集电极开路与非门、或非门、与或非门、三态门和异或门等，它们的逻辑功能虽各不相同，但都是在与非门的基础上发展出来的。因此，前面讨论的TTL与非门的特性对这些门电路同样适用。

2. CMOS门电路

由金属氧化物绝缘栅型场效应（MOS）管构成的单极型集成电路称为CMOS电路。常用的CMOS门电路有反相器、与非门、或非门、传输门、三态门等。无论是TTL门电路还是CMOS门电路，它们都能实现相应的逻辑功能，只是构成电路的器件不同，不同系列的门电路它们的外部性能不同而已。

CMOS电路和TTL电路的比较：

1）CMOS电路的工作速度比TTL电路的低。

2）CMOS带负载的能力比TTL电路强。

3）CMOS电路的电源电压允许范围较大，约在3～18V，抗干扰能力比TTL电路强。

4）CMOS电路的功耗比TTL电路小得多。门电路的功耗只有几个微瓦，中规模集成电路的功耗也不会超过 $100\mu W$。

5）CMOS集成电路的集成度比TTL电路高。

6）CMOS电路容易受静电感应而击穿，在使用和存放时应注意静电屏蔽，焊接时电烙铁应接地良好，尤其是CMOS电路多余不用的输入端不能悬空，应该以不影响电路的逻辑功能为原则，接地或接高电平。而TTL电路多余的输入端可以悬空，视为高电平输入。

11.2.3　组合逻辑电路

1. 逻辑代数

逻辑代数又称为布尔代数，它描述客观事物间的逻辑关系。与普通代数一样，逻辑代数也用字母表示变量，称为逻辑变量。逻辑变量的取值只有两个值，即0和1。但这两个值不具有数量大小的意义，仅表示客观事物的两种相反的状态，如开关的闭合与断开、电位的高与低等。因此，逻辑代数有其自身独立的规律和运算法则，而不同于普通代数。

根据三种基本逻辑运算，可推导出一些基本公式和定律，形成一些运算规则，熟悉、掌握并且会运用这些规则，对于掌握数字电子技术十分重要。

1）逻辑代数的基本公式和定律见表11-7。

表11-7　逻辑代数的基本公式和定律

名　称	公　式
0-1律	$0 \cdot 0 = 0$　$0 + 0 = 0$　$0 \cdot 1 = 0$　$0 + 1 = 1$　$1 \cdot 1 = 1$　$1 + 1 = 1$ $0 \cdot A = 0$　$0 + A = A$　$1 \cdot A = A$　$1 + A = 1$
重叠律	$A \cdot A = A$　$A + A = A$
互补律	$A \cdot \bar{A} = 0$　$A + \bar{A} = 1$
还原律	$\bar{\bar{A}} = A$

(续)

名　称	公　式
交换律	$A \cdot B = B \cdot A \quad A + B = B + A$
结合律	$(A \cdot B) \cdot C = A \cdot (B \cdot C) \quad (A + B) + C = A + (B + C)$
分配律	$A \cdot (B + C) = AB + AC \quad A + BC = (A + B)(A + C)$
反演律(德·摩根定理)	$\overline{A \cdot B \cdot C} = \overline{A} + \overline{B} + \overline{C} \quad \overline{A + B + C} = \overline{A} \cdot \overline{B} \cdot \overline{C}$
吸收律	$A + AB = A \quad AB + A\overline{B} = A \quad A(A + B) = A \quad A + \overline{A}B = A + B$ $(A + B)(A + C) = A + BC \quad AB + \overline{A}C + BC = AB + \overline{A}C$ $AB + \overline{A}C + BCD = AB + \overline{A}C$

2）逻辑代数的公式化简法，其实质就是反复使用逻辑代数的基本定律和常用公式，消去多余的乘积项和每个乘积项中多余的因子，通常求得最简的与或式。最简与或式是指包含的乘积项最少，而且每个乘积项里的因子也最少的与或式。常用的化简方法见表11-8。

表11-8　常用的公式化简方法

方法名称	所用公式	方法说明
并项法	$AB + A\overline{B} = A$	将两项合并为一项，消去一个因子。A 和 B 可以是一个逻辑式
吸收法	$A + AB = A$	将多余的乘积项 AB 吸收掉
消去法	$A + \overline{A}B = A + B$ $AB + \overline{A}C + BC = AB + \overline{A}C$	消去乘积项中的多余因子 消去多余的项 BC
配项法	$A + \overline{A} = 1$ $A + A = A$ 或 $A \cdot \overline{A} = 0$	用该式乘某一项，可使其变为两项，再与其他项合并化简 用该式在原式中分配重复乘积项或互补项，再与其他项合并化简

【例 11-2】　化简逻辑式 $Z = AD + A\overline{D} + AB + \overline{A}C + \overline{C}D + A\overline{B}EF$。

解：用 $A + \overline{A} = 1$，将 $AD + A\overline{D}$ 合并，得

$$Z = A + AB + \overline{A}C + \overline{C}D + A\overline{B}EF$$

用 $A + AB = A$，消去含有 A 因子的乘积项，得

$$Z = A + \overline{A}C + \overline{C}D$$

用 $A + \overline{A}B = A + B$，消去 $\overline{A}C$ 中的 $\overline{A}$，再消去 $\overline{C}D$ 中的 $\overline{C}$。最后得

$$Z = A + C + D$$

2. 组合逻辑电路

由门电路组成，没有记忆单元，任意时刻电路的输出信号仅取决于该时刻输入信号，与电路原来的状态无关，这类数字电路称为组合逻辑电路。所谓分析，就是根据给定的逻辑电路，找出其输出信号和输入信号之间的逻辑关系，从而确定电路的逻辑功能。

组合逻辑电路的分析步骤如下：

（1）写出输出逻辑函数式　由给定逻辑电路，一般从输入端向输出端逐级写出各个门输出对其输入的逻辑表达式，从而写出整个逻辑电路的输出对输入变量的逻辑函数式。通常要进行变换和化简，求出输出逻辑函数式的最简式。

（2）列真值表　将输入变量的各种取值组合代入输出逻辑函数式，求出相应的输出状

态，并填入表中，即得真值表。通常按自然二进制数的顺序。

（3）分析逻辑功能　通常通过分析真值表的特点来说明电路的逻辑功能。

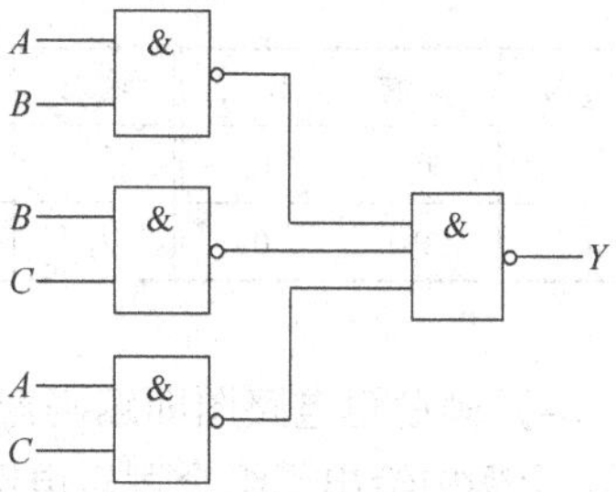

【例11-3】　分析图11-10所示逻辑电路的功能。

解：1）写出输出逻辑函数表达式（逐级写,并且通常变换成与或式）：

$$Y_1 = \overline{AB}, \quad Y_2 = \overline{BC}, \quad Y_3 = \overline{AC}$$

$$Y = \overline{Y_1 \cdot Y_2 \cdot Y_3} = \overline{\overline{AB} \cdot \overline{BC} \cdot \overline{AC}} = AB + BC + AC$$

2）列真值表：将A、B、C各种取值组合代入式中，可列出真值表，见表11-9。

图11-10　例11-3电路

表11-9　图11-10真值表

输　　入			输出	输　　入			输出	输　　入			输出	输　　入			输出
A	B	C	Y	A	B	C	Y	A	B	C	Y	A	B	C	Y
0	0	0	0	0	1	0	0	1	0	0	0	1	1	0	1
0	0	1	0	0	1	1	1	1	0	1	1	1	1	1	1

3）逻辑功能分析：由真值表可看出，在输入A、B、C三个变量中，有两个或两个以上为1时，输出Y为1，否则Y为0，因此，图11-10所示电路为三人表决电路。

11.3　常用组合逻辑器件

11.3.1　编码器

所谓编码，就是用二进制码来表示给定的数字、字符或信息。一位二进制码有0和1两种状态，n位二进制码有2^n种不同的组合。用不同的组合来表示不同的信息，就是二进制编码。按编码方式不同，编码器可分为普通编码器和优先编码器。

1. 普通编码器

在普通编码器中，任何时刻只允许输入一个编码信号，否则输出将发生混乱。若输入信号的个数N与输出变量的个数n满足$N = 2^n$，此电路称为二进制编码器。若编码器输入为四个信号，输出为两位代码，则称为4线-2线编码器。常见的编码器有8线-3线、16线-4线等。

【例11-4】　设计一个4线-2线编码器。

解：1）确定输入、输出变量的个数：由题意知输入为四个信息分别设为I_0、I_1、I_2、I_3，输出为Y_1、Y_0当对I_i编码时为1，不编码时为0，并依此按I_i下角标的数值与Y_1、Y_0二进制代码的值相对应进行编码。

2）列编码表，见表11-10。

3）写逻辑表达式并化简得

$$Y_0 = I_1 + I_3$$

$$Y_1 = I_2 + I_3$$

表 11-10　编码表

输入	输出		输入	输出		输入	输出		输入	输出	
	Y_1	Y_0		Y_1	Y_0		Y_1	Y_0		Y_1	Y_0
I_0	0	0	I_1	0	1	I_2	1	0	I_3	1	1

4）画逻辑电路图即编码器电路如图 11-11 所示。

上例中给出了组合逻辑电路设计的一般步骤。

2. 优先编码器

在优先编码器中，允许同时输入两个以上编码信号。不过在设计优先编码器时，已经将所有的输入信号按优先顺序排了队，当几个输入信号同时出现时，只对其中优先权最高的一个进行编码。

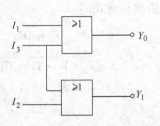

图 11-11　4 线-2 线编码器

74LS148 是常用的 8 线-3 线优先编码器，如图 11-12 所示。图中 $\bar{I}_7 \sim \bar{I}_0$ 为输入信号端，$\bar{S}$ 是使能输入端，$\bar{Y}_2 \sim \bar{Y}_0$ 是 3 个输出端，$\bar{Y}_{EX}$ 和 Y_S 是用于扩展功能的输出端。该电路输入信号低电平有效，输出为 3 位二进制反码。74LS148 的功能见表 11-11。

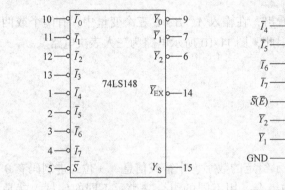
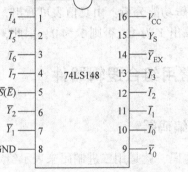

a) 符号图　　　　　　　　b) 引脚图

图 11-12　74LS148 优先编码器

表 11-11　74LS148 的功能表

	输			入						输	出		
$\bar{S}$	$\bar{I}_7$	$\bar{I}_6$	$\bar{I}_5$	$\bar{I}_4$	$\bar{I}_3$	$\bar{I}_2$	$\bar{I}_1$	$\bar{I}_0$	$\bar{Y}_2$	$\bar{Y}_1$	$\bar{Y}_0$	$\bar{Y}_{EX}$	Y_S
1	×	×	×	×	×	×	×	×	1	1	1	1	1
0	1	1	1	1	1	1	1	1	1	1	1	1	0
0	0	×	×	×	×	×	×	×	0	0	0	0	1
0	1	0	×	×	×	×	×	×	0	0	1	0	1
0	1	1	0	×	×	×	×	×	0	1	0	0	1
0	1	1	1	0	×	×	×	×	0	1	1	0	1
0	1	1	1	1	0	×	×	×	1	0	0	0	1
0	1	1	1	1	1	0	×	×	1	0	1	0	1
0	1	1	1	1	1	1	0	×	1	1	0	0	1
0	1	1	1	1	1	1	1	0	1	1	1	0	1

从表 11-11 中可以看出，该功能模块的功能和使用有以下特点。

1）输入 $\bar{I}_7 \sim \bar{I}_0$ 低电平有效，$\bar{I}_7$ 优先权最高；输出 $\bar{Y}_2 \sim \bar{Y}_0$ 为 3 位二进制反码。

2）使能输入 $\bar{S}$ 和使能输出 Y_S：当 $\bar{S}=0$ 时，允许模块工作；当 $\bar{S}=1$ 时，所有的输出被封锁在高电平，禁止模块工作。当 $Y_S=0$ 时，表示模块工作，但无编码输入。

3）输出有效标志 $\bar{Y}_{EX}=1$ 时，表示编码器输出无效；$\bar{Y}_{EX}=0$ 时，表示模块工作，而且有编码输入。表 11-11 中，输出 $\bar{Y}_2\ \bar{Y}_1\ \bar{Y}_0$ 有 3 种情况均为 111，但由 $\bar{Y}_{EX}$ 指明最后一行表示输出有效，其他两行表示输出无效。

11.3.2 译码器

译码是编码的逆过程，即将每一组输入二进制代码"翻译"成为一个特定的输出信号。实现译码功能的数字电路称为译码器。若译码器输入的是 n 位二进制代码，则其输出端子数 $N \leqslant 2^n$。$N=2^n$ 称为完全译码，$N<2^n$ 称为部分译码。译码器分为变量译码器和显示译码器。变量译码器有二进制译码器和非二进制译码器。显示译码器按显示材料分为发光二极管译码器、液晶显示译码器；按显示内容分为文字、数字、符号译码器。

1. 二进制译码器（变量译码器）

变量译码器种类很多。常用的有 TTL 系列中的 54/74HC138，54/74LS138；CMOS 系列中的 54/74HC138，54/74HCT138 等。图 11-13 所示为 74LS138 的符号图和引脚图，其逻辑功能表见表 11-12。

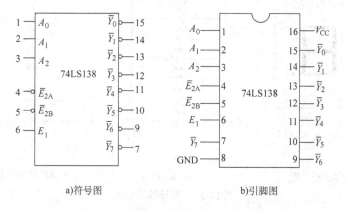

a)符号图　　　　b)引脚图

图 11-13　74LS138 的符号图和引脚图

由功能表 11-12 可知，它能译出 3 个输入变量的全部状态。该译码器设置了 E_1、$\bar{E}_{2A}$、$\bar{E}_{2B}$ 3 个使能输入端，当 E_1 为 1 且 $\bar{E}_{2A}$ 和 $\bar{E}_{2B}$ 均为 0 时，译码器处于工作状态，否则译码器不工作。

表 11-12　74LS138 译码器功能表

输　入					输　出							
E_1	$\bar{E}_{2A}+\bar{E}_{2B}$	A_2	A_1	A_0	$\bar{Y}_7$	$\bar{Y}_6$	$\bar{Y}_5$	$\bar{Y}_4$	$\bar{Y}_3$	$\bar{Y}_2$	$\bar{Y}_1$	$\bar{Y}_0$
×	1	×	×	×	1	1	1	1	1	1	1	1
0	×	×	×	×	1	1	1	1	1	1	1	1
1	0	0	0	0	1	1	1	1	1	1	1	0
1	0	0	0	1	1	1	1	1	1	1	0	1

（续）

输　入					输　出							
E_1	$\overline{E_{2A}}+\overline{E_{2B}}$	A_2	A_1	A_0	$\overline{Y_7}$	$\overline{Y_6}$	$\overline{Y_5}$	$\overline{Y_4}$	$\overline{Y_3}$	$\overline{Y_2}$	$\overline{Y_1}$	$\overline{Y_0}$
1	0	0	1	0	1	1	1	1	1	0	1	1
1	0	0	1	1	1	1	1	1	0	1	1	1
1	0	1	0	0	1	1	1	0	1	1	1	1
1	0	1	0	1	1	1	0	1	1	1	1	1
1	0	1	1	0	1	0	1	1	1	1	1	1
1	0	1	1	1	0	1	1	1	1	1	1	1

2. 显示译码器

显示译码器常见的是数字显示电路，它通常由译码器、驱动器和显示器等部分组成。

（1）七段数码显示器　数码显示器按显示方式有分段式、字形重叠式和点阵式。其中，七段显示器应用最普遍。图 11-14a 所示的半导体发光二极管显示器是数字电路中使用最多的七段显示器，它有共阴极和共阳极两种接法。

图 11-14b 所示为发光二极管的共阴极接线图，共阴极接法是各发光二极管的阴极相接，对应极接高电平时亮。共阳极接线图如图 11-14c 所示，各发光二极管阳极相接，对应极接低电平时亮。字符显示与七段数码显示器发光段组合图如图 11-15 所示。

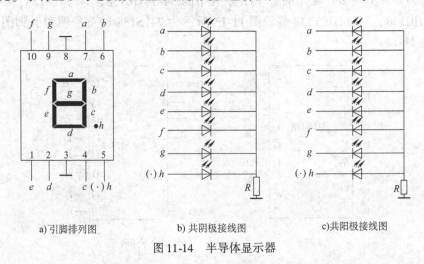

　　a) 引脚排列图　　　　　b) 共阴极接线图　　　　　c)共阳极接线图

图 11-14　半导体显示器

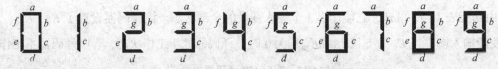

图 11-15　字符显示与七段数码显示器发光段组合图

（2）显示译码器　图 11-16 所示为显示译码器 74LS48 的引脚排列图，表 11-13 为 74LS48 的逻辑功能表，它有 3 个辅助控制端 $\overline{LT}$、$\overline{I_{BR}}$、$\overline{I_B}/\overline{Y_{BR}}$。

$\overline{LT}$ 为试灯输入，当 $\overline{LT}=0$，$\overline{I_B}/Y_{BR}=1$ 时，若七段均完好，显示字形是 "8"，该输入端常用于检查显示器的好坏；当 $\overline{LT}=1$ 时，译码器方可进行译码显示；$\overline{I_{BR}}$ 用来动态灭零，当

$\overline{LT}=1$，且 $\overline{I}_{BR}=0$ 时，输入 $A_3A_2A_1A_0=0000$，则 $\overline{I}_B/\overline{Y}_{BR}=0$ 使数字符的各段熄灭；$\overline{I}_B/\overline{Y}_{BR}$ 为灭灯输入/灭灯输出，当 $\overline{I}_B\,\overline{Y}_{BR}=0$ 时不管输入如何，数码管不显示数字，为控制低位灭零信号。

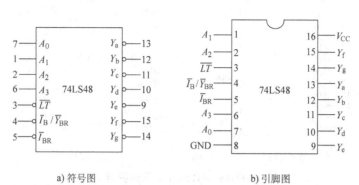

a) 符号图　　　　　　　b) 引脚图

图 11-16　74LS48 的引脚排列图

表 11-13　74LS48 的功能表

功能或十进制数	输入						$\overline{I}_B/\overline{Y}_{BR}$	输出						
	$\overline{LT}$	$\overline{I}_{BR}$	A_3	A_2	A_1	A_0		Y_a	Y_b	Y_c	Y_d	Y_e	Y_f	Y_g
灭灯	×	×	×	×	×	×	0(输入)	0	0	0	0	0	0	0
试灯	0	×	×	×	×	×	1	1	1	1	1	1	1	1
动态灭零	1	0	0	0	0	0	0	0	0	0	0	0	0	0
0	1	1	0	0	0	0	1	1	1	1	1	1	1	0
1	1	×	0	0	0	1	1	0	1	1	0	0	0	0
2	1	×	0	0	1	0	1	1	1	0	1	1	0	1
3	1	×	0	0	1	1	1	1	1	1	1	0	0	1
4	1	×	0	1	0	0	1	0	1	1	0	0	1	1
5	1	×	0	1	0	1	1	1	0	1	1	0	1	1
6	1	×	0	1	1	0	1	0	0	1	1	1	1	1
7	1	×	0	1	1	1	1	1	1	1	0	0	0	0
8	1	×	1	0	0	0	1	1	1	1	1	1	1	1
9	1	×	1	0	0	1	1	1	1	1	0	0	1	1
10	1	×	1	0	1	0	1	0	0	0	1	1	0	1
11	1	×	1	0	1	1	1	0	0	1	1	0	0	1
12	1	×	1	1	0	0	1	0	1	0	0	0	1	1
13	1	×	1	1	0	1	1	1	0	0	1	0	1	1
14	1	×	1	1	1	0	1	0	0	0	1	1	1	1
15	1	×	1	1	1	1	1	0	0	0	0	0	0	0

11.3.3　数据选择器

数据选择器又称多路选择器，其逻辑功能是从多个输入数据中选择一路数据输出。数据选择器按要求从多路输入选择一路输出，常见的有四选一、八选一等。数据选择器功能示意图如图 11-17 所示。

74LS151 是一种典型的集成电路数据选择器。图 11-18

图 11-17　数据选择器功能示意图

所示是 74LS151 的引脚排列图。它有 3 个地址端 A_2、A_1、A_0，可选择 $D_0 \sim D_7$ 八个数据，具有两个互补输出端 W 和 $\overline{W}$。74LS151 数据选择器功能表见表 11-14。

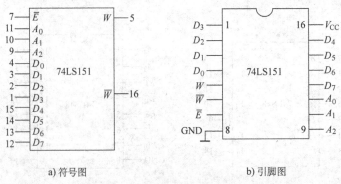

a) 符号图   b) 引脚图

图 11-18   74LS151 数据选择器

表 11-14   74LS151 数据选择器功能表

输　　入					输　　出	
D	A_2	A_1	A_0	$\overline{E}$	W	$\overline{W}$
×	×	×	×	1	0	1
D_0	0	0	0	0	D_0	$\overline{D_0}$
D_1	0	0	1	0	D_1	$\overline{D_1}$
D_2	0	1	0	0	D_2	$\overline{D_2}$
D_3	0	1	1	0	D_3	$\overline{D_3}$
D_4	1	0	0	0	D_4	$\overline{D_4}$
D_5	1	0	1	0	D_5	$\overline{D_5}$
D_6	1	1	0	0	D_6	$\overline{D_6}$
D_7	1	1	1	0	D_7	$\overline{D_7}$

11.4 实验

11.4.1 基本逻辑门电路逻辑功能测试

1. 实验目的

1）熟悉主要门电路的逻辑功能。

2）掌握基本门电路逻辑功能的测试方法。

2. 实验设备

1）数字电子实验装置。

2）示波器。

3）元器件：集成电路芯片 74LS00、74LS20、74LS02、74LS04。

3. 实验预习

集成电路芯片介绍：集成电路芯片大多采用双列直插式外形封装，本实验中所用到的集成电路芯片引脚图如图 11-19 所示。本实验中的集成芯片 74LS00 是二输入四与非门，74LS20 是四输入二与非门，74LS02 是二输入四或非门，74LS04 是六反相器。

注意：对于 TTL 电路，干扰信号在允许的范围内多余的输入端可悬空，看作逻辑 1。对于 CMOS 电路，多余的输入端不允许悬空，应接高电平或低电平。

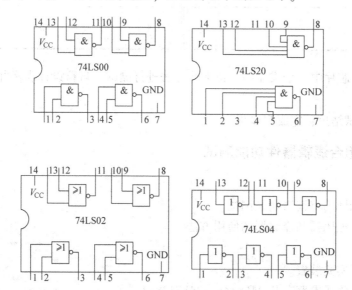

图 11-19 集成电路芯片引脚图

4. 实验内容

（1）逻辑功能测试

1）与非门逻辑功能测试。①将 74LS20 插入数字电子实验装置的相应插孔上，注意集成块上的标志，避免错误插接。②将集成电路芯片的 V_{CC} 端与 +5V 电源相连，GND 端与地相连。③将其中一个与非门的输入端 A、B、C、D 分别与四个逻辑开关相连，输出端 Y 与逻辑笔或逻辑电平显示器相连，如图 11-20 所示。按表 11-15 选择不同的输入状态组合，分别测试输出端 Y 相应的状态，并将结果填入表中。

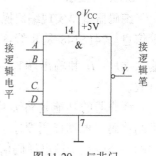

图 11-20 与非门逻辑功能测试

表 11-15 与非门测试

A	B	C	D	Y	A	B	C	D	Y
1	1	1	1		0	0	0	1	
0	1	1	1		0	0	0	0	
0	0	1	1						

2）用上述同样的方法测试 74LS00、74LS02、74LS04 的逻辑功能，自行设计表格并记录结果。

（2）传输性能和控制功能的测试　选择 74LS00 芯片中一个与非门，如图 11-21 所示，A 输入端接频率为 1kHz 的脉冲信号，B 输入端接逻辑电平开关，输出端 Y 接示波器。观察 A 输入端的波形和 Y 输出端的波形，按表 11-16 选择不同的输入状态进行测试，并记录结果。

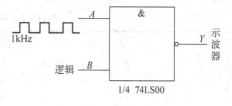

图 11-21 与非门测试电路

表 11-16 与非门测试结果

A	B	Y	A	B	Y
1kHz ⊓⊔⊓	1		1kHz ⊓⊔⊓	0	

选择74LS02芯片中一个或非门，按上述方法进行测试，自行设计表格并记录结果。

5. 实验总结

整理实验测试结果，完成实验报告。

11.4.2 常用组合逻辑器件功能测试

1. 实验目的

1）编码器和译码器逻辑功能测试。

2）学习不同编码器和译码器的使用方法。

2. 实验设备

1）数字电子实验装置。

2）元器件：集成电路芯片74LS148、74LS138。

3. 预习要求

编码器就是实现编码操作的电路，所谓编码，就是用二进制码来表示给定的数字、字符等信息。74LS148是8线-3线优先编码器，输入端 $\bar{I}_7 \sim \bar{I}_0$ 和输出端 $\bar{Y}_2 \sim \bar{Y}_0$ 都是低电平有效。

译码器的功能是将 n 位并行输入的二进制代码，根据译码要求，选择 m 个输出中的一个或几个输出译码信息。74LS138是3线-8线译码器，$A_2 \sim A_0$ 为3个输入端，八个输出端 $\bar{Y}_7 \sim \bar{Y}_0$ 低电平有效。

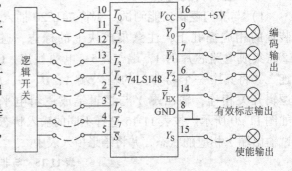

图 11-22 74LS148 测试电路

4. 实验内容

1）如图11-22所示，将74LS148的8个输入端 $\bar{I}_0 \sim \bar{I}_7$ 和 $\bar{S}$ 接9个逻辑开关，输出端 $\bar{Y}_0 \sim \bar{Y}_2$、$\bar{Y}_{EX}$、Y_S 与逻辑笔或逻辑电平显示器相连，V_{CC} 端与 +5V 电源相连，GND 端与地相连。

设定 $\bar{S}=1$ 或 $\bar{S}=0$，按表11-17顺序改变输入状态，分别测试输出端相应的状态，并将结果记入表中。

表 11-17 74LS148 功能测试结果

	输 入								输 出				
$\bar{S}$	$\bar{I}_7$	$\bar{I}_6$	$\bar{I}_5$	$\bar{I}_4$	$\bar{I}_3$	$\bar{I}_2$	$\bar{I}_1$	$\bar{I}_0$	$\bar{Y}_2$	$\bar{Y}_1$	$\bar{Y}_0$	$\bar{Y}_{EX}$	Y_S
1	×	×	×	×	×	×	×	×					
0	1	1	1	1	1	1	1	1					
0	0	×	×	×	×	×	×	×					

(续)

输 入									输 出				
$\bar{S}$	$\bar{I}_7$	$\bar{I}_6$	$\bar{I}_5$	$\bar{I}_4$	$\bar{I}_3$	$\bar{I}_2$	$\bar{I}_1$	$\bar{I}_0$	$\bar{Y}_2$	$\bar{Y}_1$	$\bar{Y}_0$	$\bar{Y}_{EX}$	Y_S
0	1	0	×	×	×	×	×	×					
0	1	1	0	×	×	×	×	×					
0	1	1	1	0	×	×	×	×					
0	1	1	1	1	0	×	×	×					
0	1	1	1	1	1	0	×	×					
0	1	1	1	1	1	1	0	×					
0	1	1	1	1	1	1	1	0					

2）按上述方法测试 74LS138。

5. 实验总结

整理实验测试结果，分析比较实验结果与理论值，完成实验报告。

11.4.3 译码器应用电路

1. 实验目的

1）掌握集成译码器逻辑功能和使用方法。

2）学习 LED 数码管和拨码开关的使用。

2. 实验设备

1）数字电子实验装置。

2）示波器。

3）元器件：集成电路芯片 74LS147、74LS138、74LS48。

3. 预习要求

数码显示译码器的用途是用来驱动数码显示器。常用的数码显示译码器是七段字形译码器，它能把输入的二-十进制代码转换成七段显示器所需的输入信息，使七段显示器显示正确的数码。

4. 实验内容

1）数据拨码开关是一种编码器件，它能将十进制数字转换成对应的 BCD 码输出。实验时将实验装置上拨码开关的输出 A、B、C、D 分别接至显示译码器的对应输入端，如图 11-23 所示，按拨码开关的 "+" 与 "-" 键，观察键盘上的数字与 LED 数码管显示的数字是否一致。

2）74LS138 逻辑功能测试，方法同上。

3）用 74LS138 构成顺序脉冲分配器。要求时钟脉冲频率约为 10kHz，分配器输出端 $\bar{Y}_0 \sim \bar{Y}_7$ 信号与时钟脉冲输入信号同相。画出分配器实验电路，用示波器观察，记录在地址端 A_2、A_1、A_0 分别取 $000 \sim 111$ 不同状态时输出端 $\bar{Y}_0 \sim \bar{Y}_7$ 的输出波形，注意输出波形与时钟脉冲之间的相位关系。

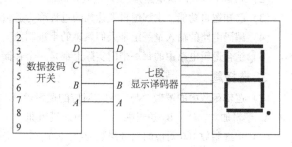

图 11-23 显示译码器应用电路

4）用两片 74LS138 组合成一个 4 线-16 线译码器，画出接线图，列出真值表，并测试逻辑功能。

5. 实验总结

画出实验电路，整理实验测试结果，总结使用译码器的体会，完成实验报告。

本 章 小 结

1. 数字电路中经常使用的数制有二进制、十六进制、十进制，它们之间是可以相互转换的。数字电路中以 8421BCD 码的使用最为广泛。

2. 逻辑代数是分析和设计数字电路的数学工具。逻辑代数有三种基本运算：与、或、非。应熟记逻辑代数的运算规律，并掌握逻辑代数的化简方法。**注意：**逻辑变量是用来表示逻辑关系的二值量。它们取值只有 0 和 1 两种，它们代表的是逻辑状态，没有数量大小的含义。

3. 组合逻辑电路的特点是：任何时刻的输出仅取决于该时刻的输入，而与电路原来的状态无关。组合逻辑电路由门电路组成。

4. 常用的组合逻辑电路：编码器、译码器、数据选择器等。本章介绍了一些常用集成电路芯片的逻辑功能及其应用。

习 题 11

1. 填空题

（1）在时间上和数值上均作连续变化的电信号称为_____信号；在时间上和数值上均离散的信号称为_____信号。

（2）数字电路研究输入信号和输出信号之间的_____关系，所以数字电路也称为_____电路。最基本的逻辑关系是_____、_____和_____逻辑关系，对应的电路称为_____门、_____门和_____门。

（3）功能为有 1 出 1、全 0 出 0 的电路称为_____门；异或门的逻辑功能是_____、_____。

（4）只有当全部输入都是低电平时，输出才是高电平。该结论适用于_____门电路。

（5）组合逻辑电路由_____构成。组合逻辑电路的输出只取决于_____。

2. 判断题

（1）组合逻辑电路的输出只取决于输入信号。 （ ）

（2）3 线-8 线译码器电路是三-八进制译码器。 （ ）

（3）已知逻辑功能，求解逻辑表达式的过程称为逻辑电路的分析。 （ ）

（4）编码电路的输入量一定是人们熟悉的十进制数。 （ ）

（5）组合逻辑电路中的每一个门实际上都是一个存储单元。 （ ）

3. 选择题

（1）逻辑函数中的逻辑"与"和它对应的逻辑运算关系为（ ）。

A. 逻辑加 B. 逻辑乘 C. 逻辑非

（2）十进制数 100 对应的二进制数为（ ）。

A. 1011110 B. 1100010 C. 1100100 D. 11000100

(3) 和逻辑式 $\overline{AB}$ 表示不同逻辑关系的逻辑式是( )。

A. $\overline{A} + \overline{B}$　　　B. $\overline{A} \cdot \overline{B}$　　　C. $\overline{A} \cdot B + \overline{B}$　　　D. $\overline{A} + A \cdot \overline{B}$

(4) 八输入的编码器按二进制数编码时，输出端的个数是( )。

A. 2 个　　　B. 3 个　　　C. 4 个　　　D. 8 个

(5) 四输入的译码器，其输出端最多为( )。

A. 4 个　　　B. 8 个　　　C. 10 个　　　D. 16 个

(6) 74LS148 的输入端 $\overline{I}_0 \sim \overline{I}_7$ 按顺序输入 11011101 时，输出 $\overline{Y}_2 \sim \overline{Y}_0$ 为( )。

A. 101　　　B. 010　　　C. 001　　　D. 110

(7) 两个输入端的门电路，当输入为 1 和 0 时。输出不是 1 的门是( )。

A. 与非门　　　B. 或门　　　C. 或非门　　　D. 异或门

(8) 能驱动七段数码管显示的译码器是( )。

A. 74LS48　　　B. 74LS138　　　C. 74LS148

4. 化简题

(1) $Z = A\overline{B} + B + \overline{A}B$

(2) $Z = A\overline{B}C + \overline{A} + B + C$

(3) $Z = A\overline{B}CD + ABD + \overline{A}CD$

(4) $Z = ABC + AC\overline{D} + A\overline{C} + CD$

(5) $Z = A + B + \overline{\overline{C}(A + \overline{B} + C)}\,(A + B + C)$

第 12 章 触发器和时序逻辑电路

12.1 集成触发器

数字电路在处理信号的过程中，需要存储多位二进制信息。将能够存储 1 位二进制信息的逻辑电路称为触发器。触发器按结构分为基本触发器、同步触发器、主从触发器和边沿触发器；按逻辑功能分为基本 RS 触发器、JK 触发器、D 触发器、T 触发器和 T′触发器。

12.1.1 RS 触发器

1. 基本 RS 触发器

（1）电路组成 基本 RS 触发器电路及逻辑符号如图 12-1 所示。它由两个与非门交叉耦合而成，Q 和 $\overline{Q}$ 是逻辑状态相反（互补）的输出端，$\overline{R}_D$ 和 $\overline{S}_D$ 是信号输入端。其中，$\overline{R}_D$ 称为复位端（置 0 端），$\overline{S}_D$ 称为置位端（置 1 端）。$\overline{R}_D$ 和 $\overline{S}_D$ 上的

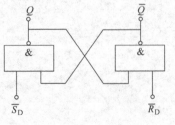
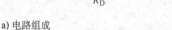
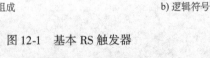

a）电路组成　　　　　　　b）逻辑符号

图 12-1　基本 RS 触发器

"非号" 和逻辑符号上的 "小圆圈" 均表示这种触发器的触发信号是低电平有效。

（2）逻辑功能分析 通常我们以 Q 端的逻辑电平表示触发器的状态。当 $Q=1$，$\overline{Q}=0$ 时，触发器处于 "1" 状态；当 $Q=0$，$\overline{Q}=1$ 时，触发器处于 "0" 状态。若 Q^n 表示触发器现在的状态称为 "现态"，Q^{n+1} 则表示现态的下一个状态称为 "次态"。在输入信号作用下触发器可进行状态翻转。

1）当 $\overline{R}_D=0$、$\overline{S}_D=1$ 时，无论触发器的现态 Q^n 为何值，次态都为 0，即 $Q^{n+1}=0$，称为触发器置 0。电路的交叉反馈结构使触发器具有稳定的 "0" 状态。

228

2）当 $\overline{R}_D = 1$、$\overline{S}_D = 0$ 时，无论触发器的现态 Q^n 为何值，次态都为 1，即 $Q^{n+1} = 1$，称为触发器置 1。电路的交叉反馈结构使触发器具有稳定的"1"状态。

3）当 $\overline{R}_D = 1$、$\overline{S}_D = 1$ 时，电路保持原来状态不变，即 $Q^{n+1} = Q^n$。

4）当 $\overline{R}_D = 0$、$\overline{S}_D = 0$ 时，两个与非门的输入端均为有效信号，迫使两个输出端的状态都为 1，这就破坏了两个输出端的互补关系；当输入信号消失时，两个与非门的输入端均为"1"，两个与非门均有变"0"的趋势，致使触发器的最终输出状态无法确定。所以这种输入状态不允许出现。

（3）真值表和波形图 基本 RS 触发器的真值表见表 12-1，波形图如图 12-2 所示。

表 12-1 基本 RS 触发器的真值表

$\overline{R}_D$	$\overline{S}_D$	Q^{n+1}	功　能	$\overline{R}_D$	$\overline{S}_D$	Q^{n+1}	功　能
0	0	不定	不允许	1	0	1	置 1
0	1	0	置 0	1	1	Q^n	保持不变

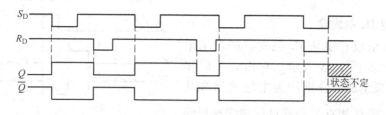

图 12-2 基本 RS 触发器波形图

2. 同步 RS 触发器

受时钟脉冲信号 CP 控制的触发器称为同步触发器，也称可控触发器。同步触发器状态的变化不仅取决于输入信号的变化，还取决于时钟脉冲信号 CP 的作用。

1）电路组成。同步 RS 触发器电路及逻辑符号如图 12-3 所示。在基本 RS 触发器电路基础上增加了由 G_3、G_4 与非门构成的控制门。当控制信号 CP 为 0 时，控制门被封锁；当 CP 为 1 时，控制门被打开。

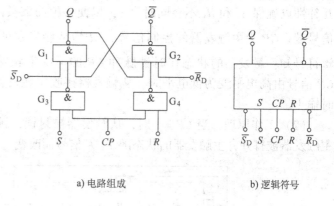

a）电路组成　　　　b）逻辑符号

图 12-3 同步 RS 触发器

电路中 $\overline{R}_D$、$\overline{S}_D$ 信号直接送入基本 RS 触发器，不受 CP 的控制。故 $\overline{R}_D$ 称为直接复位端，$\overline{S}_D$ 称为直接置位端，多用于建立电路的初始状态，正常工作时，应使这两个输入端处于高电平。

2）逻辑功能分析。输入信号 R、S 分别送入 G_3、G_4 门，受到 CP 信号的控制。

当 $CP = 0$ 时：G_3、G_4 门被封锁，无论 R、S 信号如何变化，其输出均为 1，基本 RS 触发器保持状态不变，即触发器保持原态。

当 $CP = 1$ 时：G_3、G_4 门解除封锁，触发器接收输入信号 R、S，并按 R、S 电平变化决定触发器的输出。不难看出，同步 RS 触发器是将 R、S 信号经 G_3、G_4 门倒相后控制 RS 触发器的工作，故同步 RS 触发器是高电平触发翻转，其逻辑符号中不加小圆圈。当 R、S 同时为 1 时，破坏了触发器的互补关系，且该输入信号消失后，触发器的状态不能预先确定，故 R、S 同时为 1 的情况不允许出现。

3）同步 RS 触发器的真值表见表 12-2。

表 12-2 同步 RS 触发器的真值表

CP	R	S	Q^{n+1}	功能	CP	R	S	Q^{n+1}	功能
0	×	×	Q^n	保持	1	1	0	0	置0
1	0	0	Q^n	保持	1	1	1	不定	不允许
1	0	1	1	置1					

4）同步 RS 触发器的波形图如图 12-4 所示。

12.1.2 JK 触发器

1. 主从型 JK 触发器

（1）电路组成　主从 JK 触发器的逻辑电路和逻辑符号如图 12-5 所示。它由两个同步 RS 触发器串联组成，分别称为主触发器和从触发器。输出端 Q 和 $\bar{Q}$ 分别通过反馈线连接到主触发器的输入端 S_1 和 R_1 上，利用 Q 和 $\bar{Q}$ 的

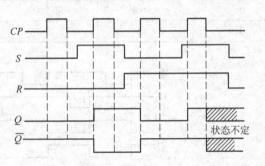

图 12-4 同步 RS 触发器的波形图

互补性以确保 S_1 和 R_1 不会同时为 1，以便去掉约束条件。J 和 K 为 JK 触发器的两个输入信号端。CP 为主触发器的控制信号，$\overline{CP}$ 为从触发器的控制信号。由图 12-5 触发器的逻辑符号知：触发器的状态在时钟脉冲 CP 的下降沿触发翻转，Q 和 $\bar{Q}$ 端加符号 ⌐，表示 CP 信号由高电平变为低电平时，从触发器接收主触发器的状态，即触发器延迟到下降沿时输出。

（2）工作原理　当 $CP=1$ 时，从触发器被封锁，触发器的输出状态保持不变；此时，主触发器被打开，主触发器的状态随 J、K 信号而改变。

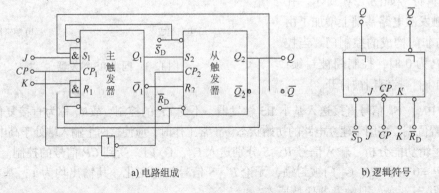

a) 电路组成   b) 逻辑符号

图 12-5 主从 JK 触发器

当 $CP = 0$ 时，主触发器被封锁，不接收 J、K 输入信号，主触发器状态保持不变；从触发器解除封锁，其状态由主触发器决定。

总之，CP 为高电平时主触发器接收 J、K 信号(要求 CP 高电平期间 J、K 的状态保持不变)并暂存，CP 下降沿到来时触发器状态翻转(主触发器与从触发器状态一致)。CP 为低电平时，主触发器封锁，J、K 不起作用。

（3）逻辑功能　JK 触发器功能齐全，它具有置 0，置 1，保持和翻转 4 种功能，见表 12-3。

表 12-3　JK 触发器真值表

CP	J	K	Q^n	Q^{n+1}	功　能
0	×	×	×	Q^n	$Q^{n+1} = Q^n$ 保持
1	0	0	0	0	
1	0	0	1	1	$Q^{n+1} = Q^n$ 保持
1	0	1	0	0	
1	0	1	1	0	$Q^{n+1} = 0$ 置 0
1	1	0	0	1	
1	1	0	1	1	$Q^{n+1} = 1$ 置 1
1	1	1	0	1	
1	1	1	1	0	$Q^{n+1} = \overline{Q}^n$ 翻转

由真值表可以得出 $CP = 1$ 时 Q^{n+1} 与 J、K、Q^n 之间的逻辑表达式为 $Q^{n+1} = J\,\overline{Q^n} + \overline{K}Q^n$，该式称作 JK 触发器的特性方程。

2. 集成 JK 触发器

集成 JK 触发器的典型产品有
74LS111 双 JK 主从触发器(带数据锁定)，74LS112 负沿触发双
JK 触发器(带预置端和清除端)，
74LS114 双 JK 触发器(带预置端，
共清除端和时钟端)。这里介绍
集成触发器 74LS112 的功能及
应用。

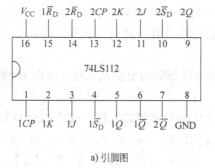

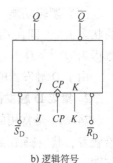

a) 引脚图　　　　b) 逻辑符号

图 12-6　74LS112 集成双 JK 触发器

74LS112 是常用的负沿触发
双 JK 触发器集成电路，其引脚排列如图 12-6 所示。

各引脚功能如下。

CP：时钟输入端。J、K：数据输入端。Q、$\overline{Q}$：数据输出端。$\overline{R}_D$：直接复位端。$\overline{S}_D$：直接置位端。V_{CC}：电源。GND：地。真值表见表 12-4。

表 12-4　74LS112JK 触发器真值表

$\overline{R}_D$	$\overline{S}_D$	J	K	CP	Q^{n+1}	功　能
0	1	×	×	×	0	直接置0
1	0	×	×	×	1	直接置1
1	1	0	0	↓	Q^n	保持
1	1	0	1	↓	0	置0
1	1	1	0	↓	1	置1
1	1	1	1	↓	$\overline{Q^n}$	翻转

真值表中"↓"表示 CP 信号的下降沿时刻。当 $\overline{R}_D$、$\overline{S}_D$ 同时为 1 时，触发器状态在 CP 信号的下降沿时刻由输入信号 J、K 确定。

12.1.3　D 触发器

1. 维持阻塞 D 触发器(边沿触发)

维持阻塞 D 触发器，它的输出状态仅仅取决于时钟脉冲边沿到达的瞬间，即边沿触发。如果触发器的状态发生在时钟脉冲的上升沿称上升沿触发；反之称为下降沿触发。

（1）边沿 D 触发器的逻辑符号　如图 12-7 所示。

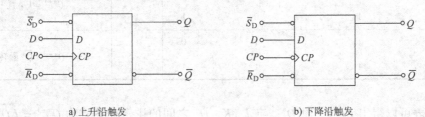

a) 上升沿触发　　　　b) 下降沿触发

图 12-7　边沿 D 触发器

（2）逻辑功能　CP 脉冲信号有效时，若 $D=0$，触发器的状态为 0；若 $D=1$，触发器的状态为 1。即在 CP 脉冲信号有效时刻，触发器的状态由输入信号 D 确定。D 触发器特性方程为 $Q^{n+1}=D$。

由于 D 触发器的输出状态等同于输入状态，所以 D 触发器常用作数据寄存器。

2. 集成 D 触发器

74LS74 是常用的双 D 触发器集成电路，内含两个 D 触发器，具有复位、置位端，上升沿触发，其引脚图及逻辑符号如图 12-8 所示。

各引脚功能如下。

CP：时钟输入端。D：数据输入端。Q、$\overline{Q}$：数据输出端。$\overline{R}_D$：直接复位端。$\overline{S}_D$：直接置位端。V_{CC}：电源。GND：地。真值表见表 12-5。

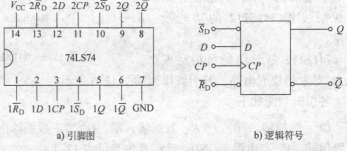

a) 引脚图　　　　b) 逻辑符号

图 12-8　74LS74 集成 D 触发器

表 12-5　74LS74 双 D 触发器真值表

$\overline{R}_D$	$\overline{S}_D$	D	CP	Q^{n+1}	功能
0	1	×	×	0	直接置0
1	0	×	×	1	直接置1
1	1	0	↑	0	置0
1	1	1	↑	1	置1
0	0	×	×	×	不定态

真值表中"↑"表示 CP 脉冲信号的上升沿时刻，$\overline{R}_D$、$\overline{S}_D$ 同时为 1 时，触发器在 CP 脉冲信号的上升沿时刻根据输入信号 D 来确定状态。国产集成 D 触发器全部采用维持阻塞型结构，CP 脉冲信号上升沿触发。

12.2　计数器

计数器是用来统计输入脉冲 CP 个数的电路，是典型的时序逻辑电路。时序逻辑电路一般包括组合逻辑电路和具有记忆功能的存储电路即触发器，电路在任何时刻的输出状态不仅与该时刻的输入信号有关，而且与电路的原状态有关。

计数器的种类很多，按计数进制可分为二进制计数器和非二进制计数器，非二进制计数器中最典型的是十进制计数器；按数字的增减趋势可分为加法计数器、减法计数器和可逆计数器；按计数器中触发器翻转是否与计数脉冲同步可分为同步计数器和异步计数器等。

计数器在控制、分频、测量等电路中应用非常广泛，所以集成计数器电路型号很多。常用的集成芯片有 74LS161、74LS90 和 74LS160 等。下面主要介绍 74LS161。

1. 74LS161 的引脚功能及正确使用

集成计数器 74LS161 是一个 16 脚的芯片，上升沿触发。具有异步清零、同步预置数、进位输出等功能，引脚图如图 12-9 所示。

（1）引脚功能　$\overline{R}_D$：直接清零端。CP：时钟脉冲输入端。A、B、C、D：预置数据信号输入端。P、T：输入使能端。GND："地"端。$\overline{L}_D$：同步预置数控制端。Q_A、Q_B、Q_C、Q_D：数据输出端，由高位→低位。CO：进位输出端；V_{CC}：电源端。

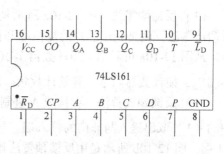

图 12-9　74LS161 引脚图

（2）功能真值表　功能真值表见表 12-6。

表 12-6　74LS161 功能真值表

清零	预置	使能	时钟	预置数据输入	输　　出	工 作 模 式
$\overline{R}_D$	$\overline{L}_D$	P T	CP	$D\ C\ B\ A$	$Q_D\ Q_C\ Q_B\ Q_A$	
0	×	×	×	×	0000	异步清零
1	0	×	↑	$d_3\ d_2\ d_1\ d_0$	$d_3\ d_2\ d_1\ d_0$	同步置数
1	1	01	×	×	保持	数据保持
1	1	×0	×	×	保持	数据保持
1	1	11	↑	×	计数	加法计数

由功能真值表可看出，74LS161 集成芯片的控制输入端与电路功能之间的关系如下。

1）只要 $\overline{R}_D = 0$，无论其他输入端如何，数据输出端 $Q_D Q_C Q_B Q_A = 0000$，电路工作状态为"异步清零"。

2）当 $\overline{R}_D = 1$、$\overline{L}_D = 0$ 时，在时钟脉冲 CP 上升沿到来时，数据输出端 $Q_D Q_C Q_B Q_A = DC\text{-}BA$，其中 $DCBA$ 为预置输入数值，此时电路为"同步置数"。

3）当 $\overline{R}_D = \overline{L}_D = 1$ 时，若使能端 P 和 T 中至少有一个为低电平"0"，无论其他输入端为任何电平，数据输出端 $Q_D Q_C Q_B Q_A$ 的状态保持不变。此时的电路为"数据保持"功能。

4）$\overline{R}_D = \overline{L}_D = P = T = 1$ 时，在时钟脉冲作用下，电路处于"加法计数"工作状态。计数状态下，$Q_D Q_C Q_B Q_A = 1111$ 时，进位输出 $CO = 1$。

2. 构成任意进制的计数器

用 74LS161 集成芯片可构成任意进制的计数器。图 12-10 所示为构成任意进制时的两种连接方法。

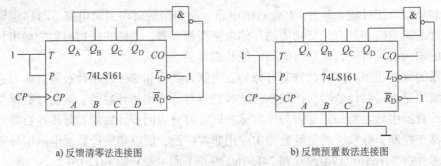

a) 反馈清零法连接图　　　　　　　　　　b) 反馈预置数法连接图

图 12-10　74LS161 构成任意进制时的计数器

（1）反馈清零法　图 12-10a 所示是反馈清零法构成十进制计数器的电路连接图。所谓反馈清零法，就是利用芯片的复位端和门电路，跳跃 $M - N$ 个状态，从而获得 N 进制计数器。从图 12-10a 可看出，当计数器至 1001 时，通过与非门引出一个"0"信号直接进入清零端 $\overline{R}_D$，使计数器归零，有效计数状态从 0000～1000 共 9 个状态，为九进制计数器。

（2）反馈预置数法　要构成 N 进制计数器，应将预置数 $(M + N - 1)$ 所对应二进制代码中的"1"取出送入与非门的输入端，与非门的输出接 74LS161 的 $\overline{L}_D$ 端。而预置数接至 $DC\text{-}BA$ 端。图 12-10b 所示是用反馈预置法构成的十进制计数器。其中预置数为 0000，反馈信号为 1001。利用反馈预置数法构成的同步预置数计数器不存在无效态。

12.3　寄存器

寄存器是计算机的重要部件，用来存放数码、运算结果或指令。由前面所学知识可知，一个触发器只能存放一位二进制代码（0 或 1），存放 N 位二进制代码的寄存器须由 N 个触发器构成。寄存器包括数码寄存器和移位寄存器两大类。

1. 数码寄存器

数码寄存器又称数据缓冲器或数据锁存器，用来接受、存储和输出数据，主要由触发器和控制门电路组成。图 12-11 是由 4 个 D 触发器组成的寄存器，它能接收、存放 4 位二进制代码。

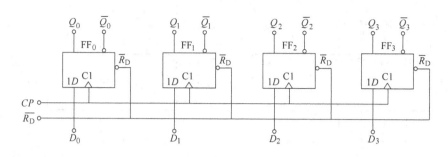

图 12-11　4 位数码寄存器

当异步复位端$\overline{R}_D$为低电平时，数码寄存器清零，$Q_3Q_2Q_1Q_0=0000$。当$\overline{R}_D$为高电平时，
如果时钟脉冲 CP 的上升沿未到来时，数码寄存器保持
原状态不变；如果时钟脉冲 CP 的上升沿到来时，可将
需要寄存的数据 D_3、D_2、D_1、D_0 并行送入寄存器中寄
存，此时输出为 $Q_3Q_2Q_1Q_0=D_3D_2D_1D_0$。

数码寄存器的常用芯片有四位双稳锁存器 74LS77、
八位双稳锁存器 74LS100、六位寄存器 74LS174 等。
图 12-12所示是 74LS174 的引脚图，芯片内有六个触发
器，共用一个时钟脉冲 CP，上升沿触发，$\overline{R}_D$ 为异步
清零端，低电平有效。

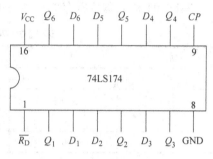

图 12-12　74LS174 引脚图

2. 移位寄存器

移位寄存器是计算机和各种数字系统的重要部件。移位寄存器不但具备数码寄存器所有
功能，还具有移位功能，即在时钟脉冲 CP 的作用下，实现寄存器中的数码向左或向右或双
向移位的功能。

右移寄存器是指寄存器中数码自左向右移；左移寄存器是指寄存器中数码自右向左移。
移位寄存器主要用于二进制的乘、除法运算，用来传送、存储中间数据。

图 12-13 是 4 位右移移
位寄存器。

由图可看出，后一个触
发器的输入总是和前一个触
发器的输出相连，四个触发
器时钟脉冲同为 CP。当输
入信号从第一个触发器 FF$_0$

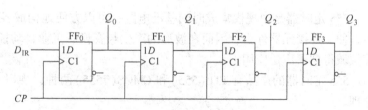

图 12-13　4 位右移移位寄存器

输入一个高电平 1 时，在时钟脉冲上升沿到来时其输出 $Q_0=1$。其他三个触发器依次接收前
一个触发器的输出。这样它们的输出同时向右移动一位。

实际应用中，需要实现数据的左移或右移，双向移位寄存器是功能齐全且常用的移位寄
存器，在控制电路的作用下，有左移、右移、清零、保持、并行输入等功能。74LS194 是典
型的四位双向移位寄存器，其引脚图如图 12-14 所示。其中$\overline{R}_D$是异步清零端，S_1、S_0 为控
制端；D_L 为左移数据输入端，D_R 为右移数据输入端；A、B、C、D 为并行数据输入端；
$Q_A \sim Q_D$为并行数据输出端；CP 为移位时钟脉冲。

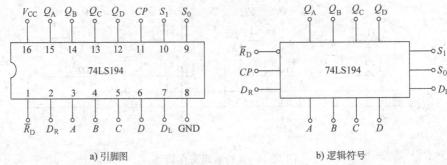

a) 引脚图   b) 逻辑符号

图 12-14　74LS194 四位双向移位寄存器

74LS194 双向移位寄存器功能表见表 12-7。

表 12-7　74LS194 双向移位寄存器功能表

$\overline{R}_D$	S_1	S_0	CP	功　能
0	×	×	×	清零
1	0	0	×	静态保持
1	0	0	↑	动态保持
1	0	1	↑	右移位移
1	1	0	↑	左移位移
1	1	1	↑	并行输入

移位寄存器的应用非常广泛，可用它构成环形计数器或扭环形计数器、顺序脉冲发生器、串行累加器以及数据转换器等。此外移位寄存器在分频、数据检测、数模转换等领域也得到了应用。

12.4　集成 555 定时器

555 定时器是中规模集成时间基准电路，可以方便地构成各种脉冲电路。由于其使用灵活方便，外接元器件少，因而在波形的产生与变换、工业自动控制、定时、报警和家用电器等领域得到了广泛应用。

555 定时器的产品有 TTL(555) 和 CMOS(7555) 两种，现以 TTL 定时器为例讨论其工作原理。

12.4.1　555 定时器的电路结构

555 定时器主要由分压器、电压比较器 C_1、C_2 和基本 RS 触发器以及放电晶体管 VT 等几部分组成。图 12-15 所示是 TTL 单定时器 5G555 的逻辑电路图和引脚图以及双定时器 5G556 的引脚图。

1. 分压器

由 3 个的 5kΩ 电阻串联构成，为电压比较器提供参考电压。在控制电压输入端悬空时，$U_{R1} = \dfrac{2}{3} V_{CC}$，$U_{R2} = \dfrac{1}{3} V_{CC}$。

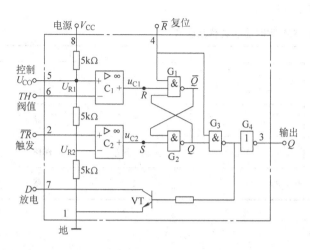

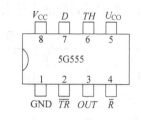

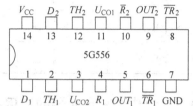

a) 5G555的逻辑电路图　　　　　　　　　　　　b) 5G555 和 5G556 引脚图

图 12-15　555 定时器

2. 电压比较器 C₁、C₂

由两个集成运算放大器构成，当运算放大器同相输入电压大于反向输入电压时，输出为高电平 1。当运算放大器同相输入电压小于反向输入电压时，输出为低电平 0。两个比较器的输出 u_{C1}、u_{C2}，分别作为基本 RS 触发器的复位端 R 和置位端 S 的输入信号。

3. 基本 RS 触发器

由与非门组成基本 RS 触发器，该触发器为低电平输入有效。

4. 放电管 VT

当基本 RS 触发器置 1 时，晶体管 VT 截止；当基本 RS 触发器置 0 时，晶体管 VT 导通；因此，晶体管 VT 是受基本 RS 触发器控制的放电开关。

另外，为了提高电路的带负载能力，在输出端设置了缓冲门。

12.4.2　555 定时器的逻辑功能

当复位端 $\overline{R}$ 为低电平时，使 555 定时器强制复位，输出 $Q = 0$；当 $\overline{R}$ 端为高电平时，Q 输出状态取决于阈值端 TH 和触发端 $\overline{TR}$ 的状态。

当 $TH > \frac{2}{3}V_{CC}$、$\overline{TR} > \frac{1}{3}V_{CC}$ 时，电压比较器的输出 $u_{C1} = 0$，$u_{C2} = 1$，基本 RS 触发器被置 0，晶体管 VT 导通，输出 $Q = 0$。

当 $TH < \frac{2}{3}V_{CC}$、$\overline{TR} > \frac{1}{3}V_{CC}$ 时，电压比较器的输出 $u_{C1} = 1$，$u_{C2} = 1$，基本 RS 触发器实现保持功能。

当 $TH < \frac{2}{3}V_{CC}$、$\overline{TR} < \frac{1}{3}V_{CC}$ 时，电压比较器的输出 $u_{C1} = 1$，$u_{C2} = 0$，基本 RS 触发器被置 1，晶体管 VT 截止，输出 $Q = 1$。

555 定时器的逻辑功能表见表12-8。

表 12-8 555 定时器的逻辑功能表

输　　入			输　　出	
TH	$\overline{TR}$	$\overline{R}$	Q	VT
×	×	0	0	导通
$> \frac{2}{3}V_{CC}$	$> \frac{1}{3}V_{CC}$	1	0	导通
$< \frac{2}{3}V_{CC}$	$> \frac{1}{3}V_{CC}$	1	保持不变	保持不变
$< \frac{2}{3}V_{CC}$	$< \frac{1}{3}V_{CC}$	1	1	截止

12.4.3 集成 555 定时器的应用

1. 555 定时器构成的单稳态触发器

555 定时器构成的单稳态触发器如图 12-16 所示,将 555 定时器的 $\overline{TR}$ 端作为电路输入端,利用电容 C 上的电压控制 TH 端,就构成了单稳态触发器。该电路是用输入脉冲的下降沿触发的。

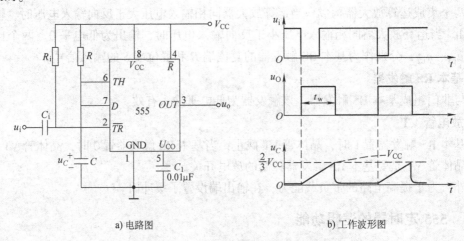

a) 电路图　　　　　　　　　　　b) 工作波形图

图 12-16　555 定时器构成的单稳态触发器

555 定时器构成的单稳态触发器的工作过程如下。

(1) 稳态　如果接通电源后触发器处于 $Q=1$ 的状态,则晶体管 VT 截止,V_{CC} 经过 R 向电容 C 充电。当充电到 $u_C > \frac{2}{3}V_{CC}$ 时,555 定时器置 0;同时,晶体管 VT 导通,通过电容 $C \to D \to GND$ 放电,使 u_C 按指数关系迅速下降至 $u_C \approx 0$。此后,若 u_i 没有触发信号(低电平),则 555 定时器处于保持功能,输出也相应地稳定在 $u_o=0$ 的状态。所以 $u_o=0$ 是电路的稳定输出状态,简称稳态。

(2) 由稳态进入暂稳态　当输入触发脉冲 u_i 的下降沿到达后,因为 $\overline{TR} < \frac{1}{3}V_{CC}$,555 定时器置 1,故 $u_o=1$,电路进入暂稳态。与此同时,晶体管截止,V_{CC} 通过 R 开始向电容 C 充电。

（3）暂稳态的维持 当电容 C 从 0V 开始充电，但 $u_C < \frac{1}{3}V_{CC}$ 时，定时器处于保持功能，维持 $u_o = 1$ 的状态，电容继续充电。

（4）由暂稳态自动返回稳态 当电容 C 充电至 $u_C > \frac{2}{3}V_{CC}$ 时，555 定时器置 0，于是输出自动返回到起始状态 $u_o = 0$，与此同时，晶体管导通，电容 C 通过其迅速放电，直到 $u_C \approx 0$，电路恢复到稳态。

电路的工作波形如图 12-16b 所示。由图可见，暂稳态的持续时间取决于外接电容 C 和电阻 R 的大小，输出脉冲的宽度为：$t_W \approx 1.1RC$。

通常，R 的取值范围为数百到数千欧姆，C 的取值范围为数百皮法到数百微法，t_W 对应范围为数百微秒到数分钟。

单稳态触发器只有一个稳定状态。广泛应用于数字系统的整形、延时以及定时等场合。

2. 多谐振荡器

多谐振荡器又称矩形脉冲发生器。由于多谐振荡器的两个输出状态自动交替转换，故又称为无稳态触发器。由 555 定时器构成的多谐振荡器电路如图 12-17a 所示。

当接通电源以后，因为电容 C 上的初始电压为零，所以 V_{CC} 经过 R_1 和 R_2 向电容 C 充电。当电容 C 充电到 $u_C > \frac{2}{3}V_{CC}$ 时，555 定时器置 0，输出跳变为低电平；同时，555 芯片内部晶体管 VT 导通，电容 C 通过电阻 $R_2 \rightarrow D \rightarrow GND$ 开始放电。

当电容 C 放电至 $u_C < \frac{1}{3}V_{CC}$ 时，555 定时器置 1，输出电位又跳变为高电平，同时晶体管 VT 截止，电容 C 重新开始充电，重复上述过程。如此周而复始，电路产生振荡，其工作波形如图 12-17b 所示。

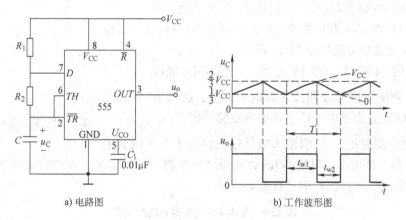

a) 电路图   b) 工作波形图

图 12-17 555 构成的多谐振荡器电路

其中，t_{w1} 为电容 C 从 $\frac{1}{3}V_{CC}$ 充电到 $\frac{2}{3}V_{CC}$ 所需的时间，t_{w2} 为电容 C 从 $\frac{2}{3}V_{CC}$ 放电到 $\frac{1}{3}V_{CC}$ 所需的时间。大小为

$$t_{w1} = 0.7(R_1 + R_2)C, \quad t_{w2} = 0.7R_2C$$

矩形波的周期: $$T = t_{w1} + t_{w2} = 0.7(R_1 + 2R_2)C$$

矩形波的占空比: $$q = \frac{t_{w1}}{t_{w1} + t_{w2}} = \frac{R_1 + R_2}{R_1 + 2R_2}$$

可见，调节 R_1 和 R_2 的大小，即可改变振荡周期和占空比。

12.5 实验

12.5.1 触发器的功能测试及应用

1. 实验目的

1）熟悉 RS 触发器的电路结构，掌握 RS 触发器的逻辑功能及测试方法。

2）熟悉 D 触发器芯片，掌握 D 触发器的逻辑功能及测试方法。

3）熟悉 JK 触发器芯片，掌握 JK 触发器的逻辑功能及测试方法。

2. 实验设备

1）数字电路实训板。

2）直流稳压电源(5V)。

3）集成电路芯片 74LS00、74LS74、74LS112。

4）信号发生器。

5）双踪示波器。

3. 预习要求

预习实训目的要求、实训内容与步骤。

4. 实训内容

（1）集成 RS 触发器（由与非门构成）逻辑功能验证

1）将 74LS00 插入相应的集成电路实训板 IC 空插座中，按基本 RS 触发器连好电路如图 12-18 所示。

74LS00 的 14 脚(V_{CC})接 5V 电源，7 脚(GND)接地。

$\overline{R}_D$、$\overline{S}_D$ 两输入信号分别接逻辑电平开关，Q 接 IC 输出电平显示端，LED 亮为逻辑"1"，不亮为逻辑"0"。

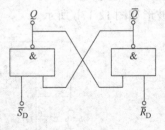

图 12-18　基本 RS 触发器电路

2）接通电源将 $\overline{R}_D$、$\overline{S}_D$ 两输入端通过逻辑电平开关按真值表 12-9 输入高、低电平，对基本 RS 触发器进行逻辑功能的测试。观察输出电平显示情况，并将测试结果(Q^{n+1} 的状态)记录在表 12-9 内。

表 12-9　基本 RS 触发器功能测试表

$\overline{R}_D$	$\overline{S}_D$	Q^{n+1}	功能	$\overline{R}_D$	$\overline{S}_D$	Q^{n+1}	功能
0	1			1	1		
1	0			0	0		

3）根据基本 RS 触发器 Q 端的状态变化与输入信号的关系，总结判断逻辑功能记入表 12-9 中。

（2）集成 D 触发器逻辑功能验证　74LS74 是由 2 个带复位和置位功能、时钟脉冲上升沿触发的 D 触发器构成，其引脚图以及逻辑符号如图 12-18 所示。

1）将集成电路芯片 74LS74 插入相应的集成电路实训板 IC 空插座中，按照要求连好 D 触发器电路。

14 脚（V_{CC}）接 +5V 电源，7 脚（GND）接地。

1 脚（$1\overline{R}_D$）、4 脚（$1\overline{S}_D$）、2 脚（1D）分别通过逻辑电平开关接高、低电平。

3 脚（1CP）接逻辑电平开关手动输入计数脉冲（CP 上升沿有效）。

5 脚（1Q）、6 脚（$1\overline{Q}$）连接到 IC 输出电平显示端，LED 亮为逻辑"1"，不亮为逻辑"0"。

2）接通电源，对第一个触发器 D 触发器进行逻辑功能的测试。测试 D 触发器的直接复位、置位功能。将引脚 $1\overline{R}_D$、$1\overline{S}_D$ 分别接低电平，观察输出端的状态变化，结果记入表12-10中。

3）$1\overline{R}_D$、$1\overline{S}_D$ 均接高电平，1D 按真值表顺序分别通过逻辑电平开关接入高、低电平，在 1CP 端手动输入单次脉冲作用下，观察输出端的状态变化。测试并将结果记录在表 12-10 中。

表 12-10　74LS74 测试结果

$1\overline{R}_D$	$1\overline{S}_D$	1D	1CP	$1Q^{n+1}$	功　能
0	1	×	×		
1	0	×	×		
1	1	0	↑		
1	1	1	↑		

4）用信号发生器在 CP 端接入连续脉冲信号，在 D 端接入连续脉冲信号，用示波器同时观察 CP 与 Q 端的波形。

5）根据 Q 端的状态变化与输入信号 D、CP 的关系，总结判断 D 触发器的逻辑功能并记入表 12-10 中。

（3）集成 JK 触发器逻辑功能验证　74LS112 由两个带复位和置位功能、时钟脉冲下降沿触发的 JK 触发器构成，其引脚图及逻辑符号如图 12-6 所示。

1）将集成器件 74LS112 插入相应的集成电路实训板 IC 空插座中，按要求连好 JK 触发器电路。

16 脚（V_{CC}）接 +5V 电源，8 脚（GND）接地。

15 脚（$1\overline{R}_D$）、4 脚（$1\overline{S}_D$）分别通过逻辑电平开关接高、低电平。

2 脚（1K）、3 脚（1J）分别通过逻辑电平开关接高、低电平。

5 脚（1Q）、6 脚（$1\overline{Q}$）连接到 IC 输出电平显示端，LED 亮为逻辑"1"，不亮为逻辑"0"。

2）接通电源，对第一个 JK 触发器进行逻辑功能测试。测试 JK 触发器的直接复位、置位功能。将引脚 $1\overline{R}_D$、$1\overline{S}_D$ 分别接低电平，观察输出端的状态变化，结果记入表12-11中。

3）将引脚 $1\overline{R}_D$、$1\overline{S}_D$ 均接入高电平。$1J$、$1K$ 按真值表接入高电平、低电平，$1CP$ 手动输入单次脉冲，下降沿起作用。观测输出端状态变化，测试结果计入表 12-11 中。

表 12-11 74LS112 测试结果

$1\overline{R}_D$	$1\overline{S}_D$	$1J$	$1K$	$1CP$	$1Q^{n+1}$	功能
0	1	×	×	×		
1	0	×	×	×		
1	1	0	0	↓		
1	1	0	1	↓		
1	1	1	0	↓		
1	1	1	1	↓		

4）JK 触发器转换为 T 触发器。将第一个触发器的 $1J$、$1K$ 端连接在一起接高电平，用信号发生器在 $1CP$ 端接上连续脉冲信号，用示波器观察 $1CP$ 和 $1Q$ 端的波形，验证具有 T 触发器的功能；将 $1J$、$1K$ 端连接在一起接低电平，用信号发生器在 $1CP$ 端接上连续脉冲信号，用示波器观察 $1CP$ 端和 $1Q$ 端的波形，验证输出波形具有保持的功能。

5）根据 JK 触发器 Q 端的状态变化与输入端 D、CP 之间的关系，总结判断 JK 触发器的逻辑功能并记入表 12-11 中。

5. 实验总结

总结各种触发器的逻辑功能，写出实验报告。

12.5.2　计数器的功能测试及应用

1. 实验目的

1）学习用集成触发器组成计数器的方法。
2）掌握集成计数器的应用。

2. 实验设备

1）数字电子实验装置。
2）双踪示波器。
3）四 2 输入与非门 74LS00。
4）双 D 触发器 74LS74。
5）四位二进制同步计数器 74LS161。

3. 预习要求

计数器是一种用来实现计数功能的时序逻辑器件，它不仅能实现脉冲的计数功能，还常在数字系统中用来实现定时、分频和执行数字运算以及其他特定的逻辑功能。

计数器的种类繁多，分类方法也有很多种。如按触发方式可分为同步计数器和异步计数器；按计数器过程中数字的增减趋势可分为加法计数器、减法计数器和可逆计数器；按计数器的数制可分为二进制计数器、十进制计数器和任意进制计数器等。

4. 实验内容

（1）用 74LS74 构成二进制异步加法计数器

1）按图 12-19 连接电路。

图中 R_D 端接至电平开关插孔，并常态处于高电平。低位 CP 端接单次脉冲源，输出端 Q_2、Q_1、Q_0 接电平显示器插孔。

2）清零后，加入手动计数器脉冲，观察并记录触发器状态于表 12-12 中。

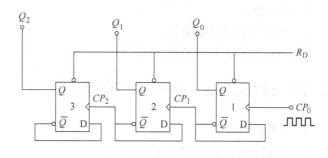

图 12-19 二进制异步加法计数器

表 12-12 计数器状态测试结果

CP 数	二 进 制 数			十 进 制 数
	Q_2	Q_1	Q_0	
0	0	0	0	
1				
2				
3				
4				
5				
6				
7				
8				

3）在 CP 端加入 1kHz 连续脉冲，用双踪示波器观察 CP、Q_0、Q_1、Q_2 端波形，并画出波形图于图 12-20 中。

（2）中规模集成计数器 74LS161 的应用

图 12-20 测试波形图

1）按图 12-21 所示用 74LS161 及门电路组成的十进制计数器电路，分析并测试该电路，然后记录数据。

2）用两片 74LS161 组成二十四进制计数器，画出原理电路图，并接线测试。

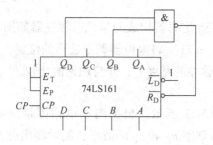
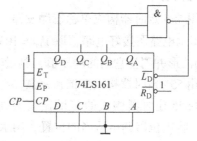

a) 利用异步清零端实现的十进制计数器　　b) 利用同步置数端实现的十进制计数器

图 12-21 74LS161 组成的十进制计数器

5. 实验总结

1）整理实验测试结果。

2）画出波形图和实验电路图。

12.5.3　555 定时器的功能测试及应用

1. 实验目的

1）掌握 555 定时器的基本功能。

2）熟悉 555 定时器的典型应用。

2. 实验仪器

1）数字电子实验装置。

2）示波器。

3）数字万用表。

4）555 定时器、电阻、电容等。

3. 预习要求

555 定时器具有定时精度高、工作速度快、可靠性好、电源电压范围窄（3~18V）、输出电流大（可高达 200mA）等优点，可组成各种波形的脉冲振荡电路、定时延时电路、检测电路、电源变换电路、频率变换电路等，被广泛应用于自动控制、测量、通信等各个领域。由 555 定时器构成的单稳态触发器和多谐振荡器分别如图 12-22 和图 12-23 所示。

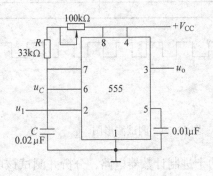

图 12-22　单稳态触发器

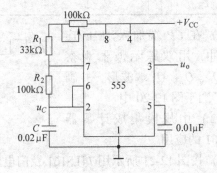

图 12-23　多谐振荡器

4. 实验内容

（1）用 555 定时器构成单稳态触发器　用 555 定时器构成的单稳态触发器如图 12-22 所示。根据图示电路图接好电路，取 $V_{CC}=10V$，$u_1=5V$，将电位器调至适当的位置，观察 u_o、u_1 和 u_C 的波形并测量它们的电压值，测量输出脉冲的宽度 t_p，并与理论值比较。

（2）用 555 定时器构成多谐振荡器

1）用 555 定时器构成的多谐振荡器如图 12-23 所示。根据图示电路图接好电路，取 $V_{CC}=10V$，将电位器调至适当的位置，用示波器观察 u_C 和 u_o 的波形，测量输出脉冲的振荡周期 T 及占空比，并于理论值比较。

2）将电位器调至阻值最大的位置，然后逐步减小阻值，观察输出波形的变化情况。

3）在555定时器的低电平触发端（2脚）接入一个0～5V的直流电压，用示波器测量输出电压 u_o 的频率变化范围。

5. 实验总结

整理实验数据，画出各实验步骤中所观察到的波形。

本 章 小 结

1. 触发器是构成时序逻辑电路的基本记忆单元，一个触发器仅能存储一位二进制数码信息。触发器按逻辑功能可分为RS触发器、D触发器、JK触发器和T触发器。触发器按内部结构可分为基本RS触发器、同步触发器、边沿触发器。描述触发器逻辑功能的主要方法有状态转换真值表、波形图和逻辑符号。

2. 时序逻辑电路由触发器和门电路组成，具有记忆功能，这是它与组合逻辑电路的本质区别。它的记忆功能表现在某一时刻电路输出状态不仅取决于当时的输入状态，还与电路原来的状态有关。常用的时序逻辑电路有计数器和寄存器。

3. 计数器按照时钟脉冲的工作方式可分为同步计数器和异步计数器。计数器主要用途是对时钟脉冲个数进行计数。按计数的进制不同，可分为二进制、十进制和任意进制计数器。学习的重点是集成计数器的特点和应用。

4. 寄存器主要用来暂时存放参加运算的数据、结果和指令。寄存器按功能可分为数码寄存器和移位寄存器。移位寄存器既能接收、存储数据，又可将数据按一定的方向移动。移位寄存器按移动方向可分为左移、右移和双向移位寄存器。

5. 555定时器是一种应用广泛的集成电路。基本应用电路有多谐振荡器、单稳态触发器和施密特触发器等。555定时器只要外接几个电阻、电容元件就可构成这些基本应用电路，完成脉冲信号的产生、定时和整形等功能。

习 题 12

1. 填空题

（1）两个与非门构成的基本RS触发器的功能有_____、_____和_____。电路中不允许两个输出端同时为_____，否则将出现逻辑混乱。

（2）JK触发器具有_____、_____、_____和_____四种功能。使JK触发器实现 $Q^{n+1} = \overline{Q^n}$ 的功能，则输入端 J 应接_____，K 应接_____。

（3）时序逻辑电路的输出不仅取决于_____的状态，还与电路_____的状态有关。

（4）组合逻辑电路的基本单元是_____，时序逻辑电路的基本单元是_____。

（5）JK触发器的特性方程为_____；D触发器的特性方程为_____。

（6）寄存器可分为_____寄存器和_____寄存器，集成74LS194属于_____移位寄存器。

（7）构成一个六进制计数器最少要采用_____个触发器，这时构成的电路有_____个有效状态，_____个无效状态。

（8）74LS161是一个_____个引脚的集成计数器，用它构成任意进制的计数器时，通常可采用_____法和_____法。

2. 判断题

（1）仅具有保持和翻转功能的触发器是 RS 触发器。 （　　）

（2）使用 3 个触发器构成的计数器最多有 8 个有效状态。 （　　）

（3）同步时序逻辑电路中各触发器的时钟脉冲 CP 不一定相同。 （　　）

（4）555 定时器的输出只能出现两个状态稳定的逻辑电平之一。 （　　）

（5）十进制计数器是用十进制数码 "0～9" 进行计数的。 （　　）

（6）利用集成计数器芯片的预置数功能可获得任意进制的计数器。 （　　）

3. 选择题

（1）由与非门组成的基本 RS 触发器不允许输入的变量组合 $\overline{R} \cdot \overline{S}$ 为（　　）。

A. 00　　　　　　　　B. 01　　　　　　　　C. 10　　　　　　　　D. 11

（2）按各触发器的状态转换与时钟输出 CP 的关系分类，计数器可为（　　）计数器。

A. 同步和异步　　　　B. 加计数和减计数　　　C. 二进制和十进制

（3）按计数器的进位制不同，计数器可为（　　）计数器。

A. 同步和异步　　　　B. 加计数和减计数　　　C. 二进制、十进制或任意进制

（4）不产生多余状态的计数器是（　　）。

A. 同步预置数计数器　　B. 异步预置数计数器　　C. 复位法构成的计数器

（5）数码可以并行输入、并行输出的寄存器有（　　）。

A. 移位寄存器　　　　B. 数码寄存器　　　　　C. 二者皆有

4. 计算题

（1）试用 74LS161 集成芯片构成十二进制计数器。

（2）电路及时钟脉冲、输入端 D 的波形如下图 12-24 所示，设起始状态为 "000"。试画出各触发器的输出时序波形图，并说明电路的功能。

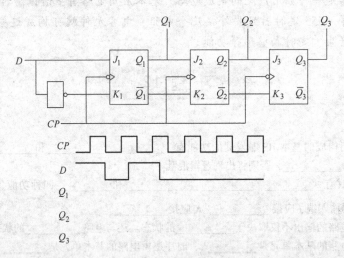

图 12-24　习题 4（2）图

部分习题答案

第1章

1. 填空题

（1）电源　负载　中间环节

（2）能量的传输、分配与转换　信号的传递与处理

（3）＞0　＜0

（4）电源内部　负　正　开路　忽略不计

（5）通路　开路　短路

（6）0　正　负

（7）串　并

（8）节点　回路

（9）线性　短路　开路

（10）短路　开路

2. 判断题

（1）×　（2）×　（3）×　（4）×　（5）×　（6）×　（7）×　（8）×　（9）×　（10）√

3. 选择题

（1）A　（2）C　（3）C　（4）A

4. 问答题

（4）0.15A，烧坏。

（5）110V/60W 白炽灯的电阻大。

5. 计算题

（1）a）－12A；b）$I_1 = 2A$，$I_2 = 10A$。

（2）$U_{ab} = 7V$，$U_{cd} = -3V$。

（3）a）10Ω；b）6Ω。

（4）$V_A = 5V$。

（5）S 断开，$V_A = 11V$；S 闭合，$V_A = 9V$。

（6）$I_3 = -2mA$，$U_3 = 60V$，电源。

（7）$U_1 = 4V$，$P_2 = 80W$，吸收功率。

（8）5A，5A，0A。

（9）$I_1 = -1A$，$I_2 = 1A$。

（10）4A。

（11）5A。

（12）1A。

（13）1A。

(14) 7V。

(15) 1A。

第2章

1. 填空题

(1) 最大值 角频率 初相位

(2) 220V 有效值 311V

(3) 50Hz 0.02s 314rad/s 或 100πrad/s

(4) 有效值

(5) 0 短路 ∞ 或无穷大 开路

(6) ωL $\dfrac{1}{\omega C}$ 增大 减小

(7) 功率因数

(8) $-120°$ $120°$

(9) 相 零 相 相 $\sqrt{3}$ 超前

(10) 相等 相等

2. 判断题

(1) × (2) × (3) √ (4) √ (5) × (6) × (7) √ (8) × (9) ×
(10) √

3. 选择题

(1) D D A (2) B (3) B (4) C (5) C

4. 问答题

(2) 311V，220V，0.02s，50Hz，314rad/s，60°。

(3) 20V，$5\sqrt{2}$A。

(4) $i = 14.1\sin(314t - 30°)$A。

(5) $\varphi = 75°$，u 超前 i。

5. 计算题

(1) $i = 11\sqrt{2}\sin\omega t$A。

(2) $i_1 = \sin(\omega t + 90°)$A，$i_2 = 2\sin(\omega t + 30°)$A，$i_3 = 3\sin(\omega t - 120°)$A。

(3) 100mA，100mA。

(4) 22Ω，$i = 10\sqrt{2}\sin(314t - 90°)$A，2200var。

(5) 50Ω，$i = 4.4\sqrt{2}\sin(314t + 60°)$A，$-968$var。

(6) 1) $R = 4\Omega$，2) $L = 53$mH，3) $C = 32.3$pF。

(7) a) $10\sqrt{2}$V；b) $10\sqrt{2}$A。

(8) $50\angle 53.13°\Omega$，50Ω，53.13°，0.6，580.8W，774.4var，968V·A。

(9) $R = 30\Omega$，$L = 127$mH，0.6，580.8W，774.4var。

(10) $i_1 = 44\sin(314t - 45°)$A，$i_2 = 22\sqrt{2}\sin(314t + 90°)$A，$i = 22\sqrt{2}\sin314t$A，$P = 4840$W，$Q = 0$var，$S = 4840$V·A，$\cos\varphi = 1$。

（11）$i_U = 22\sqrt{2}\sin(\omega t - 53°)$A，$i_V = 22\sqrt{2}\sin(\omega t - 173°)$A，$i_W = 22\sqrt{2}\sin(\omega t + 67°)$A，$P = 8.712$kW，$Q = 11.616$kvar，$S = 14.52$kV·A。

（12）$\dot{I}_{UV} = 76\angle -53°$A，$\dot{I}_{VW} = 76\angle -173°$A，$\dot{I}_{WU} = 76\angle 67°$A；$\dot{I}_U = 76\sqrt{3}\angle -83°$A，$\dot{I}_V = 76\sqrt{3}\angle 157°$A，$\dot{I}_W = 76\sqrt{3}\angle 37°$A；$P = 51.984$kW，$Q = 69.312$kvar，$S = 86.64$kV·A。

第 3 章

1. 填空题

（1）切线　强弱

（2）通电　电磁力

（3）垂直　平行

（4）切割磁力线　发生变化

（5）原绕组　副绕组

（6）交变　频率

（7）小于1　大于1

2. 判断题

（1）×　（2）√　（3）√　（4）√　（5）×　（6）×

3. 选择题

（1）A　（2）B　（3）A

5. 计算题

（1）$K = 250$，$I_{2N} = 1400$A。

（2）100 盏，$I_{1N} = 9.09$A，$I_{2N} = 55.56$A。

第 4 章

1. 填空题

（1）定子　转子

（2）旋转磁场　三相异步电动机

（3）能耗制动　反接制动　回馈制动

（4）静止　空载　小

（5）脉振　起动转矩　工作　起动　90°

2. 判断题

（1）×　（2）×　（3）√　（4）×　（5）×

3. 选择题

（1）B　（2）A　（3）D　（4）A

4. 计算题

（1）$P_1 = 8.1$kW，$\eta = 92.6$，$S_N = 0.04$，$T_N = 49.74$nm，$p = 2$。

（2）$T_m = 467.8$nm，$I_N = 68.3$A，$S_N = 0.02$。

第 5 章

1. 填空题

（1）朝上　上　下

（2）自动空气断路器　短路　过载　失电压欠电压

（3）行程开关　SQ

（4）串　短路　过电流

（5）点动控制

（6）串　串　联锁（互锁）

2. 判断题

（1）√　（2）√　（3）×　（4）×　（5）√　（6）×　（7）√

第 6 章

1. 填空题

（1）供应　分配　工厂配电

（2）安全　可靠　优质　经济

（3）低压　高压

（4）30mA　36V

（5）20m　并拢　单脚

（6）两相　单相

（7）口对口人工呼吸　人工胸外挤压法

2. 判断题

（1）×　（2）×　（3）×

3. 选择题

（1）D　（2）A　（3）B

第 7 章

1. 填空题

（1）导体　绝缘体　硅　锗

（2）自由电子　空穴　空穴　自由电子

（3）空穴　自由电子　空穴

（4）0.7　0.3

（5）PN 结　很小　很大　单向导电

（6）反向击穿　限流电阻　并联

2. 判断题

（1）×　（2）×　（3）√　（4）√

3. 选择题

（1）B　（2）C　（3）A　（4）C

4. 综合题

（1）答：判断二极管的好坏时，可以将万用表置于 $\times 1\text{k}\Omega$ 电阻档，两表笔接二极管的两个极，正反向各测一次。若两次测得的电阻均接近于 0，说明二极管被短路；若两次表针均不动，说明二极管断路。正常情况下，正向电阻为几百欧至几千欧，反向电阻为几十千欧至几百千欧。

判断二极管的极性时，可以将万用表置于 $\times 1\text{k}\Omega$ 电阻档，测量二极管的正反向电阻。当表针指示为几千欧电阻值时，红色（＋）表笔连接的是二极管的负极，黑色（－）表笔连接的是二极管的正极。当表针指示为几十千欧（或几百千欧）电阻值时，红色（＋）表笔连接的是二极管的正极，黑色（－）表笔连接的是二极管的负极。

（2）a) VD 导通，1mA。

b) VD_1 截止，VD_2 导通，0.1mA。

c) VD_1 截止，VD_2 导通，5mA。

d) VD_1 被反向击穿，电流为 0。

（3）a) $u_i < 4\text{V}$ 时，VD 截止，输出 $u_o = u_i$；$u_i > 4\text{V}$ 时，VD 导通，输出 $u_o = 4\text{V}$。

b) $u_i < -4\text{V}$ 时，VD 导通，输出 $u_o = u_i$；$u_i > -4\text{V}$ 时，VD 截止，输出 $u_o = -4\text{V}$。

c) $u_i < -2\text{V}$ 时，VD_1 截止，VD_2 导通，$u_o = -2\text{V}$；

$-2 < u_i < 4\text{V}$ 时，VD_1、VD_2 截止，$u_o = u_i$；

$u_i > 4\text{V}$ 时，VD_1 导通，VD_2 截止，$u_o = 4\text{V}$。

5. 计算题

（1）$U_{o1} = 1.3\text{V}$，$U_{o2} = 0$，$U_{o3} = -1.3\text{V}$，$U_{o4} = 2\text{V}$，$U_{o5} = 1.3\text{V}$，$U_{o6} = -2\text{V}$

（2）1）断开稳压管 VS，其两端电压为 $\dfrac{R_L}{R_L + R}U_1 = \dfrac{2}{2+1} \times 18\text{V} = 12\text{V} > U_Z = 10\text{V}$

故稳压管可起到稳压作用，输出电压 $U_o = 10\text{V}$

输出电流 $$I_o = \frac{U_o}{R_L} = \frac{10}{2}\text{mA} = 5\text{mA}$$

电阻 R 上的电流 $$I = \frac{U_i - U_o}{R} = \frac{18 - 10}{1}\text{mA} = 8\text{mA}$$

稳压管上的电流 $$I_Z = I - I_o = 8\text{mA} - 5\text{mA} = 3\text{mA}$$

2）当断开稳压管时，若其两端的电压小于稳定电压，稳压管不能稳压。即

$$\frac{R_L}{R + R_L} \times U_i < 10$$

解得 $$R_L < 1.25\text{k}\Omega$$

故当 $R_L < 1.25\text{k}\Omega$ 时，输出电压不再稳定。

第 8 章

1. 填空题

（1）发射结　集电结　基区　发射区　集电区

（2）共发射极　共集电极　共基极

(3) 截止状态 饱和状态 正向偏置 反向偏置

(4) 饱和 U_{CE}削底

2. 判断题

(1) × (2) × (3) √ (4) ×

3. 计算题

(1) 该晶体管是 PNP 型锗管, -6V 是集电极 C, -3.2V 是基极 B, -3V 是发射极 E。

(2)

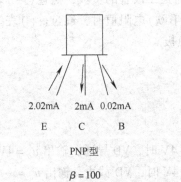

2.02mA 2mA 0.02mA

E   C   B

PNP型

$\beta = 100$

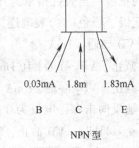

0.03mA 1.8m 1.83mA

B   C   E

NPN型

$\beta = 60$

(3) $\Delta i_B = 0.2\text{mA}$, $\beta = \dfrac{\Delta ic}{\Delta ib} = \dfrac{8.8\text{mA}}{0.2\text{mA}} = 44$

(4) $\Delta I_{CEO} = (1+\beta)\Delta I_{CBO} = 61 \times 5\mu\text{A} = 305\mu\text{A}$

(5) 第一个管子更合适。

(6) 1) $U_I = 0V$, 晶体管截止。

2) $U_I = 2V$, 晶体管处于放大工作状态。

3) $U_I = 3V$, 晶体管处于饱和工作状态。

(7) A 点, 饱和, $I_C = 0.9\text{mA}$; B 点, 放大, $I_C = 0.16\text{mA}$; C 点, 截止, $I_C = 0$。

(8) 1) $A_u = -232$; 2) $A_u = -93$; 3) $R_i = 1.29\text{k}\Omega$, $R_o = 3\text{k}\Omega$。

(9) $I_{BQ} = 0.023\text{mA}$, $I_{CQ} = 2.3\text{mA}$, $U_{CEQ} = 5.8V$; $A_u = -136$, $R_i = 1.148\text{k}\Omega$, $R_o = 3\text{k}\Omega$。

(10) $I_{BQ} = 0.025\text{mA}$, $I_{CQ} = 2\text{mA}$, $U_{CEQ} = 11V$; $A_u = -149$, $R_i = 1.14\text{k}\Omega$, $R_o = 4.3\text{k}\Omega$。

第9章

1. 填空题

(1) 共发射极

(2) 直接

(3) 线性 非线性

(4) 反相输入 同相输入

(5) 同相 反相

2. 判断题

(1) √ (2) × (3) √ (4) × (5) √

3. 选择题

(1) C (2) B (3) C (4) A (5) A

5. 计算题

（1）1）$u_o/u_i = -1/2$；2）$R_1 = 4\text{k}\Omega$

（2）$u_o/u_i = -4$，$R_2 = 100\text{k}\Omega$，$R_3 = 20\text{k}\Omega$

第10章

1. 填空题

（1）正弦交流电　直流电　二极管　单向导电

（2）交流　更为平直　电容　电感

（3）电感　电容

（4）调整电路　比较放大电路　取样电路　基准电压

（5）12　1.5

（6）1.2　35.2

（7）饱和　截止

2. 判断题

（1）√　（2）√　（3）×　（4）√

3. 选择题

（1）A　（2）C　（3）B　（4）C　（5）A

4. 问答题

（1）① 若 VD_2（或 VD_1）脱焊，输出电压为正常情况的一半；若变压器中心抽头处脱焊，输出电压为0。

② 若 VD_2 反接，变压器会被短路，电路不能正常工作。

③ 若 VD_2 击穿短路，变压器会被短路，电路不能正常工作。

④ 若输出端短路，变压器会被短路，电路不能正常工作。

（2）在变压器二次电压相同的条件下，桥式整流电路的输出电压是单相半波整流电路的两倍，整流管的平均电流是单相半波整流电路的两倍。

（3）① 21.2V

② 若 $R_L \to \infty$，输出电压的波形更为平直，则 U_L 更大。

③ 若 C 开路，电路变为桥式整流电路，输出电压下降。

④ 若某个二极管开路，电路变为单相半波整流滤波电路，输出电压降低；若某个二极管短路，变压器二次侧被短路，电路不能正常工作。

（4）① 若 VD_2 接反，变压器二次侧被短路，电路不能正常工作。

② 若 VD_2 被击穿短路，变压器二次侧被短路，电路不能正常工作。

③ 若 VD_2 断开，电路变为单相半波整流电路，输出电压降低一半。

（5）桥式整流堆接反；无限流电阻。

（6）串联型稳压电路结构简单，调整方便，输出电压脉动较小，但是由于其中的调整管总是工作在近似线性区，会消耗一定的输入功率，电路的效率只有 40% ～60%，且要给调整管装配很大的散热器。开关型稳压电源中的调整管工作在开关状态。管子损耗很小，因此效率较高，一般可达 70% ～90%。

5. 计算题

(1) 122. 2V

(2) 20V,9 ~18V

(3) $U_{\mathrm{o}} = U_{R1} + U_{R2} = 15\mathrm{V} + \left(\dfrac{15}{R_1} + I_{\mathrm{Q}}\right)R_2 = 15\mathrm{V} + \left(\dfrac{15}{1} + 2\right) \times 1.5\mathrm{V} = 40.5\mathrm{V}$

第 11 章

1. 填空题

(1) 模拟 数字

(2) 逻辑 逻辑 与 或 非 与 或 非

(3) 或 异出1 同出0

(4) 或非

(5) 门电路 输入信号

2. 判断题

(1) √ (2) × (3) × (4) × (5) ×

3. 选择题

(1) B (2) C (3) B (4) B (5) D (6) A (7) C (8) A

4. 化简题

(1) $Z = A + B$

(2) $Z = \overline{A} + B + C$

(3) $Z = AD$

(4) $Z = A + CD$

(5) $Z = A + \overline{B}C$

第 12 章

1. 填空题

(1) 置0 置1 保持 0

(2) 置0 置1 保持 翻转 1 1

(3) 输入信号 原来

(4) 门电路 触发器

(5) $Q^{n+1} = J\overline{Q^n} + \overline{K}Q^n$ $Q^{n+1} = D$

(6) 数码 移位 双向

(7) 3 6 2

(8) 16 反馈清零 反馈预置数

2. 判断题

(1) × (2) √ (3) × (4) × (5) × (6) √

3. 选择题

(1) A (2) A (3) C (4) A (5) A

4. 计算题

（1）74LS161 构成十二进制计数器

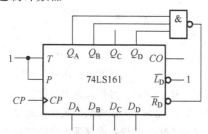

（2）波形图：

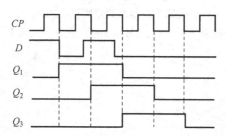

逻辑功能：右移移位寄存器

参 考 文 献

[1] 秦曾煌. 电工学 [M]. 7 版. 北京：高等教育出版社，2009.

[2] 华永平. 电工电子技术与技能 [M]. 北京：人民邮电出版社，2010.

[3] 林训超，梁颖. 电工技术与应用 [M]. 北京：高等教育出版社，2013.

[4] 陈振源. 电工电子技术与技能 [M]. 北京：人民邮电出版社，2010.

[5] 王晓荣，余颖. 电工电子技术基础 [M]. 武汉：武汉理工大学出版社，2010.

[6] 曹建林，邵泽强. 电工技术 [M]. 北京：高等教育出版社，2014.

[7] 罗厚军，董英英. 电工电子技术（少学时）[M]. 3 版. 北京：机械工业出版社，2016.